ピーター・ゴドフリー＝スミス

タコの心身問題

頭足類から考える意識の起源

夏目大 訳

みすず書房

OTHER MINDS

The Octopus, the Sea, and the Deep Origins of Consciousness

by

Peter Godfrey-Smith

First published by Farrar, Straus, and Giroux, LLC., 2016

海を守るために働くすべての人へ

本書は *OTHER MINDS: The Octopus, The Sea, and The Deep Origins of Consciousness* by Peter Godfrey-Smith（Farrar, Straus and Giroux, 2016）の邦訳である。この本の性格上、「心」に関連するいくつかの重要語が頻出するが、日本語訳にあたっては原則的に、原文の mind に「心」、intelligence に「知性」、consciousness に「意識」という訳語を当てて訳し分けている。しかし英語の mind と日本語の「心」は指している意味領域が都合よく一致してはいないので、読者には次のことに留意していただきたい。

英語の mind は、心の諸機能の中でも特に思考／記憶／認識といった、人間であれば主として〝頭脳〟に結び付けられるような精神活動をひとくくりに想起させる言葉である。したがって本書で著者が「心」と言うときには、つねにそのような意味合いで語られている。（そして頭足類の場合、その種の心の機能が必ずしも〝頭脳〟だけに結びつくとは限らないことが、本書の興味深いテーマの一つとなっている。）

〔編集部〕

目次

科学のどの領域であれ、重要なのは連続性である。連続性というものを念頭に置くと多くのことが見えてくる。意識の始まりにはさまざまな可能性があるはずだ。どのような始まりであれ、それを見逃さないよう、真摯にあらゆる可能性を思い描いてみなくてはならない。意識が、何もないところから、いきなりこの宇宙に完成されたかたちで現れることはあり得ない。

——ウィリアム・ジェームズ（『心理学原理（*The Principles of Psychology*）』、一八九〇年）

創造のドラマは、ハワイ人の説明によれば、いくつかの段階に分かれているという……最初に姿を現したのは、下等なサンゴなどの植虫類だ。そのあとに蠕虫や貝類、エビ、カニなどが続いた。新しい生き物は必ず、生存をめぐる競争の末、古いものを打ち負かして支配者となった。強い者だけが勝って生存を許される競争である。動物の進化と同時に、植物も地上、海中で生まれ進化を始めた。最初に現れたのは藻類である。そのあとに海草が、次にイグサなどが現れた。次々に新しい植物が生まれ、古くなり朽ちた植物はやがて泥になって積り、海の上の陸地を持ち上げた。常に泳ぎ回り、すべてを見てきたのがタコである。タコは初期の世界の唯一の生き残りだという。

——ローランド・ディクソン（『海の神話（*Oceanic Mythology*）』、一九一六年）

1　違う道筋で進化した「心」との出会い

二度の出会い、そして別れ

二〇〇九年春のある朝、マシュー・ローレンスは、小さなボートのいかりを青い海に適当に下ろし、海の中へと飛び込んだ。オーストラリアの東海岸だ。スキューバをつけたローレンスは、海の底へと潜っていき、いかりを拾い上げ、しばらくそのまま待った。やがて、いかりを上げられたボートは、風が吹くと押されて漂流を始める。ローレンスも、ボートとともに海中を漂流し始めた。

ローレンスのいた湾は、ダイバーには人気の場所だ。しかし、ダイバーたちは眺めの綺麗な特定の場所にだけ集中する。湾は広いし、波は静かなことが多い。ローレンスは近所に住むスキューバ愛好家で、新たな方法での海中探検を試みるようになっていた。空のボートを風に流されるに任せ、自分は海中でそのボートのいかりにつかまって一緒に流されていく、という探検方法である。エアが切れるまで流され、切れたら、いかりのロープをたどってボートまで戻る。ホタテ貝の散在する平坦な砂地の海底を何度か漂ううち、ローレンスは不思議なものに出くわした。積み上げられたホタテ貝の貝殻の山だ。何千という数の貝殻が積み重なっている。中心には一つの岩のようなものが見え、それを貝殻の山が取り囲んでいた。その貝殻の「ベッド」の上には、一〇匹を超えるタコがいた。タコはそれぞれに浅い巣穴を掘り、その中に入っていた。ローレンスは、深くまで潜り、すぐそばに寄ってみた。タコの大きさはだいたい、サッカーボールか、それより少し小さいくらいだ。どれも腕をしまい込み、座っているような姿勢をしていた。色は、茶色がかったグレーと表現するのが近いが、正確には刻一刻と色を変えるので、表現が難しい。目は大きく、人間の目とそう大きな違いはない。ただし、瞳が横倒しというところは人間と違う。ちょうど、細くなった猫の瞳が横に寝たようになっている。

タコたちもローレンスを見ていたので、両者は互いに観察し合うような格好になった。何匹かはそばをうろつき始めた。巣穴から身体を出し、貝殻のベッドの上を腕をひきずるようにして移動する。いずれかのタコが動いても、他のタコがまったく反応しない場合もあるが、時には他のタコが反応して動き出し、二匹でレスリングをしているような具合になることもある。たくさん腕のあるものどうしのレスリングだから複雑だ。集まっているタコたちは仲間というわけでもないが、かといって敵どうしでもなさそうだ。そのどちらでもない複雑で微妙な関係のようである。貝殻のベッドの上では、タコたちが漂うすぐそばを、体長一五センチメートルほどの子供のサメが何匹も、長い間静かに佇んでいた。まるで「こんな状況は特に何も珍しくない」というように、平然とそこにいた。

その何年か前、私は別の湾でシュノーケルをしていた。シドニーだ。大きな石や岩礁がたくさんある場所だった。私は岩棚の下に動くものがあるのを見つけた。何かとてつもなく大きなものである。よく見ようと近づいてみた。タコのようだが、それがカメに付着しているようにも見える。平らな身体をして、頭が突き出している。その頭から八本の腕が直接、伸びている。柔らかい腕で吸盤もついている。やはりタコの腕に見える。背面のへりの部分はスカートのようになっている。その幅は一〇センチメートル足らずで、ゆっくりと動いている。その動物は同時にいくつもの色を発していた。赤、グレー、青緑、実にさまざまな色を発する。身体の模様は短い時間のうちに次々に変わっていく。色のついた斑点が出たかと思うと、それに、銀色の筋が加わることもある。まるで光る電線のような筋だ。タコのようなその動物は海底から数センチメートル上を漂っていたが、やがてこちらに向かって進み始めた。私を見ているようだった。水面近くで見ていた時から感じていたとおり、本当に大きい生き物だ。体長一メートルくらいはある。腕はあちこち動き、色は出ては消える。前に後ろに行ったり来たりする。

この動物は、「ジャイアント・カトルフィッシュ（オーストラリアコウイカ）」という名のイカだ。カトルフィッシュ（コウイカ）は、タコとは親戚のようなものだ。また、同じイカでもヤリイカやスルメイカ、ホタルイカなどを含むツツイカとは少し種類が違う。この三種の生物は皆、「頭足類」に分類される。他によく知られる頭足類としては、オウムガイがいる。オウムガイは太平洋の比較的、深い海に棲む殻を持った頭足類である。その生態は、いとこのようなイカやタコとは大きく異なっている。タコ、コウイカ、ツツイカには一つの共通点がある。それは、大きく複雑な神経系を持っているということだ。

私はジャイアント・カトルフィッシュを見るために、何度も息を止めて海の中へと潜った。息を止めているので、もちろんすぐに疲れ果ててしまう。だが、私はやめたいとは思わなかった。向こうも、潜ってくる私に興味を示しているようだった。タコやイカには、私の興味を惹きつけてやまないところがあるが、興味を持つようになったのは、ジャイアント・カトルフィッシュとの出会いがきっかけだった。「彼ら」が何より興味深いのは、そばにいると、何かが通じ合ったと感じることだ。私たちのほうをじっと見つめてくるが、一定の距離は保とうとする。近づきすぎず、遠ざかりすぎもしないようにする。ただ、時に接近を図ることもある。私があえてとても近くまで寄った時には、腕をこちらに伸ばしてきたことがあった。

腕はわずか数センチメートルというところまできた。私の手に触れようとしたのだ。そういうことはいつも一度だけで、二度三度と同じことをしようとはしない。興味を持ったものに触れたがる傾向は、コウイカよりもタコのほうが強い。タコの巣穴のそばに腰掛けると、すぐに腕を伸ばしてくる。時には、二本の腕を同時に伸ばすことすらある。一方の腕は、こちらのことを探るために、そしてもう一方の腕は（そんな馬鹿なと思うかもしれないが）私を巣穴へと引っ張り込むために伸ばしている。もちろん「巣穴へ引っ張り込んで昼食にしようとしている」という、とんでもない想像もはたらく。それならばむしろわかりやすい。しかし、重要なのは、タコが、食べられないことが明らかなものにさえ関心を示すということだ。

　人と頭足類のこうした関わりについてより深く理解するには、それと正反対のことについて考えてみるとわかりやすいと思う。つまり、接近ではなく、私たちと頭足類の「離別」について考えてみるのだ。人類と頭足類の別れは、私とジャイアント・カトルフィッシュの出会いの約六億年前のいつかに起きた。出会いの時と同様、それは海の中で起きた。ただし、この事件に関係する生物が正確にどのような姿をしていたのかは誰にもわからない。だが、ともかく小さく平たい虫のような生物だったことは間違いないと思われる。体長はミリメートルの単位か、それより少し大きいくらいだ。海の中を泳いでいたのか、海底を這っていたのか、あるいはその両方ということもあるだろう。簡単な目はあったと考えられる。ただ光を感じ取るくらいの能力しかなかった可能性もあるが、それが身体の両側についていたはずだ。だとすれば、それを手がかりに、かろうじて、どちらが頭でどちらが尾かは区別できたことになる。その生物が神経系を持っていたのは確かだ。身体中に神経の網が張りめぐらされており、ひょっとすると、多くの神経が一箇所に集中して小さな脳を形成していたこともあり得る。この生物が何を食べ、どのように暮らしていたのか、繁殖はどのようにしていたのか。そうしたことはすべて不明だ。しかし、彼らは、進化的に見て、一つとても興味深い特徴を持っていた。興味深いというのは、後の時代から振り返ってはじめて言えることだ。この生物は、私たちとタコの、つまり哺乳類と頭足類の最後の共通の祖先だった。「最後の」というのは現生の生物につながっている直近のという意味だ。

生物の進化の歴史は木のかたちで表されることが多い(1)。最初は一本の「根」だけだったものが時間とともに細かく枝分かれしてきたからだ。一つの生物種が二つに分かれ、それがさらに二つに分かれる、ということの繰り返しだ(ただし、その前に絶滅してしまえば枝分かれは起きない)。どこかのタイミングで枝分かれした二つの種もその後、何度も枝分かれを繰り返していけば、両者の子孫はその姿や生態をしだいに変えていく。やがては、元が同じ一つの生物種であったことが想像しにくいほど違いが大きくなる。また、子孫の中には、進化的に近い種のグループがいくつか生じる。哺乳類、鳥類といったかたまりができるわけだ。現在の生物、たとえば、カブトムシとゾウを比べると両者の間にはとてつもなく大きな違いがある。だが、その違いも何百万年、何千万年、何億年も昔にはごく小さなものだった。枝分かれはその度に二種類の生物を生む。枝分かれの直後は互いに似ているが、そこから長い時間をかけて独自に進化を続けた。

進化の木は、左の図のように、全体としては逆三角形になっている。ただし、細部をよく見ると、一概にどういう形であるとは言えないほど複雑になっている。

あなたや私は、この木の最上部に位置している。進化の歴史を振り返るとは、この木を上から見下ろすことだ。ただ、私たちが最上部にいるのは、現存している生物だからにすぎない(最も優れた生物だからではない点に注意)。人類だけでなく、現存する生物は皆、同じ高さに位置している。私たちのすぐそばには、現存する生物の中でも、「いとこ」と呼べるほど近しい者たちがいる。たとえばチンパンジーやネコといった生物がそうだ。現存する生物の中でも、進化的に私たちからは遠い者たちは、私たちから水平方向に

読者カード

みすず書房の本をご愛読いただき，まことにありがとうございます．

お求めいただいた書籍タイトル

ご購入書店は

・新刊をご案内する「パブリッシャーズ・レビュー　みすず書房の本棚」（年 4 回 3 月・6 月・9 月・12 月刊，無料）をご希望の方にお送りいたします．

（希望する／希望しない）

★ご希望の方は下の「ご住所」欄も必ず記入してください．

・「みすず書房図書目録」最新版をご希望の方にお送りいたします．

（希望する／希望しない）

★ご希望の方は下の「ご住所」欄も必ず記入してください．

・新刊・イベントなどをご案内する「みすず書房ニュースレター」（E メール配信・月 2 回）をご希望の方にお送りいたします．

（配信を希望する／希望しない）

★ご希望の方は下の「E メール」欄も必ず記入してください．

・よろしければご関心のジャンルをお知らせください．

（哲学・思想／宗教／心理／社会科学／社会ノンフィクション／教育／歴史／文学／芸術／自然科学／医学）

（ふりがな） お名前　　　　様	〒
ご住所　　都・道・府・県　　市・区・郡	
電話　（　　　）	
E メール	

ご記入いただいた個人情報は正当な目的のためにのみ使用いたします．

ありがとうございました．みすず書房ウェブサイト http://www.msz.co.jp では刊行書の詳細な書誌とともに，新刊，近刊，復刊，イベントなどさまざまなご案内を掲載しています．ご注文・問い合わせにもぜひご利用ください．

郵便はがき

料金受取人払郵便

本郷局承認

2074

差出有効期間
2019年10月
9日まで

113-8790

東京都文京区
本郷2丁目20番7号

みすず書房営業部
行

通信欄

(ご意見・ご感想などお寄せください．小社ウェブサイトでご紹介させていただく場合がございます．あらかじめご了承ください．)

見て離れた位置にいる。進化の木にはもちろん、植物やバクテリア、原生動物なども含まれる。ただここでは、話を動物だけに限定することにしよう。進化の木の下を見ると、祖先の姿が見える。近い祖先も遠い祖先もそこにいる。現存する生物をどれでも二種類取り出して（たとえば、人類と鳥、人類と魚、鳥と魚、どれでもいい）、進化の木を下へたどっていくといつか必ず共通の祖先に突き当たる。人類とチンパンジーならば、共通の祖先に到達するのはすぐだ。共通の祖先は約六百万年前に生きていたと思われる。これが人類と甲虫だと、はるか下までたどらなくてはならない。

進化の木には、通常、私たちが「賢い」と考えている生物たちがいる。脳が比較的大きく、ただ外部からの刺激に単純に反応するだけではなく、状況に応じて臨機応変の対応ができる生物だ。チンパンジーはもちろんそういう生物だし、イルカ、イヌ、ネコなどもその中に含まれるだろう。こうした生物たちは皆、進化の木の中でも私たち人類の近くに位置している。つまりどれも私たちと進化的に見て近しい存在だということだ。その他には、数々の鳥たちも、私たちに近い親戚に加える必要があるだろう。この数十年の間の動物心理学で特に重要な進展の一つは、カラスやオウムなどがいかに賢いかに気づいたことだ。鳥たちは私たちと同じ哺乳類ではないが、脊椎動物という点は同じだ。だから、チンパンジーほどではないが、やはり人類に近い生物だと言ってもいいだろう。すべての鳥類と哺乳類にも共通の祖先はいる。どこかの時点で枝分かれしたのだ。それはいつなのか。最後の共通の祖先となったのは、どのような生物だったのだろうか。進化の木をずっと下へとたどっていったとしたら、すべての鳥類と哺乳類の祖先として、どのような生物が見つかるだろうか。

それは、今で言うトカゲに似た生物だとされる。三億二〇〇〇万年前に生息していた。恐竜の時代の少し前だ。この生物には脊椎がある。取り立てて大きくも小さくもなく、陸の生活に適応していたと考えられる。基本的な身体の構造は私たちと同じだ。四肢があり、頭があり、骨格がある。脚を使って歩き回ることができたし、感覚器官も私たちのものと同様だっただろう。また私たちと同じように、よく発達した中枢神経系を持っていた。

では、タコはどうだろうか。私たち人類とタコの共通の祖先も必ずいたはずだが、それは果たしてどういう生物だったのか。両者の共通の祖先を探そうとすれば、人類と鳥類の場合よりも進化の木をはるかに下までたどらなくてはならない。それは現在から約六億年前に存在した生物で、すでに書いたとおり平たい虫のような姿をしていたらしい。

哺乳類と鳥類の共通の祖先を探すのに比べると、時間を二倍もさかのぼらなくてはならない。人類とタコの共通の祖先が生息した時代には、まだ、陸に上った生物はまったくいなかった。周囲にいた最大の生物はおそらく、海綿動物やクラゲなどだっただろう（ただ、この章で後述するとおり、その他にも少し変わった生物がいた）。

仮に、この共通祖先を見つけることができたとしよう。自分の目で枝分かれを見ることができたと仮定するのだ。濁った暗い海の中には、（海底にも水面近くにも）その虫のような生物が数多くおり、生きては子孫を残し、死んでいくということを繰り返している。多く生まれる中には、何らかの理由で他とは少し違う特徴を持つようになる個体が時々いる。偶然生じるこうした変化の一つ一つは大きなものではないが、何世代も積み重なると、徐々に違いが大きくなっていく。互いに違った生活をするようになり、ついには見た目にも同じ種の生物ではなくなる。二種に分かれた生物は、その後も枝分かれを繰り返す。最初は一種の生物の集団だったものが、やがては多種の生物から構成される集団になる。

分かれてできた枝の一本がやがて私たちへとつながっていく。時が経つとすべての脊椎動物の共通祖先が生まれ、その中からすべての哺乳類の共通祖先が生まれる。またそこからやがて私たち人類が誕生する。もう一本の枝からは、多種多様な無脊椎動物が生まれる。カニもミツバチもその中に入る。ミミズなどもそうだ。そして「軟体動物」と呼ばれるグループも生じた。ハマグリ、カキ、カタツムリなどはここに属する。クモ、ムカデ、ホタテ貝、ガなど、「無脊椎動物」と一般に呼ばれている生物がすべてこのグループに入るわけではないが[2]、よく知られる無脊椎動物の大半は、軟体動物に分類される。

無脊椎動物に属する生物は、例外はあるが、ほとんどは身体が小さい。また、神経系も小さい。クモのように複雑な行動を取るもの、ハチやアリといった昆虫のように社会的行動を取るものまでいるが、そういう生物もやはり神経系は小さくなっている。こちらの枝の生物たちは全体的にそうだと言える。ただし、例外はある。頭足類だ。頭足類は、軟体動物の一種であり、その意味ではハマグリやカタツムリに近い。にもかかわらず、大規模な神経系を進化させた。そのため生態は他の無脊椎動物とは大きく異なっている。私たち人類とはまったく違う道筋を通って進化してきたにもかかわらず、高度に発達した神経系を持つにいたったのだ。

頭足類は、無脊椎動物の海に浮かぶ孤島のような存在である。他に彼らのような複雑な内面を持つ無脊椎の生物は見当たらない。人類と頭足類の共通の祖先は遠い遠い昔の単純な生物だったから、頭足類は大きな脳も複雑な行動も、私たちとはまったく違った実験を経て進化させてきたことになる。頭足類を見ていると、「心がある」と感じられる。心が通じ合ったように思えることもある。それは何も、私たちが歴史を共有しているからではない。進化的には互いにまったく遠い存在である私たちがそうなれるのは、進化が、まったく違う経路で心を少なくとも二度、つくったからだ。頭足類と出会うことはおそらく私たちにとって、地球外の知的生命体に出会うのに最も近い体験だろう。

本書の概要

私の専門は哲学だが、この分野では古くから「精神と物質の関係」というのが大きな考察のテーマとなってきた。感覚、知性、意識というものが、果たして物質からどのようにして生じたのか。大きすぎるテーマかもしれないが、本書ではそれを考えていく。そのために、私は生物のこれまでの進化の道筋をたどっていく。生物の持つどういう原料から、どのようにして意識が生じるにいたったのか。数十億年もの昔、生物はまだ、単純な細胞の集まりにすぎなかった。複数の細胞が寄り集まって海を漂っている存在でしかなかったのだ。しかし、やがて、その中から、特異な生き方を選ぶものたちが現れた。運動能力を持ち、目などの感覚器官を発達させ、自分の周りの外界に影響を与える力も備える、そういう生物が現れたのである。地を這い回るミミズも、耳障りな音を立てて飛ぶブヨも、世界の海を大移動するクジラも、その子孫だ。そして、どの時点からかはわからないが、やがて「主観的経験」というものを進化させる生物が現れた。一部の生物たちが、自分がどういう生物であるかをある程度、感じられるようになった。つまり、ある程度「自己」というものを持ち、その自己が今、何を経験しているかを多少なりとも主体的に感じるようになったということだ。

私はどの生物についても、その主観的経験がどう進化したかに関心を持っている。しかし、本書で何より注目するのは頭足類だ。私が注目するのは、頭足類という生物に驚くべき特徴があると考えるからである。もし彼らに話ができたら、きっと私たちに多くのことを話してくれるだろう。ただ、理由はそれだけではない。私が頭足類のことを書きたいのは、私の哲学的探究に彼らが大きな影響を与えてきたからだ。私は海に潜っては彼らを追い駆け、その行動を長く観察してきた。頭足類の観察は、私のこれまでの仕事のかなりの部分を占めている。つまり私は「頭足類の心」について探ろうとしてきたわけだが、その場合には注意すべきことがある。動物の心について考える時、私たちはどうしても、自分の心を前提にしてしまいがちということだ。単純な生物の心は、ただ自分たちの心を単純にしたものと思ってしまう。本質的には同じで、それを単純にしたようなものとつい考えるのだ。だが、頭足類の観察をしていると、彼らが私たちと本質的に大きく違った心を持っているらしいとわかってくる。まず、世界は彼らにどのように見えているのか。タコの目は私たちの目に似ている。その構造はカメラのようだ。ピントを調整できるレンズを持ち、網膜上で像を結ぶようになっている。だが、目は似ているのだが、その背後にある脳は私たちのものとはあらゆる点で違っている。哲学には他者の持つ「自我」について考える「他我問題」というのがあるが、タコはこの他我問題の格好の題材と言える。これ以上の題材はないかもしれない。

世の中では、哲学ほど物質的世界と縁遠い仕事は少ない、と思われている。哲学者は、物質的世界よりも精神世界で生きている、また、その気になればほぼ精神世界のみで生きていける人間だと思っている人が多いだろう。特別な道具も使わないし、研究のための特別な場所もいらない。物理的に移動してのフィールドワークなどもしない。きっとそう思っている人が多い。確かに、その考えは間違ってはいない。数学や詩にも同じことが言えるだろう。しかし、頭足類を題材にした私の研究は、あくまで哲学の研究ではあるが、物質的世界との関わりが大事だった。私と頭足類との出会いからして、偶然に、水中で長時間過ごすことによって生じた。そのようにして私は彼らを追い始め、その結果彼らの生き方についても考えるようになった。私の研究プロジェクトは、生身の頭足類に遭遇することや、その予測不可能性に大きく影響を受けてきた。また、場所が水の中であることによる制約も大きい。水の中に長く留まるにはそのための器具がいるし、その器具の性能にも縛られることになる。呼吸するための酸素も必要で、水圧とも闘わねばならない。水中の青緑色の光に包まれ、軽減された重力のもとで進めてきたのだ。人間が頭足類に相対するには、かなり努力が必要ということだが、それは陸の生物であるわれわれと海の生物である彼らとの間に大きな違いがあるということの反映と言える。そして海こそが心を最初に生んだ場所だ。たとえ、非常に素朴なものだとしても、われわれとは違う種類の心が海で生まれていたことは間違いない。

本書の冒頭では、哲学者で心理学者でもあったウィリアム・ジェームズの言葉を引用した。(3) 一九世紀末の言葉だ。ジェームズは、この宇宙にどのようにして「意識」というものが現れたのかを知りたがっていた。彼は進化を基本にその問題を考えようとした。生物の進化だけではなく、もっと広い、宇宙全体の進化について考えていた。進化に関し、連続性のある、納得のできる理論を求めていた。漸進的な変化だけですべてを説明できなくてはいけない。突然、まったく異質の要素が入り込む、どこかで進化の速度が急激に変わるというような説明では、とても納得ができない。

私もジェームズと同じだ。単なる物質からどのようにして知性や心が生まれたのか、それを私も知りたい。しかもその漸進的な変化の物語が語られるべきだろう。現時点でも、物語の概略くらいはわかっているではないか、という人もいるだろう。脳が時間をかけて進化し、時間が経つにつれ神経細胞の数が増えていき、その分だけ徐々に賢くなっていった。そういうことではないか、というのだ。この説明は一見、もっともらしいが、最も難しいいくつかの問いに答えることはできない。たとえば、歴史上、最初に「主観的経験」をしたのはどのような生物なのか、ということはわからない。非常に単純なものであっても、ともかく最初に主観的経験をしたのはどんな生物か。あるいは、最初に「痛み」という感覚を経験した生物はどのようなものか。もし大きな脳を持つ頭足類になったとしたら、私たちは果たしてどのような経験をすることになるのか。それとも、頭足類は主観的な経験などしない、単なる生化学機械なのか。中は真っ暗で、心と呼べるようなものはないのか。[4] 一方には、一個の生物ないし主体によって感じられる感覚やその他の心のプロセスがあり、他方には、生物学・化学・物理学で捉えられるべき側面がある。世界のこの二つの側面が何らかの形で噛み合っているはずなのだが、私たちがすでに知っているような理屈では、それらが噛み合うようには見えないのだ。

本書はそうした問いのすべてに答えるようなものではない。だが、答えに近づくことはできるだろう。本書では、生物の感覚、身体、行動がこれまでどのように進化してきたかをまとめる。その過程のどこかに、知性、心の進化が潜んでいる。これは生物とその進化の本であると同時に、哲学の本でもある。哲学の本だからといって、やたら小難しくて手に負えないような本だというわけではない。哲学の基本は、一見ばらばらな多数の要素を一つにまとめ上げることだ。一つにまとめた時にどのような全体像が見えてくるかが重要である。よい哲学は日和見主義だ。つまり、どのような情報であれ、どのような道具であれ、役に立ちそうであればすべて利用するということだ。本書の記述の中には、いかにも哲学書という部分もあれば、反対にとても哲学書とは思えない部分もあるだろうが、読み進む中で読者がその境目に気づかないぐらいなら本望だ。

本書の目的は、知性や心と、その進化について幅広く、そして深く探究することだ。「幅広く」とはつまり、多様な生物について考察するということを意味する。「深く」とはつまり、長い生物の進化の歴史について考察するということだ。その歴史の中のいくつもの段階について考える。

私は本書の冒頭で、人類学者のローランド・ディクソンの言葉も引用した。(5) その中でディクソンは、ハワイの創世神話に触れている。ハワイでは、生物の歴史ではじめに現れたのはサンゴなどの植虫類であるとされてきた。そのあとには蠕虫や貝類、甲殻類などが現れたという。新しく生まれたものたちは、古いものたちを滅ぼし、世界を征服する。やがてまた新しく何かが現れ、古いものを滅ぼす、それが繰り返されてきたというのだ。実際の生物の歴史は、そう単純なものではなかった。ハワイの創世神話にあるように、タコが古えの世界の唯一の生き残りというわけでもない。タコが特殊なのは、知性や心の歴史において非常に重要な存在だからだ。タコは「生き残ったもの」ではなく、古えに存在した何かを、私たちとは違うもう一つの形で体現するものだ。タコはかの『白鯨』の語り手であるイシュメイルのような存在とは違う。沈没船からただ一人生還し、船に何があったかを語ってくれる人物とは違うのだ。タコは私たちの心の進化の物語を直接、語ってはくれない。ただ、まったく違った道筋で複雑な内面を進化させた稀有な事例として、語られるべき別の物語を持っているのである。

2 動物の歴史

始まり

地球は現在、約四六億歳と言われている(1)。生物の歴史は約三八億年前に始まったとされる。そして、いわゆる「動物」が誕生したのはずっと後のことだ。動物の誕生は約一〇億年前か、それより後と言われている。つまり、地球の歴史の大半は、生物はいても動物はまったくいないという時代だったわけだ。海の中に単細胞の生物だけがいる、という時代が非常に長く続いた。実は、現在でも、生物のかなりの部分を遠い過去とあまり変わらない単細胞生物が占めている。

動物以前の長い時代の様子を絵に描く時には、単細胞生物をそれぞれ孤立した存在にしがちである。小さな単細胞生物が無数にいるが、どれもが孤立していて、海の中を漂う以外のことはほとんどしない。せいぜい、食べ物（果たしてそう呼ぶべきかはわからないが）を取り入れ、時々二つに分裂するくらいで、あとは何もせずにただそこにいるだけ、というふうに描かれる。しかし、実際の単細胞生物はそれほど単純なものではないし、孤立してもいない。多くは互いにもっと複雑に関係し合っている。少なくとも現在はそうだし、過去にもおそらくそうだっただろう。ただそばにいて、共存しているだけのものもいるが、協調し合って生きているものも多い。協調の中には非常に緊密なものもある。[2] その緊密な協調が、生物が単細胞から多細胞へと変化する第一歩だったのかもしれない。ただし、単細胞生物の協調と、動物を構成する細胞どうしの協調とでは大きく違っている。

私たちはつい行動や感覚などを動物のものだと考えがちなので、動物がいない世界には行動も感覚もないように思ってしまう。だが、実際にはそうではない。単細胞生物にも感覚はあるし、感覚刺激に反応を示す。[3] その反応を、多くの人が思う「行動」に含めてよいかは判断が難しい。それでも、周囲の出来事を察知し、それに反応して動いたり、対応に必要な化学物質をつくったりということはできる。そのためには、必ず細胞の一部は外からの情報を取り入れられる仕組みになっていなくてはいけない。光、におい、音などを取り入れられる必要がある。そしてまた別の部分には、外の世界に能動的にはたらきかけられる仕組みが必要だ。当然、二つの部分はつながっていて、互いに連絡が取れるようになっていなくてはならない。

たとえば、私たちの身近に多く存在する大腸菌は、研究の進んでいる単細胞生物だが、確かにそうした二つの部分を持っている。大腸菌には味やにおいを感じ取る部分がある。自分にとって好ましい物質とそうでない物質を区別することができるし、好ましい物質であればその濃度の高い方に移動するし、逆に好ましくない物質であれば濃度の低い方に移動する。大腸菌の外面には、そうした「感覚器」が並んでいる。この「感覚器」は正確には、大腸菌の外膜を構成する分子である。この分子が外から情報を取り入れる装置として機能する。一方、外の世界にはたらきかける出力装置には、たとえば鞭毛などがある。鞭毛は長い繊維で、このおかげで大腸菌は移動することができる。大腸菌の移動には大きく分けて二つの種類がある。一つは直線的な移動である。そしてもう一つは、無作為に進む方向を変える移動だ。移動の種類を次々に切り替えることも可能である。ただし、自分の今いる位置で食物になる物質の濃度が高まっていると判断すれば、運動の速度は低下する。

　大腸菌のような細菌はあまりに小さいので、そのセンサーには、良い物質にしろ悪い物質にしろ、どこから来るのかまで知らせる機能はない。この問題を解決するため、細菌は「時間」を道具として利用する。細菌は、今、この瞬間、その場所にどの物質がどのくらいの量存在するかには関心を示さない。関心があるのは、特定の物質の量が今、増えつつあるのか減りつつあるのかということだけだ。細胞は、自分にとって好ましい物質の濃度が高まっているのを察知すると、まずは直線的な移動をする。方向はでたらめなので、移動することで、好ましい物質の濃度がより高いほうに進めるかもしれないが、反対にかえって濃度の低いほうへ進んでしまうかもしれない。この問題を細菌は秀逸なやり方で解決している――彼らが外界を感じ取るとき、一つの仕組みで現在の状況を感知しつつ、もう一つの仕組みで少し前にどういう状況だったかを記録するのだ。好ましい物質が直前よりも増えるようなら、そのままの方向に進み続ける。逆に減るようなら方向を変えたほうがいいだろう。

　単細胞生物にも多くの種類があり、細菌はそのうちの一つにすぎない。また、細菌は単純な構造の生物である。動物も含む「真核生物」を構成する細胞（真核細胞）に比べれば、多くの面で単純なつくりになっていると言える。真核細胞は細菌よりも大きく、内部の構造も複雑だ。[4] 真核細胞が生まれたのは今から約一五億年前だ。細菌のような小さな細胞が、他の種類の細胞を飲み込んで自らの一部にしたことがきっかけで生まれたとされる。たとえ単細胞の真核生物であっても、その機能は細菌などよりも複雑で洗練されていることが多い。外界の情報を取り入れる能力も、移動する能力も複雑になっている。また重要なのは、「視覚」という重要な感覚に非常に近いものを持っているということだ。

光は生物にとって二つの意味で大切なものだ。(5) まず、光は大多数の生物にとって、直接、間接にエネルギー源となっている。そして、光は情報源にもなり得る。自分以外の何かが存在することを知るうえで光は非常に役に立つ。情報源としての光の役割は、もちろん私たちには馴染み深いものだ。しかし、ごく小さな生物にとって、光を情報源にすることはそう簡単ではない。単細胞生物のほとんどは、エネルギー源としてのみ光を利用している。そうした単細胞生物は、植物と同様、太陽の光を浴びることで生きている。細菌の中には、光を感じ取り、光の存在に反応できるものもいる。単細胞生物は小さすぎるため、通常、光のやってくる方向を見極める機能まで持つことは難しい。ましてや光を用いて像を結ぶなどということはきわめて困難だ。しかし驚いたことに、単細胞の真核生物のうちの一部のもの、およびごく数種の特筆すべき細菌もおそらく、原始的ではあるが物を「見る」能力を備えている。たとえば、ある種の真核生物には、「眼点」と呼ばれる光を感じる斑点がある。眼点で感じ取った光を何らかの方法で遮る、あるいは光を絞り込む仕組みを持つ生物もいる。そうした仕組みがあれば、光源についてより有益な情報が得られることになるだろう。真核生物の中には光を追い求めるものもいれば、反対に光を避けるものもいる。また、状況によって両者のどちらにも変わり得るものがいる。たとえば、エネルギーを取り入れたい時には光を追い求め、エネルギーが十分に得られたあとは光を避ける生物がいる。かと思えば、光が強すぎない時には追い求め、強すぎて危険な状況になれば避けるという生物もいる。いずれの生物も、眼点と運動機能とを結びつける制御システムを持っている。

小さな生物が感覚器を持つ目的は、ほとんどの場合、食物を見つけ、毒を避けることである。だが、大腸菌に関する最も初期の研究を見ても、単にそれだけではないことがわかる。大腸菌は、食物にならない物質であっても、その存在を察知し、反応することがある。(6) だから、大腸菌を主に研究している生物学者たちの間では、細菌の感覚は必ずしも食べ物の有無を知るためのものではないという見方がますます強まっている。むしろ細菌の感覚は、自分の周囲にどのような細胞があり、またその細胞がどのような運動をしているかを知るためにある、という見方だ。細菌の細胞表面の受容器官は、さまざまな物質の存在を感知する。感知する物質の中には、その細菌自身の排泄によって出てくる物質も含まれている。細菌は、いろいろな理由で化学物質を排泄する。たとえば、代謝処理が追いつかず、オーバーフローを起こした場合などには、余った物質を排泄することになる。同種の細菌の排泄物を感知する機能は、それ自体、さほどたいしたものには思えないかもしれない。だが、実はこれが重要な意味を持つのだ。この機能があれば、同種の生物がそばにいることを察知できる可能性があるからだ。同種の生物がそばにいることが察知できれば、お互いに協調できる可能性も生まれる。つまり、「社会的行動」が芽生えるところまで行くわけだ。

たとえば細菌の中には、「クオラムセンシング」と呼ばれる能力を持ったものがいる。[7] 自分と同種の細菌が出す物質を感知し、周囲にどのくらいの数の仲間がいるかを知ることができる。そのため、一定の数以上の仲間が周囲にいて一斉に化学物質をつくらないと意味がない場合、条件に満たないときに物質を無意味につくらなくて済む。

はじめのうち、クオラムセンシングは海で観察されることが多く、また、本書のテーマである頭足類が関わっていることが多かった。ハワイヒカリダンゴイカの体内で生きる細菌は、化学反応によって光を発することができる。ただし、光を発するのは、周囲に存在する同種の細菌が十分な数に達した場合だけである。この細菌は、同種の細菌がつくる誘導物質の濃度を感知できる。周囲に誘導物質分子がどの程度存在するかを感知し、それに基づいて自らの照明を制御するのだ。つまり、細菌の個体にはそれぞれ、周囲にどのくらいの発光源が存在するかを知る能力があるということになる。ただ、光を発するだけではなく、

「周囲に発光源が多いほど、光を明るくする」というルールに従って行動できるのである。

発せられる光が十分に明るくなれば、細菌の宿主であるイカには大きな利益になる。外敵から身を隠すのに有利になるからである。ハワイヒカリダンゴイカを狙う捕食者は夜に狩りをする。通常、夜は、月の光が差し、その光によってイカの身体の影ができる。影ができると、その存在を、下にいる捕食者たちに知らせることになってしまう。だが、イカの身体が発光すれば、その影を打ち消すことができる。影が消えれば存在を捕食者に気づかれにくい。一方、細菌のほうも、宿主であるイカが安全であれば、自らも安全にその中で生きることができる。

生命の歴史の初期について考察するうえでは、こうした細菌は非常に役に立つ。もちろん、あくまで細菌なので、進化の段階としては、頭足類などが誕生するよりかなり前ということになる。まず言えることは、生物の中での化学反応には、水が大きく関わっているということだ(8)。初期の生物はすべて海の中にいたからだ。生物が陸上に進出するには、相当な量の「海水」を自らの体内に抱え込む必要があった。海水を持って陸に上がったということだ。初期における生物の進化の大半は海の中で起きた。初期の段階では、生物の感覚、行動、協調などはすべて、物質が自由に水の中を漂う海という環境に依存していた。

今のところ、私たちの知っている細胞はすべて、何らかのかたちで外部の状況を感知する能力を持っている。なかには、他の生物（自身と同種の生物も含む）の存在を察知する特別な感覚を持つ細胞もある。またその中には、他の生物が単に何かの副産物としてつくる物質ではなく、自らの存在を知覚させるためにつくる物質を感知する能力を持った細胞もある。何らかの物質をつくることで自らの存在を知らせると、他者がそれに対して反応をする。これはもう、ごく簡単ではあるが、一種のシグナリング、あるいは、コミュニケーションと呼んでいいだろう。

これには、生物の個体と個体のコミュニケーションが可能になる、という以上の意味がある。(9) 水中の単細胞生物の個体どうしが、ある種の物質を媒介にして互いの存在を知らせ合う例があることはすでに書いた。だが、これは単細胞生物から多細胞生物への進化の足がかりでもあるのだ。多細胞への移行が起きれば、細胞どうし情報を伝え合うことが、生まれつつある多細胞生物の体内の細胞のコミュニケーションの基礎にもなるからだ。(10) つまり、生物にとってのまた新たな能力がそこから生み出されるということだ。個体間のコミュニケーションの場合、細胞は、外部の環境を感知してそれに反応していた。だが、個体内の細胞間コミュニケーションでは、主として体内の環境を感知してそれに反応することになる。多細胞生物の場合、細胞の「環境」とはほぼ、「同じ個体内の他の細胞」と考えていい。多細胞生物という、比較的新しく、大きな生物が生き残れるかどうかは、その生物を構成する細胞どうしの協調、連携に依存することになる。

ともに生きる

動物は多細胞生物である。動物は多数の細胞から構成されており、その多数の細胞が協調して活動している。(11) 動物の進化は、一部の細胞が自らの独立性を下げ、「全体の一部」として機能することを選んだ時から始まった。単細胞から多細胞への進化は、歴史上、何度か起きている。そのうちの一度が動物へとつながった。植物や菌類、さまざまな海藻へとつながった進化もある。その他、あまり知られておらず、注目もされない生物へとつながった進化もある。それぞれが単独で海の中を漂っていた単細胞生物がいつかの時点で出会い、結合して多細胞になり、それがやがて動物になったのではないか、とつい考えたくなるが、おそらくそうではないだろう。単細胞生物の細胞は分裂をする。通常は分裂が起きると、母細胞と、分裂によって生じた娘細胞は完全に分かれて生きることになる。ところがある時、細胞分裂が起きたのに母細胞と娘細胞が完全に分かれない、ということがあった。これが動物の起源だと思われる。現在でも、単細胞生物が分裂したのに、その後、母細胞と娘細胞が完全に独立しないということは時々起きる。仮に、分裂が何度か繰り返されたにもかかわらず、新たに生じた細胞がどれも独立しなかったとしよう。独立せずにすべての細胞がともに生きるようになったのだ。この集団を構成する細胞たちは、ともに海を漂い、時には細菌などを食べるだろう。

だが、この細胞集団が次にどういう進化をしたのかは今のところよくわかっていない[12]。いくつかの説があり、それぞれに一応の証拠はあるが、どれを正しいと判断すればいいかはわからない。現状、最も有力とされる説では、この細胞集団がどこかの時点で海の中を漂うのをやめた、とされている。漂うのではなく、海底に定住する生き方を選んだということだ。定住した細胞集団はやがて進化して、身体の穴から海水を取り入れ、その中から栄養分を吸収した後、水を吐き出す、という生き方をするようになった。つまり、海綿動物が生まれたというわけだ。

これは、海綿動物が私たちの祖先だと言っていることになる。「カイメンだって？　あり得ない。もっと祖先らしい生物がいるんじゃないのか」と思う人は多いだろう。何しろ、カイメンは動くことができないのだ。祖先というよりは、進化の袋小路のようにも思える。だが、実は動かないのは大人のカイメン（成体）だけである。カイメンの幼生となるとまた事情が違う。幼生は泳ぐことができる。泳いで定住の場所を探す。そして、ここと決めた場所で大人のカイメンになる。幼生に脳はない。だが、その身体には外界の様子を知るセンサーが備わっている。その幼生の中に、泳ぎ続け、定住をしないものがいたのではないか、と考えられている。運動能力を維持し、海の中で泳ぎ続けたまま性的に成熟するようになり、また新たな生き方を始めた。この変わったカイメンが、他のすべての動物の母になったというわけである。海底に定住する従来のカイメンとの枝分かれが起きたと考える。

この説を唱える人がいるのは、一つにはカイメンが私たち人間とこれ以上ないほどにかけ離れた生物だからだろう。だが、注意すべきなのは、私たちとどれだけかけ離れていても、その生物が「古い」わけではないということである。現代のカイメンもやはり、私たち人間と同様、長い進化の歴史の産物である。だが、カイメンが進化の歴史の早い段階で人間の祖先と枝分かれしたことは事実だ。だから、カイメンを観察すれば、初期の動物がどのようなものだったかを知る手がかりは得られる。最近の研究では、海綿動物は人間から「最も」かけ離れた動物ではないことがわかっている。最もかけ離れた動物は、おそらく有櫛動物だと今は考えられている。

有櫛動物はクシクラゲ類とも呼ばれており、いわゆる「クラゲ」に外見は似ているが、実は進化的には大きく異なっている。クシクラゲは非常に繊細な生物である。ほぼ透明で、丸みを帯びた形をしており、身体には色鮮やかな髪の毛のような線が何本も走っている。クシクラゲは、カイメンよりも早く私たちの祖先と枝分かれしたと考えられる。枝分かれをした時点での生物が、現在のクシクラゲに似ていたかどうかはわからない。クシクラゲと人間の共通祖先は、そのどちらとも違った生物だからだ。だが、多細胞になったばかりの動物の祖先が、現在のクシクラゲのようなものだとすればまた別のシナリオが浮かび上がる。運動能力を持った初期の細胞集団は、現在のカイメンの幼生のようなものだったのではなく、クシクラゲのような薄い膜に覆われた丸みを帯びた生物だったと考えるのだ。クシクラゲに似た姿をしていて、原始的なものではあるが、水中を泳ぐための運動能力を有していた。定住を拒否し動き続けたカイメンではなく、この水中を漂うように動くだけの幽霊のような生物がすべての動物の母なのかもしれない。

多細胞生物が誕生すると、それまではめいめい自分勝手に生きていた細胞が、大きな生物全体の一部として機能するようになった。ただ細胞が集まっただけの塊ではなくなるためには、細胞間の協調が不可欠になったのだ。単細胞生物であっても、互いの存在を感知し、それに反応することがあるというのはすでに書いたとおりである。多細胞生物の場合、細胞間のそうしたやりとりは、より複雑になる。そして、多細胞生物の身体全体が、その細胞間のコミュニケーション能力に依存して生きている。単細胞生物の場合は、外にいる他の個体とのコミュニケーションだったが、多細胞生物だと、体内の他の細胞とのコミュニケーションになる。単細胞生物であれば、一つの細胞だけが機能すれば個体は生きられるが、多細胞生物では、複数の細胞が協調し合ってはじめて一つの個体が生きられる。

動物の細胞間の協調には、いくつかの種類がある。一つは、細胞間で情報を伝達し合うという種類の協調だ。植物など他の多細胞生物の細胞間にも見られる。このおかげで、多細胞生物は成り立つ、つまり全体として一つの個体として存在できる。もう一つは、より歴史の浅い協調で、動物に特有のものだと言っていい。動物は少数の例外を除き、規模の大小に違いはあるが、ほぼすべて神経系を持っている。神経系は、個体を構成する一部の特殊な細胞間で、ある特定の物質がやりとりされることを基礎として機能する。動物の中には、この特殊な細胞が一箇所に大量に集まって、特異な情報伝達を行う電気化学的信号を飛び交わす「脳」と呼ばれる器官になっているものがある。

ニューロンと神経系

神経系は多数の部分からなるが、中でも特に重要なのは、「ニューロン」と呼ばれる特異な形状をした細胞だ。個々のニューロンからは長い糸が伸びている。糸は途中で枝分かれもする。そして、動物の頭や身体全体で迷路をつくり上げている。

ニューロンの活動の基礎となるものは二つある。一つは、「電気的興奮」である。これは、細胞内の活動電位の変化で、この変化が細胞から細胞へと伝達されていくことになる。もう一つは、「化学物質の放出とその感知」だ。ニューロンは、他のニューロンとの隙間に、ごく微量の化学物質を放出する。隣り合うニューロンがこの物質を感知すると、自らの活動電位を上げる（場合によっては下げる）。化学物質をやりとりするのは、単細胞生物の情報伝達と基本的には同じだ。それが多細胞生物の個体の内部で行われていることになる。活動電位も、動物が進化する以前の細胞にも存在していたし、現在の動物以外の生物の細胞にも存在する。細胞の活動電位がはじめて計測されたのは、ハエトリグサという植物だった。ハエトリグサは一九世紀にダーウィンが注目して研究した植物で、活動電位を計測したのもダーウィンと同時代の研究者だった。実は、単細胞生物の中にも、活動電位を持つものがいる。

神経系があると何ができるのか[13]。細胞と細胞の間の情報伝達ができるのはもちろんだが、それは神経系がなくても可能である。むしろ生物にとって細胞間の情報伝達はありふれている。神経系にできるのは、特殊な種類の情報伝達だ。第一に、神経系の情報伝達は速い。たとえば、ハエトリグサのようなわずかな例外はあるが、神経系を持っていない植物は、動物のように速く動くことはできない。また、ニューロンから出る「糸」は長く伸びることができるため、すぐ隣のニューロンだけでなく、脳内、あるいは体内のかなり遠くのニューロンにつながることができる。つまり、遠くにある特定のニューロンに影響を与えることもできるわけだ。細胞は元来、近隣の不特定多数の細胞に一斉に情報を伝えることしかできず、また近隣の不特定多数の細胞から情報を受け取るしかなかった。しかし、進化によって、そうではない新たな情報伝達が可能になったということだ。神経系は組織立ったネットワークになっている。私たちの神経系を構成するニューロンでは絶えず電位の変化が起きている。まるで多数の音が同時に奏でられるシンフォニーのように、多数の異なった電位変化が協調して起きる。ニューロンとニューロンの隙間に向かっての化学物質の放出がそうした協調を媒介している。

　これだけ複雑な活動を常時続けるには、当然、「コスト」がかかる。ニューロンをはたらかせ、維持するためには、大変な量のエネルギーが必要になる。活動電位の伝達を繰り返すのは、バッテリーの充電と放電を繰り返すようなものだ。それを一秒間に何百回と行うのである。私たち人間は、エネルギーの大半を食物から得ているが、そのエネルギーの四分の一近くを、ただ脳の正常な活動を維持するためだけに消費している。人間以外の動物でも、神経系がコスト高な機械であることは同じだ。この機械の歴史については、あとで触れる。いつからどのようにこの機械が進化したのか、ということを話す。ただ、その前に、なぜこのような機械が存在するのかを考えてみよう。これは根本的な問いである。

　高いコストがかかるにもかかわらず、わざわざこの機械を持つ価値はどこにあるのだろうか。そもそも何のためにこのようなものがあるのか。私は、今のところ、この問いに関しては二つの見方が存在すると考えている。[14] そのことは、科学研究の進められ方を見ていてもよくわかるし、また哲学的な考察の仕方にも表れている。つまり、どちらも深く根づいた見方だということだ。一つ目は、「神経系とはまず、知覚と行動を結びつけるもの」という見方だ。それが神経系のもともとの、根本的な役割であるというわけだ。

脳は行動を制御するために存在する。そして、行動を適切に制御するには、自分の「したこと」と、「見た（触った、味わった）もの」とを結びつけるしかない、と見る。感覚器は、周囲で何が起きているか、という情報を取り入れる。神経系は、その情報を利用して、次に何をするべきかを判断する。仮に、この見方を「感覚−運動観」と名づけることにしよう。

外界の情報を取り入れる感覚器が一方の側にあり、もう一方の側に、外界に影響を与える運動機能があるとすると、その隙間を埋める何かが必要なのは確かだ。感覚器が取り入れた情報を利用する何かが必要ということである。大腸菌などの例からもわかるとおり、感覚器があり、運動機能があり、その隙間を埋める何かがある、という構造は細菌のような単純な生物にも見られる。ただ、動物の場合は感覚器も、運動機能も細菌よりはるかに複雑なので、その二つを結びつける仕組みも当然、複雑になる。この「感覚−運動観」においては、とにかく、感覚器と運動機能の「間に立つ」ことが神経系の主要な役割とされる。神経系というものが生じてから現在まで、一貫してそれが主要な役割だったと見る。

この見方は私たちの直観にも合うし、他の見方などあり得ないようにも思える。だが、実際にはもう一つの見方があり得るのだ。それに気づく人はあまり多くない。外界に何かはたらきかけをし、その結果、何が生じたかに応じて行動に修正を加える必要があるのは確かだろう。だが、それだけでは十分とは言えない。もう一つ重要なことを、神経系はしている。むしろ動物にとっては、こちらの方が重要かもしれない。動物の根本をなす機能と言ってもいい。それは、「行動を生み出すこと」である。[15] 神経系は行動を調整するだけではなく、行動そのものを生み出してもいる。そもそも、私たちはなぜ行動することが可能なのか。

すでに述べたとおり、動物は外界に何が起きているのかを感じ取り、それに反応して行動する。ただ、この「行動」を起こすことは、多数の細胞からなる生物にとって実は簡単なことではない。行動を起こすのがまるで当然のように考えることはできないのである。行動を起こすには、身体を構成する多数の部分が協調しなくてはならない。これは、たとえば細菌のような、単細胞で単純なつくりの生物であればさほど難しくはないだろう。だが、多数の細胞からなるもっと大きい生物だと話は違ってくる。一つの行動はどれも、身体の多数の部分の小さな動きから構成される。伸びるところもあれば、縮むところ、曲がるところもあるだろう。そうした動きをうまく連動させることができなければ、一つのまとまった行動は起こせないのである。無数のミクロな動きがまとまることではじめて、一つのマクロの行動が生まれるわけだ。

身体を一つの社会と考えることもできるだろう。個人が社会の一員として他と協調して動かない限り、社会としてまとまった行動を取ることはできない。フットボールのチームは、多数の選手が他と協調して動くことで一つの試合に臨むことができる。たとえ相手チームの選手が毎回まったく同じ動きをするとしても同じだ。選手がめいめい勝手に動いていては試合にならない。オーケストラにも同じことが言える。多細胞生物は皆、フットボールのチームやオーケストラと同様の問題に直面している。動物は、多細胞生物の中でも身体の構造や行動が複雑なので、この問題の解決は容易ではない。また、これは細菌や藻類にとってはたいして重要ではない問題と言っていいだろう。

先に書いたとおり、ニューロンは互いにシグナリングする。[16] しかし、ニューロンが互いに行うことはそれだけではない。ここで、神経系の役割に対する二つの見方が理解しやすくなるよう、一つの物語にたとえて説明をしてみよう。完全に正確なたとえとは言えないが、理解の助けにはなるはずだ。たとえに使うのは有名な「ポール・リビアの真夜中の騎行」の話である。一七七五年、アメリカ独立戦争の際の出来事だ。詩人、ヘンリー・ワーズワース・ロングフェローが詩にしたことで広く知られるようになった。ポール・リビアは、ボストン、オールド・ノース教会の管理人に、駐屯するイギリス軍を監視し、動きがあれば提灯を使って知らせるよう指示した。イギリス軍が陸路で攻めてくるのなら提灯を一つ、海路なら提灯を二つ掲げるよう言ったのだ。動物で言うと、教会の管理人は感覚器で、リビアは筋肉、管理人の掲げる提灯は神経系ということになる。

ポール・リビアの物語は、コミュニケーションというものについて誰かに精確に考えさせたい時、そのきっかけとしてよく使われている。格好のたとえであるのは確かだ。だが、この物語に出てくるコミュニケーションはあくまで特殊なものだろう。ある特定の問題しか解決できない。別のたとえも考えられる。こちらのほうがより身近なたとえだろう。今、あなたがオールを持ってボートに乗っているとする。漕ぎ手は他に何人もいて、それぞれにオールを持っている。漕ぎ手が全員で協力し合えば、ボートを前に進めることはできる。しかし、いくら一人ひとりの漕ぎ手の力が強くても、めいめいが他と協調せずに勝手に漕いだらボートはどの方向にも進まないに違いない。各人が正確にいつオールを漕ぐかは問題ではなく、重要なのは、全員が一斉に同じタイミングで漕ぐことだ。そのための方法として一つ考えられるのは、誰かが「漕げ」と声をかけることだ。

リビアの物語において、神経系の役割を果たす提灯は、感覚器と筋肉との間に立っている。感覚器の得た情報を筋肉に伝えることで、筋肉の動きを決めているわけだ。ボートの話においては、「漕げ」と指示する人が神経系ということになるだろう。私たちの日々行っているコミュニケーションは、この両方の役割を果たしている。しかも両方が同時に行われてもいいのであって、両者の間に対立はない。ボートを前に進めるためには、各漕ぎ手のミクロの動きを調整する人も必要になるが、同時にボートがどちらに進んでいるかを見て、それを知らせる人も必要だろう。ボートでは、両方の役割を「コックス」と呼ばれる人が同時に果たす。コックスは漕ぎ手にとっての目にもなるし、一人ひとりの漕ぎ手の動きを揃える仕事もする。同じようなことが神経系にも言える。

二つの役割の間に対立はないが、それでも二つを区別することは重要である。二〇世紀は、長らく、神経系の前者の役割ばかりに注目する見方が優勢だった。後者の役割に注目が集まるまでには時間がかかったが、体内の多数の部分が実際に協調し合っていることはしだいに明確になってきた。イギリスの生物学者、クリス・パンティンは一九五〇年代にはすでに後者に目を向けているが(17)、あとに続く研究者はあまりいなかった。哲学者のフレッド・カイザーが最近になってようやくその見方を復活させている。彼らが指摘したのは、行動を一つの単位のように見るのは間違いだということである。その指摘は正しい。感覚器からの情報に基づき、数多くの行動の中から適切なものを選ぶ、行動Xと行動Yが選べる時に、Xを選ぶのが神経系の仕事だと考えれば、確かに話はわかりやすい。だが、生物が大きく複雑になり、行動の種類が増えるほど、前者の見方では合わなくなっていく。この見方では、そもそもなぜ行動Xや行動Yが可能なのかということが無視されているからだ。「感覚－運動観」には限界があるため、それに代わる別の見方が必要になった。その別の見方を「行動－調整観」と呼ぶことにしよう。初期の神経系について、「行動－調整観」で考察してみる。

進化史に話を戻すと、神経系を持った最初の動物はどのような姿をしていただろうか。生態はどのようなものだったか。わからない。それを研究する人たちが注目しているのが、刺胞動物である。刺胞動物とは、クラゲ、イソギンチャク、サンゴなどを含むグループだ。私たち人間とは進化的に非常に遠いが、その距離は海綿動物との距離ほどではない。刺胞動物は神経系を持っている。初期の動物がどう枝分かれしたのかは今もよくわからないが、最初に神経系を持った動物は今のクラゲに似ていたかもしれない。殻も骨もない柔らかい動物で、水の中を漂っていた。薄い膜に覆われ、電球のようなかたちをした生物の中で、神経活動のリズムが最初に刻まれたとここでは仮定しよう。

それはおそらく今から七億年ほど前のことだった。遺伝子に残された証拠からすればそう考えられる。そのくらい古い動物になると、化石というものはまず残っていない。岩石を見ていると、当時はまだ動物のいない静かな時代だったのかと思ってしまう。ところが、現代の動物のＤＮＡを見ると、その時代に動物の歴史上、重要な枝分かれが多数起きていたという証拠がはっきり残っている。つまり、動物がすでにいて、何らかの活動をしていたということである。脳や心の進化について知りたい人間にとって、この重要な段階が不明瞭なのはいらだたしいことである。ただ、時代が現代に少し近づくと、視界はかなり開けてくる。

エディアカラの園

一九四六年、オーストラリアの地質学者、レジナルド（レッグ）・スプリッグは、サウスオーストラリア奥地の廃止されたいくつかの鉱山で調査をしていた[18]。スプリッグが派遣されたのは、廃止された鉱山の中に採掘を再開する価値のあるものがあるかを調べるためである。彼がその時にいたのはエディアカラ丘陵という場所で、海から遠く離れた内陸だった。最も近い海ですら何百キロメートルも離れたところにある。昼食の途中でスプリッグがふと手近にあった石をひっくり返すと、そこにうっすらとクラゲらしき生物の化石が見えた。逸話ではそういうことになっている。彼は地質学者だけにその石が非常に古いものであると知っており、この発見がきわめて貴重だということもすぐにわかった。ただ、化石の研究者としては実績がなかったので、彼がその化石のことを論文にまとめても、真剣に受け止める人はほとんどいなかった。ネイチャー誌にも論文の掲載を拒否されてしまう。スプリッグは自らの手で、関係する雑誌のすべてに論文を売り込み、ついに一九四七年、トランザクションズ・オブ・ザ・ロイヤル・ソサイエティ・オブ・サウスオーストラリア誌に掲載されることになる。それは「発見した化石はカンブリア紀初期（?）のクラゲのもの」であるとする論文だった。それが「オーストラリアの哺乳類の重量について」というような論文と並んで載ったのである。雑誌に掲載された後も論文はしばらく誰にも注目されなかった。スプリッグの発見の重要性を理解する人間が現れるまでにはその後一〇年もの時間が必要だった。

当時の科学者の多くは「化石の中でも特に重要なのはカンブリア紀のもの」と考えていた。約五億四二〇〇万年前に始まったカンブリア紀には、現在私たちの知っている多種多様な動物のデザインの大半が一気に出現したとされ、それは「カンブリア爆発」と呼ばれている。ところが、スプリッグが発見したのは、カンブリア紀の前にすでに動物が生息していた証拠となる化石だった。スプリッグ自身も一九四七年の時点では、そのことに気づいてはいなかった。彼は「クラゲ」を「カンブリア紀初期のもの」としていた。ところが、類似の化石が世界の他の地域でも見つかるようになり、またスプリッグの発見した「クラゲ」の化石についてもさらに詳しい調査が行われた結果、実はカンブリア紀よりもかなり前のものであることがわかり、化石の動物がおそらくクラゲではないということもわかってきた。現在、この動物の生きた時代は「エディアカラ紀」と呼ばれ（化石が発見されたエディアカラ丘陵に由来する名前）、六億三五〇〇万年前から五億四二〇〇万年前とされる。エディアカラ丘陵で見つかった化石は、最初期の動物がどのように生きていたかを知り得る、はじめての直接的な証拠ということになる。化石により大きさもわかり、生息数や生態も少しは推測できるようになった。

スプリッグが化石を発見した場所から最も近い大都市はアデレードである。現在アデレードのサウスオーストラリア博物館には、エディアカラ紀の化石が大量に保管されている。私は、その博物館の展示を、ジム・ゲーリングの案内で見て回ったことがある。[19] ゲーリングはスプリッグとも面識のある人で、一九七二年からエディアカラ紀の化石の研究に取り組んでいる。驚いたのは、それほど古い時代の環境に相当な密度で生物がいたということだ。ところどころに孤立した生物の個体がいるというような状況ではなかった。ゲーリングが収集した板状の岩の大半には、大きさもさまざまな何十という化石が含まれている。中でも目を引くのは、ディッキンソニアと呼ばれる生物の化石だ。身体には数多くの細い線が入っていて縞模様になっている。スイレンの葉のようでもあるし、バスマットのようにも見える（写真は、サウスオーストラリア博物館に保管されているディッキンソニアの化石を撮影したもの）。目が向くのはどうしても

大きな化石だが、それればかり見ていると、そこに存在する生物のほとんどを見落とすことになる。ゲーリングが何の変哲もない石のかけらを手に取り、シリーパティ（子供用の粘土のようなおもちゃ）を押しつけると、パティには小さな生物たちの身体の細かい形がくっきりと刻まれている、ということが何度かあった。

エディアカラ紀の動物は決して小さくはない。多くは数センチメートルほどの長さがあるし、中には体長が一メートル近くに達するものもいる。大半は海底の、細菌などの微生物が固まってできたマットの上か、あるいは微生物の塊の中で暮らしていた。彼らのいた世界は、「海の中の沼地」とでも呼ぶべきところだ。動物のほとんどは大人になると動かなくなり、どこか決まった場所に定住する。その中には、初期のカイメンやサンゴがいたかもしれない。また、進化の早い段階で完全に捨てられてしまったデザインを持つ動物もいた。身体に三つの面、あるいは四つの面を持つ動物、植物の葉を無数に並べたキルティングのような動物などもいる。エディアカラ紀の動物の大半は、あまり動くこともなく海底で静かな生活を送っていたと考えられる。

ただ、DNAには、その時点ですでに神経系が存在していたことを強く示唆する証拠が残っている。アデレードの博物館で見た動物の中にも、おそらく神経系を持つものがいただろう。どの動物だろうか。エディアカラ丘陵で見つかった中には、海底で土埃をあげながら動き回っていたと考えられるものがいた。それが特に明らかなのは、キンベレラである。[20] キンベレラの姿を絵に描いたので見て欲しい。マカロンの上半分だけのような形をしている。ただし、このマカロンは円ではなく楕円で、前と後ろがあるらしい。おそらく、舌のような突起があるほうが前である。残っている痕跡から見ると、この舌のようなもので堆積物を押しのけながら移動していたようだ。海底を這いながら、堆積物の表面を引っかいて食物を得ていたと考えられる。キンベレラは軟体動物の一種だとされることもあるが、軟体動物に近いが、すでに途絶えてしまった系統に属するとされることもある。キンベレラに這う能力があり、しかも、体長も数センチメートルくらいにまでなったのだとしたら、ほぼ確実に神経系を持っていたはずである。

キンベレラは、エディアカラ紀の動物の中でも自己推進の能力を持っていた可能性の高そうなものの一つだが、同様に可能性の高い動物は他にもいる。ディッキンソニアの化石のそばでは、同じような形状の、よりかすかな痕跡がいくつも見つかることが多い。この痕跡を残した動物は、どうやら一定の時間、特定の場所に留まって食物を取り入れた後、ふたたび動き出す、ということを繰り返していたらしい。エディアカラ紀の世界の再現図を見ると、水中を泳いでいる動物がいくつか描かれていることがある。たとえば、発見者レッグ・スプリッグにちなんで名づけられたスプリッギナなどは再現図の中では泳いでいることが多い。しかし、ジム・ゲーリングは、それは多分、あり得ないと考えている。それは、スプリッギナの化石が常に同じ面を上にした状態で発見されるからだ。もしスプリッギナが泳いでいたのだとしたら、何か不幸な出来事によって死んでしまい、上下逆さの状態で化石になる可能性も十分にあったはずだ。だから、ゲーリングは、キンベレラと同じく、スプリッギナも海底を這っていたと考える。

生物学者の中には、エディアカラ紀は、動物がいた時代というより、動物「のような」生物が数多く現れて進化の実験が行われた時代だったと考える人もいる。つまり、どれも正確な意味で動物ではないというのだ。彼らは、進化の木の動物の枝には位置していないという。ただ、彼らによって、多数の細胞を集めて一つの生物をつくるのにたくさんの方法があることが示されただけだというのだ。先に触れた三つの面を持った生物や、キルティングのような生物など、奇妙なものが多いので、見ていると確かにそうかもしれないと思えてくる。だが、そこまで極端な見方をする人は多くない。エディアカラ紀の生物の中にはキンベレラのように現在知られている動物のグループのいずれかと同類とみなしていいものもいれば、失敗に終わった進化の実験の跡と見るべきものもいる。そして、古代の藻類などそのほかの生物にあたるものもいる、という見方がより一般的だ。ほぼすべての見方に共通するのは、エディアカラ紀の世界は平和だったという考え方である。争いや捕食などはこの時代の世界にはほとんどなかったと考える人が多い。「平和」という言葉は多少、誤解を生むかもしれない。この言葉には、戦おうとすれば戦えるが、そうせずに仲良くする、という意味合いがあるからだ。エディアカラ紀の動物たちは仲が良いわけではない。もともと、互いに関わり合うこと自体ほとんどないのだ。たいていは、ただ微生物のマットの上におとなしく留まって水を取り入れ、その中から食物を濾し取っているだけだ。時には動き回ることもあるが、化石の証拠から見る限りでは、動物どうしの関わり合い自体、ほとんどなかったようである。

もちろん、化石だけではわからないこともあるだろう。この章の最初に書いたとおり、単細胞生物でさえ、化学物質による信号を媒介にして、ひっそりとコミュニケーションをしている。エディアカラ紀の動物たちも同じようなことをしていたかもしれない。だとしても、それは化石の記録には残らないだろう。また当然、エディアカラ紀であろうと、進化上、動物たちは競争していたと言える。この競争は、自己複製をする生命の世界では絶対に避けられないことである。だが、現代の私たちが目で見てわかるような関わり合いに欠けていたことも確かなようだ。特に重要なのは、動物間の捕食が行われていた証拠がないということだ。たとえば、半分食べられた状態の動物の化石などは見つかっていない（クラウディナという生物に限っては捕食に関係がありそうな損傷を持つ化石はいくつか見つかっているが、確実に捕食によるものと決められるわけではない）。食うか食われるかという弱肉強食の世界だった証拠は今のところないのだ。アメリカの古生物学者、マーク・マクメナミンが名づけたとおり、まさに「エディアカラの園」と呼ぶべき世界だったと考えられる[21]。

「園」にいた動物たちがどのようなものだったかは、彼らの形態からある程度、知ることができる。まず、彼らの感覚器はさほど大きく複雑なものではなかったらしい。大きな目はなく、触角なども持っていない。一応、光や特定の化学物質を感知し、それに反応する能力を持っていたのは確かなようだが、今のところ、そのための機構に大きな投資をしていた証拠は見つかっていない。爪や角、殻などを持っていたものはいない。つまり、武器を持つものはおらず、その武器から身を守る盾を持つものもいなかったということだ。動物間に闘いはなく、複雑な相互関係もなかったのだろう。だから、そのために使うお馴染みの道具を進化させることもなかった。それは多かれ少なかれ自己充足的で穏やかな生き物たちの園だったようだ。あのマカロンのようなキンベレラたちも、他者とはほとんど関わることなく静かに生きていたわけだ。

それは現代の動物たちには考えられない生き方である。現代の動物たちは、常に周囲にいる他者たちに敏感だ。他者には敵もいれば味方もいるし、それ以外にもさまざまな関係があり得る。そうした関係を絶えず察知しなくてはいけない。現代の動物たちが周囲の他者に対して敏感なのは、それが非常に重要だからだ。即、生死に関わることも多い。エディアカラ紀の動物たちが、絶えず周囲の他者との関係を察知しようとしていたという証拠は残っていない。だとすれば、エディアカラ紀の動物たちの神経系（彼らがそれを持っていたとすれば、だが）は、後の時代の動物たちとは異なったかたちで使われていたことになる。

先に書いたことを踏まえて言えば、彼らの神経系は、感覚と運動の仲介よりは、体内の各部の動きを調整することに重きを置いたものだったということになる。海底を這う時、海中を泳ぐ（これはまだできたかどうか定かではない）時に身体の動きを整えること、一定のリズムを維持することが神経系の主な仕事だった。もちろん、この仕事にも、周囲の環境を察知することは多少、必要ではあるが、それはさほど大変なことではない。

ただこれはあくまで推測なので、誤っていることもあり得る。エディアカラ紀の動物たちも発達した感覚器を持っていて、他者と活発に関わり合っていたが、彼らの感覚器が柔らかく、化石には残りにくい素材でできていたせいで、痕跡が何も残っていないだけということもあり得る。この「園」に関する議論で私がいつも首を傾げるのは、エディアカラ紀の「クラゲ」たちが平和的な動物だったと言われる時だ。まず、重要なのは、スプリッグの発見した化石が厳密にはクラゲのものではないということである。スプリッグがクラゲだと思っただけだ。クラゲもおそらく同じ時代に生きていただろうと考えられるが、今のところ何の痕跡も見つかってはいない。刺胞動物は一般にそうだが、クラゲは特に、その名のとおり刺すための針を持っているのが特徴だ。オーストラリア人に聞けば誰もが必ず、「針を持ったクラゲの園がエデンの園のように平和なわけはない」と言うはずだ。

ロンドン王立協会では二〇一五年に、初期の動物と神経系について話し合う協議会が開催されたが[22]、その時もやはり古代のクラゲの針が議論の的になった。刺胞動物の針は非常に早い時期から進化したとみられる。このグループでの大きな進化の枝分かれは、エディアカラ紀か、それより前の時期に起きている。しかも、どちらの枝の動物も同じ種類の針を持っているのだ。刺胞動物の針は間違いなく武器である。果たして、攻撃のための武器なのか、防衛のための武器なのか。現代の刺胞動物にとっての獲物も、天敵も、たのか。それはわからない。

エディアカラ紀には存在していなかったようである。だとすれば、当時のクラゲたちは針を誰に刺してい

エディアカラ紀の世界が従来、言われていたとおり平和なものだったのかどうか定かではないのだが、いずれにしても、すぐあとに世界の様相が変化することだけは確かだ。

カンブリア爆発は、約五億四二〇〇万年前に始まった(23)。比較的短い間にいくつもの大きな出来事が相次いで起き、現在見られるほとんどの動物の基本型はこの頃にできたとされる。その中に哺乳類の基本型は含まれていなかったが、脊椎動物の基本型は含まれている。魚類はこの時に生まれているからだ。節足動物も誕生している。節足動物とは、外骨格と関節肢を持った動物で、三葉虫もこれに含まれる。他にも環形動物など、多様な動物がこの時期に誕生した。

なぜその時期に起きたのか。そしてなぜ、それほど急激な進化が起きたのか。タイミングはおそらく、地球の化学環境や気候の変化に関係があると思われる。だが、短期間に多数の動物が生まれたのは、主として「進化のフィードバック」が原因だろう。動物と動物の関わり合いのせいだ。カンブリア紀には、動物の存在の仕方が以前とは変わる。どの動物も単独では存在せず、他の動物との関係の中で生きるようになる。その関係の多くは、「食う、食われる」の関係である。たとえば、ある動物が少し進化したとする。その進化は周囲の環境を変化させることになる。すると、近くにいる他の動物たちは、それまでとは少し違った環境にさらされるため、それに対応して進化せざるをえなくなる。カンブリア紀以降の時代に動物間での捕食があったことはすでに明確である。したがって、それに伴い必然的に、獲物を探す、あとを追う、身を守る、といった行動を取っていたことも確実だ。被食者が身を隠し、身を守るのであれば、捕食者の側は隠れた被食者を見つけ出す能力、防御に打ち勝つ能力を身に付けなくてはいけない。捕食者が能

力を高めれば、また被食者も、それに対応して能力をさらに高める必要がある。つまり、両者の軍拡競争が始まるということだ。カンブリア紀の初期から、化石記録に見られる動物の身体は、エディアカラ紀のものとはすでに違っている。大きな目、触角、爪などを持った動物が現れている。神経系の進化も新たな道筋をたどるようになる。

カンブリア紀に見られる行動の進化は少なからず、ある種の生物の身体が潜在的に備えていた可能性を解き放つことによっても起きた。たとえば、クラゲの身体は、上下の区別はあっても、左右の区別はないという構造になっている。このような構造の動物を「放射相称動物」と呼ぶ。一方、人間、魚、タコ、アリ、ミミズなどは「左右相称動物」と呼ばれる。私たちには前後の区別があり、そのため必然的に左右の区別もある。また、上下の区別もある。最初の、あるいは少なくとも初期の左右相称動物は、おそらくこんな姿をしていたと思われる。[24]

この絵の動物に私は目を描いた。目は「頭」の両側につけた。実際にどこに目があったかは議論の的になっている（大きさも絵では誇張してある。この時代の動物の目はもっと小さかったと考えられる）。自分たちの祖先だけにひいき目もあって、正確ではないと思うが、初期の左右相称動物はだいたいこういう姿だったと考えていいだろう。

左右相称動物はエディアカラ紀にも存在していたはずだ。少し前にやはり絵に描いたキンベレラも左右相称動物である。キンベレラが左右相称動物だとすれば、カンブリア紀より前に生きた左右相称動物は、他の動物たちよりはいくぶん活発な生活をしていたと思われる。そして、カンブリア紀になると、左右相称動物の行動は、もはや止めようがないほど活発になった。元来、左右相称の身体は、移動に向いている（たとえば、「歩行」は、身体が左右相称だからこそ可能な行動である）。また、この身体の構造は、他にも多くの複雑な行動に適していた。カンブリア紀には動物が多様化し、その関係が複雑化したが、その多くは、左右相称動物に起きたことである。

これから左右相称動物にどのような進化が起きたのかを詳しく見ていくが、その前に一旦立ち止まって、考えてみよう。左右相称でない構造を持った動物の中で、最も賢く、最も洗練された行動を取るものはどれだろうか。これは、答えるのが難しいことで悪名高い質問だ。偏見を交えずに答えることは難しい。左右相称動物以外で、最も行動が洗練されている動物は、ハコクラゲだろう(25)。あの強い毒を持った恐ろしいクラゲだ。

柔らかい身体を持ち、化石の記録が乏しいため、どのようなクラゲがいつ頃進化したかを特定することは難しい。しかし、ハコクラゲが現れたのは比較的遅い時期だと考えられる。早くともカンブリア紀以降だろう。ハコクラゲも含めた刺胞動物に共通する特徴は、すでに書いたとおり、針を持っているということだ。ハコクラゲの中には、この針から強い毒を出すものがいる。多数の人間を殺すほどの強い毒だ。北東オーストラリアでは、毎年夏になっても、ハコクラゲがいる海岸にはまったく人がいない。夏以外でも、一年の大半の時期、岸から離れて遠くまで泳ぐのは危険である。ネットで囲われていれば、その中だけでは泳ぐことができる。さらに厄介なのは、ハコクラゲは水の中では透明で目に見えないことである。その動きは、左右相称でない動物ではおそらく最も複雑だろう。身体の上部には、二〇以上もの発達した目がついている。レンズと網膜のある、私たち人間と同じような目だ。ハコクラゲは三ノットもの速さで泳ぐことができる。岸にある何かを目標物として定め、それを見て進むべき方向を判断することもできる。左右相称でない動物の中では、進化の頂点、行き止まりとでもいうべき存在だが、同時に、カンブリア紀に世界が大きく変わったからこそ生まれた動物であるとも言える。

感覚器

神経系は、左右相称の身体よりも前から進化を始めている。ただ、左右相称という形態が、神経系という機能の使い道、可能性を大きく広げたのも確かだ。カンブリア紀の動物には、前の時代に比べ、他の動物との関係が生きていくうえではるかに大切な要素になった。行動にも、他の動物を対象とするものが増えた。他の動物を見張る、捕まえる、あるいは他の動物から逃げる、といった行動が多くなったのである。カンブリア紀の初期から、目、爪、触角など、こうした行動に関わる「装置」が発達した動物の化石が多く見つかるようになる。当然、脚やヒレといった、移動のための装置も発達を遂げている。脚やヒレは、それだけでは他の動物との関わり合いの証拠とは言えない。しかし、爪となると、他の動物の存在を抜きにしては、それを備えている理由が説明しにくい。

エディアカラ紀にも、何種類もの動物が同じ環境の中で共存していたことは間違いない。だが、動物たちが周囲の他の動物たちと深く関わることはなかった。カンブリア紀には、どの動物も、他の動物にとって環境の重要な一部となる。動物どうしの関わり合い、そして、それに伴う進化、いずれも、結局は動物の行動と、行動に使われる装置の問題ということになる。この時点以降、「心」は他の動物の心との関わり合いの中で進化したのだ。

こう書くと、「ここで『心』という言葉を使うのはおかしい」と言う人がいるかもしれない。この章ではまだその問題については触れない。おかしいと感じる読者は今のところそのままで構わない。ともかく、動物の感覚器、神経系、行動は、他の動物の感覚器、神経系、行動に対応すべく進化してきた、ということだけここでは言っておこう。ある動物が行動すれば、周囲の他の動物には、その行動に対応する必要が生じる可能性がある。たとえば、カンブリア紀に生息した体長一メートルほどの捕食動物、アノマロカリスが素早く泳いで襲いかかってくるとする。巨大なゴキブリの頭部に二つの大きな触手が生えたような姿のその捕食者が、いつでも獲物を捕らえられる状態になっている。この時、襲われる側にとって重要なのは、まずアノマロカリスが近づいてくるという出来事を察知すること、そして、攻撃をかわす行動を取ることである。

カンブリア紀の動物に発達した感覚器が必要だったのは当然のことだ。この時期、動物たちは、外の世界、特に他の動物と関係を持つようになった。高度な目、像を結ぶことのできる目をはじめて持ったのも、おそらくこの時代の動物だ[26]。カンブリア紀には、現在の昆虫のような複眼と、私たちが持っているカメラのような目の両方が現れた。おかげで、周囲の事物、特に遠くにあるものや、動いているものを見ることができるようになった。それが動物の行動や進化にどのように影響したかを考えてみて欲しい。生物学者のアンドリュー・パーカーは「目の発明こそは、カンブリア紀における最も決定的な出来事である」と言っている。他の研究者たちも、パーカーほどではなくても、目の発達が重要とする点では皆、一致している。古生物学者のロイ・プロトニックらは、こうした感覚器の発達によって生じた変化を、「カンブリア情報革命」と呼んでいる。取り入れる感覚情報が増えれば、それを処理するための機構も複雑にならざるをえない。多くのことを知れば、決断を下すのに複雑な情報処理が必要になる（たとえば、アノマロカリスに追いかけられた時、近くに二つの穴があるのが見えたとする。その場合、どちらの穴に逃げると捕まりにくいかを判断するためには、かなり高度な情報処理が必要だろう）。像を結ぶことのできる目を持つと、それなしでは考えられない行動が可能になるが、その行動のためには複雑な情報処理をこなす機構も必要ということだ。

アデレードのサウスオーストラリア博物館を案内してくれたジム・ゲーリングは、イギリスの古生物学者グラハム・バッドとともに、カンブリア紀の進化のフィードバックが具体的にどのような順序で起きたのかについてのシナリオを提案している。ゲーリングは、エディアカラ紀の末期に他の動物の死骸を食べる動物が現れ、その後に捕食動物が現れたと考えている。微生物を食物としていた動物たちがやがて、他の動物の死骸を食べるようになり、ついには生きた動物を狩って食べるようになった、というのだ。バッドは、エディアカラ紀の動物の行動が、資源の分布に変化をもたらしたと見ている[27]。エディアカラ紀の世界では、食物にできる微生物のマットがどこにでも存在し、資源の偏りはあまりなかった。どの動物の周囲にも食物の豊富な沼地がどこまでも広がっているような状態だったのだ。エディアカラ紀の動きの鈍い動物たちは、始めのうちはのろのろと動いてその均一に分布した資源を消費していった。ただ、中にはまったく動くことなくひたすら食物を取り入れる動物もいた。この動物たちが新たな種類の資源となる。この動物自体が、栄養価の高い炭素化合物の塊だからだ。こうして栄養の分布がそれ以前ほど均一ではなくなる。栄養はあちらこちらに点々と存在するようになる。このように栄養の塊となった動物たちがまず、死骸となったあとで他の動物たちに消費されるようになった。だが、間もなく大きな変化が訪れた。死骸ではなく、生きたまま彼らを食べる、捕食が始まったからである。

化石の記録を見る限り、あるグループの動物たちがこの変化を主導したようだ。あるグループの動物とは、節足動物である。現在の昆虫、カニ、クモなどはこの節足動物に分類される。カンブリア紀の初期からは、三葉虫が繁栄し始める。三葉虫は典型的な節足動物で、殻に覆われており、関節のある脚と複眼を持つ。三三ページには、ディッキンソニアの化石の写真を載せたが、写真をよく見ると、ディッキンソニアのすぐ下にも小さな化石がたくさんあることがわかる。A、Bという文字が記されている上あたりだ。どの動物も、体長何ミリという程度の大きさだが、ゲーリングはこれが三葉虫の先駆けではないかと考えている。まだ固い殻もない柔らかい身体のようだが、形状は三葉虫を思わせるものになっている。この写真では、ディッキンソニアはいかにもエディアカラ紀の動物らしい姿をしている。明らかに手足、頭とわかるような部分はなく、攻撃から身を守る能力なども持ってはいない。しかし、意図を持って行動できそうな小さな動物たちが、そのすぐ下にひっそりと存在している。彼らは静かに自分たちの出番を待っているようにも見える。この写真を見ていると、子供の頃に読んだ恐竜の本を思い出す。その本には、恐竜とその絶滅のことが書かれていたのだが、こんな挿絵があった。地上に君臨する巨大な恐竜の足下に、小さくすばしこそうな哺乳類が何匹かいる。ネズミのような姿をした動物だ。私の記憶では、そのネズミのような動物たちは、恐竜の卵を食べようと狙っていたのだと思う。三葉虫の先駆けとなった写真の小動物たちも、同じような存在だったのではないだろうか。ディッキンソニアが、微生物満載のマットの上で、何も考えずのんびり暮らしているすぐそばで、まったく新しい生き方を始めようとしていた。

　私と同じ哲学者のマイケル・トレストマンは、写真の小さな動物たちについて自分なりの見方を私に話してくれた[28]。トレストマンもやはり、この動物は活発に動ける複雑な構造の身体を持っていたと考えている。この動物は素早く動くことができ、他の動物を追いかけて捕まえることも、周囲の事物に影響をおよぼすこともできた。さまざまな方向に動かすことのできる突起を持ち、目などの感覚器を持っていた。この感覚器で、遠くにあるものを見つけ、それを追いかけることもできた。トレストマンは、このように「複雑で活発な身体（complex active bodies = CABs）」を持ち得るのは、三つの主要なグループに属する動物だけだという。三つのグループとは、節足動物、脊索動物（人間を含む、背に神経索を持つ動物）、そして軟体動物の一部である。そう言われると、かなり大きな集団のように感じられる。普通の人間がすぐに頭に思い浮かべられる動物はほとんど、この三つのグループのどれかに属しているからだ。だが、見方によってはそう大きな集団とは言えない。動物は三四の門に分けることができる。基本的な身体の設計がだいたい三四種類あるということだ。CABsを持っているのは、そのうちの三門に属する動物だけである。しかも、そのうちの一つ、軟体動物門の中で、CABsを持っていると言えるのは頭足類だけだ。

生物の進化史についての話がしばらく続いたが、ここでふたたび、神経系に対する二つの見方の話に戻ろう。「感覚‐運動観」と「行動‐調整観」である。すでに書いてきたとおり、神経系には二つの役割がある。両者はそれぞれどう進化してきたのか。一方の役割は、主として他者との関わり合いの中で必要になるものだが、もう一方の役割は動物の個体の中だけで完結するものだ（私は、前者を教会の管理人とポール・リビアの間で情報伝達に使われた提灯に、後者をボートの漕ぎ手の動きを調整するコックスにたとえた）。両者は別のものだが、対立するものではない、ということもすでに述べた。動物の進化の歴史を見るうえで、二つを区別することはどのような意味を持つだろうか。エディアカラ紀からカンブリア紀、そしてさらにその少しあとの時代までの間は、動物が急激に多様化した時期である。その時期について知るうえで、神経系の役割を二つに分けることはどう役に立つだろう。その時代に、神経系のはたらき方に大きな変化が生じたということは十分にあり得る。外の世界について情報を取り入れることは、どの時代であってもある程度、価値のあることだっただろうが、カンブリア紀には、この価値が大きく高まったと思われる。外界を見ることの価値もそうだが、同時に、見えたものに反応して動くということの価値も前の時代より高くなった。史上はじめて、外界に無関心であるということは即、アノマロカリスに襲いかかられ、食べられてしまう、ということを意味するようになった。おそらく、最古の神経系は主として身体の動きを制御するためのものだったと考えられる。太古の刺胞動物の身体を動かしていたのがそれだろう。エディアカラ紀の動物たちの身体の動きを制御した神経系だ。だが、カンブリア紀に入るまでには、そんな神経系の時代は終わりを迎えた。

それはもちろん、数多くの可能性のうちの一つにすぎない。ここに書いた推測のとおりでなかったことも大いにあり得る。あくまで現在生きている動物の生態を基にした想像である。他の可能性を過小評価しているかもしれない。実際の歴史がどうだったかはわからないが、可能性は数多くある。たとえば、生物学者デトレフ・アーレントらは、神経系には二つの起源がある、という可能性を考えた(29)。それも、二種類の動物で違う神経系がそれぞれ進化したというのではない。そうではなく、同じ動物の中で、二種類の神経系が進化したというのが彼らの主張だ。それぞれは、同じ動物の身体の別の場所で進化したという。ドームのような形をし、口が下にある、クラゲに似た動物を考えてみよう。この動物の上部では、光を追跡する神経系が進化した。しかし、この神経系には、動物の行動を制御する機能はなかった。その代わり、体内のリズムを整え、ホルモンの量を調整するために光を利用した。もう一つ別の神経系は、身体の動きを制御するために進化した。始めのうち制御するのは口の動きだけだった。ある時点で、二つの神経系は体内で移動を始め、やがて二つの間に新たな関係が生じ始めた。アーレントは、これを非常に重要な出来事の一つだと見ている。左右相称動物がカンブリア紀に急激に進化したのはそのせいではないかと考えているのだ。身体の動きを制御する神経系の一部が、動物の上部へと移った。上部は、光を追跡する神経系のある場所だった。こちらの神経系は、すでに書いたとおり、光を利用してホルモンの量や、体内のリズムを調整するだけで、行動を制御するわけではなかった。しかし、接近した二つの神経系が結びつくことで、神経系は新たな役割を持つことになった。これがアーレントらの唱える説である。

驚くべき説だ。長い時間をかけて動物が進化する中で、運動を制御する神経系が頭部へと移動して脳となり、それが光を感知する器官、後に目となる器官と出会ったというのだ。

分　岐

左右相称動物はカンブリア紀よりも前に生まれていた。小さく目立たない存在ではあったが、その身体の基本構造が、その後の急激な進化の土台となった。その構造を土台として、さまざまな複雑な行動が進化していったのである。初期の左右相称動物は、本書にとってもう一つ重要な意味がある。最初の左右相称動物が現れたのはおそらくエディアカラ紀だが、すぐその後に、大きな進化の分岐が起きた。長い歴史の中で無数に起きた分岐の中でも特に大きな分岐である。その時点で、左右相称動物は二種類に分かれた。始めのうちは、二つの枝のどちらの動物も、似たような小さく平たい蠕虫のような生き物だった。ニューロンは持っていて、非常に単純な目も持っていたと考えられるが、まだのちの複雑な神経系を想起させるものはないに等しい。大きさはせいぜい体長数ミリメートルというところだ。

このように、大きな分岐の直後にはさほどの変化はなかったが、時間が経つにつれ、一方の枝ともう一方の枝の違いは大きくなっていく。どちらの生物の系統も後々まで存続して、多様な動物たちの祖先となったのだ。一方の枝からは脊椎動物が生まれた。驚くのはヒトデなども脊椎動物と同じ側の枝から生じた

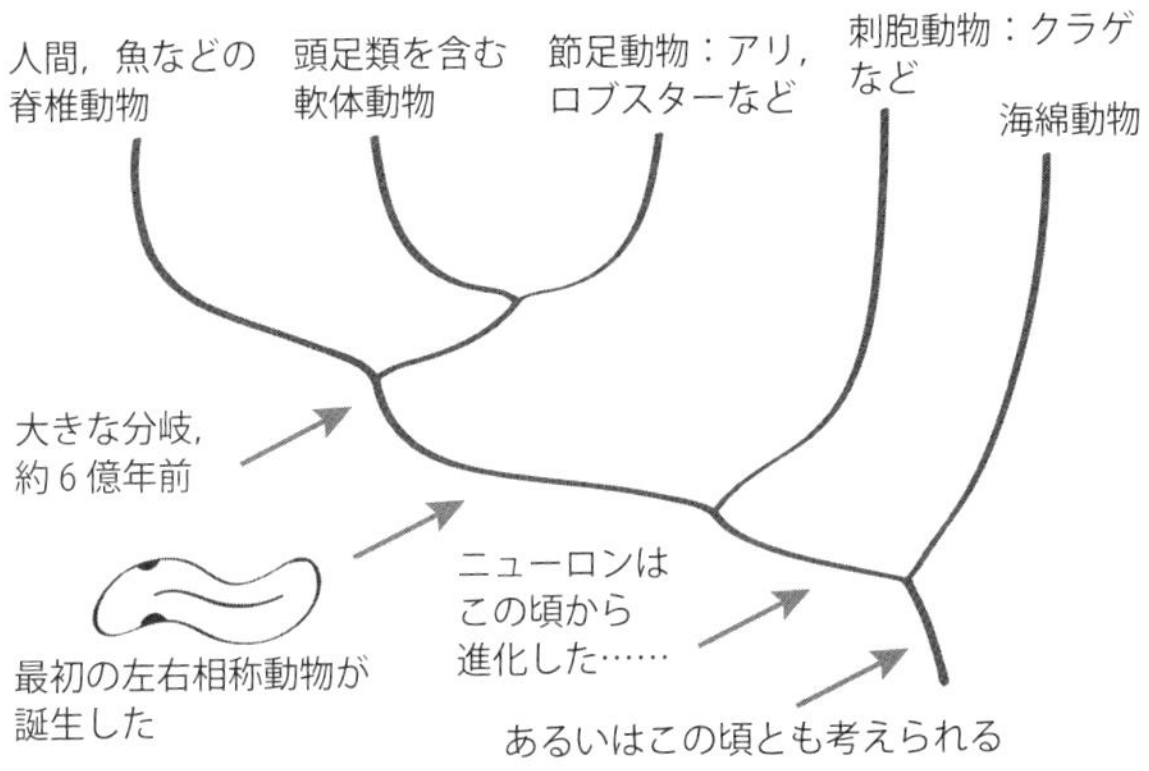

ということだ。そして、もう一方の枝からは、多数の無脊椎動物たちが生まれた。この大きな分岐の直前が、私たち人間と、カブトムシ、ロブスター、ナメクジ、アリ、ガなどを含む多くの無脊椎動物たちとが進化の歴史を共有していた最後の時点だったということである。

この分岐の前後で、進化の木は図のようになったと考えられる[30]。実際には、もっと多くの枝があるはずだし、多くの動物がここに載るはずだが、かなり簡略化してある。私がここで注目している「大きな分岐」がどれかも図に明記した。

大きな分岐のあとには、さらに多数の分岐が起きている。そのうちの一つの枝からは後に魚が生まれ、恐竜や、哺乳類も生まれた。これは私たち人間の側の枝だ。もう一方の枝でも無数の分岐が起き、節足動物、軟体動物などが生まれた。どちらの側も、エディアカラ紀からカンブリア紀、その先と時代を経るに従い、生き方は複雑になっていく。感覚器は外の世界に向かって開かれ、神経系は発達する。感覚器と神経系が高度に進化を遂げ、行動が複雑化したことで生じた一つの小さな出来事として、ついにゴムを身にまとった哺乳類と、絶えず色を変える頭足類が太平洋の海で出会い、互いを見つめ合うことになったわけだ。

3　いたずらと創意工夫

いたずらと創意工夫がこの生き物の特徴であることは明らかだ。
――古代ローマの著述家、クラウディオス・アイリアノス[1]が紀元三世紀頃、タコについて記した言葉。

カイメンの庭で

誰かがじっとこちらを見ている。だが、姿は見えない。しばらくすると、目の在りかがわかり、その目に引きつけられる。

あなたはカイメンの庭の只中にいる。海底には、低木のようにも見える明るいオレンジ色のカイメンが数多く散らばっている。カイメンの周囲にはくすんだ緑色の海藻も生えていて、カイメンの一つに絡みついている生き物がいる。大きさはだいたいネコくらいだ。生き物の身体はあたり一帯のどこにあってもおかしくないようでもあり、どこにも存在しないようでもある。何しろ、大半の部分が決まった形というものを持っていないのだ。常に固定されているのは小さな頭と二つの目だけだ。あなたはカイメンを避けて移動する。同時に、二つの目も避ける。一定の距離を保つのだ。両者の間の、カイメンいくつ分かの距離を詰めないように注意して動く。二つの目の持ち主は、周囲の海藻に身体の色を合わせている。本当にまったく同じ色をしている。ただし、一部分だけ色の違うところがある。カイメンの小さな先端に絡みついている部分だ。そこだけは、カイメンとほぼ同じオレンジ色になっている。あなたはカイメンの脇を気をつけて移動し続けるのだが、とうとうその生き物は頭を高く持ち上げ、すごい勢いでその場から去ってしまう。まるでジェットエンジンでも積んでいるような推進力である。

その奇妙な生き物はタコだ。次にあなたが出会うタコは巣穴の中にいる。巣穴の前には貝殻がまき散らされており、その中には時々、古いガラスの破片も混じっている。あなたは巣穴の前に留まり、タコと互いに見つめ合う。このタコは小さい。テニスボールくらいの大きさだ。あなたは手を伸ばし、指を一本出して近づける。タコも一本の腕をゆっくりとほどいて伸ばし、あなたに触ろうとする。吸盤があなたの皮膚に吸いつく。その吸着力は思いのほか強く、少し不安になる。吸盤に吸いつけたあなたの指を、タコは引っ張る。優しく自分のほうに引き寄せようとする。タコの腕には数多くの感覚器が集まっている。何十とある吸盤のそれぞれに何百という単位で感覚器が備わっているのだ。タコはあなたの指を引っ張りながら、その味を感じている。腕にはニューロンも密集している。それだけ神経活動が盛んに行われているということだ。腕の後ろには大きな丸い目があり、常にあなたのことを見ている。第2章でも触れた「大きな分岐」のあと、何億年もの間の進化を経て、一本の枝はこのような動物に到達したわけだ。

頭足類の進化

タコをはじめとする頭足類は皆、「軟体動物」である。(2) ハマグリ、カキ、カタツムリなどの動物を含む大きなグループに属していることになる。つまり、タコの進化の歴史は、部分的には軟体動物の進化の歴史であるということだ。前の章で私たちはカンブリア紀まで到達した。カンブリア紀は、一気に多種多様な形態の動物が化石の記録に現れ始める時期だ。そうした動物の中には、カンブリア紀より前にすでに存在していたものも少なくない。軟体動物もそうだ。しかし、カンブリア紀の軟体動物は注目すべき存在である。その理由は彼らの持っていた殻にある。

殻を持つようになったのは、動物の生き方に急激な変化が起きたことへの彼らの反応である。急激な変化とは、捕食をする者が現れたことだ。突如として、「見つけ次第、殺して食う」という者たちに取り囲まれるようになった。その状況に対処する方法はいろいろと考えられるが、軟体動物が採ったのは、硬い殻をつくり、その中か、下で生きるという方法だった。頭足類も、歴史をさかのぼると、そうした殻を持った初期の軟体動物に行き着くだろう。(3) 先の細くなった帽子のような硬い殻の下で、海底を這い回っていた動物だ。この動物は現代の動物で言えば、カサガイに似ていた。カサガイは、皿を裏返したような形状の目立たない貝で、潮溜まりの岩にへばりついていることが多い。殻は時が経つにつれてピノキオの鼻のように大きくなり、ついには角のような形になった。ただし、この動物は小さく、「角」の長さはせいぜい二センチメートルほどだった。殻の下には、他の軟体動物と同様、筋肉の発達した「足」があり、それでしっかりと身体を支えることができ、海底を這って動くこともできた。

カンブリア紀に入ってから時間が経つと、殻を持った軟体動物の中には、海底を離れて、海中へと進出する者が現れた。陸地であれば、地上から空への進出は動物にとってそう簡単ではない。翼かそれに類した器官が必要で、そのためのコストも大きい。だが、海では、海底から海中へと身体を持ち上げ、水の中を漂うようになることは難しくはなかった。[4]

上に向かうほど細くなる軟体動物の殻は、始めは身を守るための道具だったが、その後、浮力を得るためにも使われるようになった。中に気体を充満させることで浮力が得られる。初期の頭足類は、ただ殻に気体を充満させて少し浮かび上がるだけだったと思われる。身体を少し浮かび上がらせると、海底を這うのが楽になる。古い頭足類の多くは、そのように海底近くで、半ば這っているような、半ば泳いでいるような移動をしていたのだろう。だが、中にはもっと高くまで浮かび上がる者がいて、そこでまた新たな可能性を見出すことになった。殻の中に蓄えられたわずかな気体が、小さなカサガイのような動物を、大きな飛行船へと変えたのだ。

一度、高く浮かび上がってしまえば、這うための足は無用のものとなる。そこで、飛行船と化した頭足類は、足の代わりにジェットエンジンのような推進装置を備えるようになった。漏斗と呼ばれる器官から水を勢いよく吹き出すことで前進する。水を吹き出す方向はさまざまに変えることができる。這うことから解放された足は、物をつかみ、操ることに使えるようになった。なかには、足を何本もの素晴らしい機能を持つ触手に生まれ変わらせる動物も現れた。ただし、この変化は、触手の先にいる者たち——つまり捕まえられてしまう者たち——にとってはまったく「素晴らしい」とは言えないだろう。この触手に、何十もの鉤爪をつけた動物まで現れたのだからたまらない。頭足類は、海底から水中へと浮かび上がることで、他の動物を食べて生きるという道が拓けた。つまり自らが捕食者となる可能性を手にしたということだ。実際、頭足類はその方向に、急速に多様に進化していくことになる。いくつもの形状が現れた。まっ

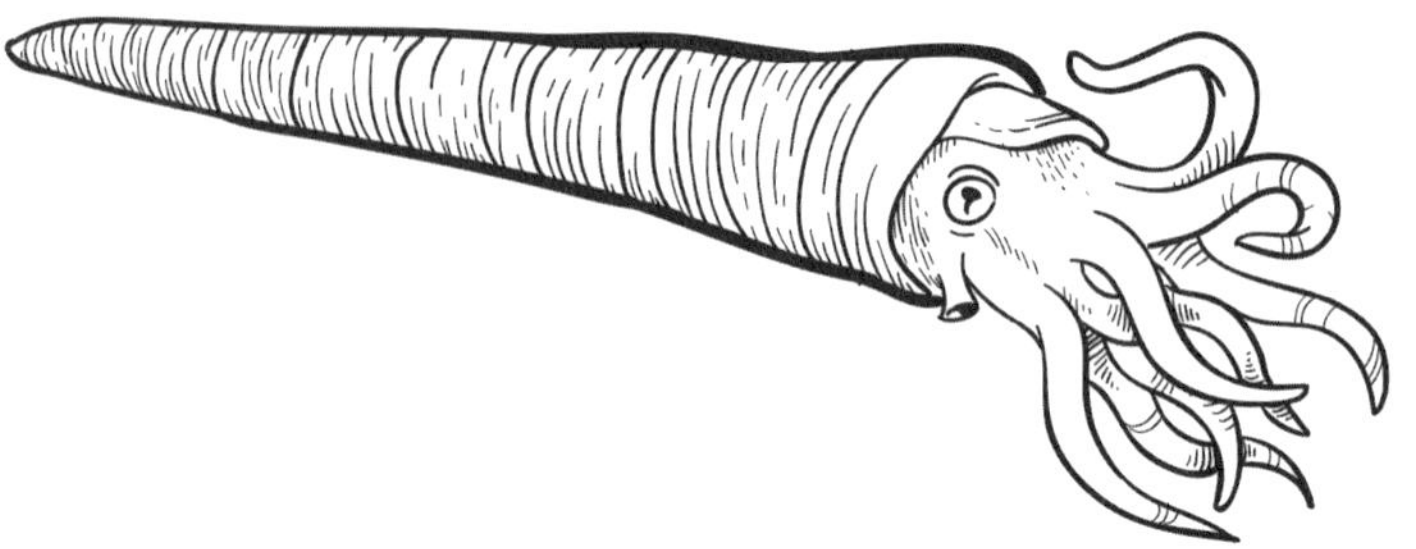

すぐな殻もあれば、渦巻状の殻もある。巨大化し、最大で五メートル以上に成長する者も現れた（上図）。始めは小さいカサガイのような生き物だった頭足類が、海の中でも最も恐るべき捕食者になったのである。

すべてが飛行船のようだったわけではなく、頭足類の中には、ホバークラフトのように、あるいは戦車のように海底を動き回るものたちもいただろう。ある時から殻が大きくなりすぎ、海中を自由に泳ぐのに邪魔になった者もいた。それで海底にいることにしたわけだ。ただ、この時代に生まれたさまざまな頭足類たちは、唯一の例外を除いてすべて絶滅してしまった。例外とは、まったく恐ろしくない動物、オウムガイである。生物の進化の歴史には、何度かその区切りとなるような大量絶滅が起きており、頭足類たちの多くもその中で滅びたようである。だが、それだけではない。捕食者となった頭足類たちが、魚との競争に負け、徐々に数を減らしたという面もあったらしい。より巨大化し、より強力に武装した魚には勝てなかった。ちょうど飛行船が飛行機の挑戦を受け、最後には打ち負かされてしまったのと同じようなことが起きたということだ。

だがオウムガイだけは生き延びた[5]。理由は誰にもわからない。本書の冒頭で私はハワイの創世神話を引用している。神話では、タコを初期の世界からの唯一の生き残りであるとしている。確かに頭足類は生き残った。しかし、太古の時代からの実際の生き残りはタコではなく、オウムガイだった。現在も太平洋に生息しているオウムガイは、約二億年前からほとんど変化していない。渦巻状の殻を持つオウムガイは、現在は捕食者ではなく、他の動物の死骸を食べている。単純な目と数多くの触手を持ち、浅い海と深海の間を上下するが、上昇、下降がどういうタイミングで行われるのかは、現在研究中でよくわかっていない。ただ、どうやら夜の間は浅いところにいて、昼間になると深く潜るというのは確かなようだ。

その後、頭足類の身体にはふたたび大きな進化が起きる。それは、恐竜の時代の少し前のことだ。一部の頭足類が殻を捨てた。元は身を守るための道具で、その後、浮力を得るために使われていた殻だが、その殻を捨て去る者が現れたのだ。完全に捨ててしまわないまでも、殻が小さくなる、あるいは体内に吸収されるということが起きた。殻がなくなると、攻撃に対しては弱くなるが、その代わりに行動の自由度は高まる。一種の賭けではあったが、賭けに挑む者が多くいた。現代の頭足類の最後の共通祖先がどういう動物なのかはわからない。だが、ともかく頭足類の系統がどこかの時点で大きく二つに分かれたのは確かだ。タコを含む腕が八本のグループと、イカ（イカは大きく、ツツイカとコウイカに分けられる）を含む腕が一〇本のグループである。どちらのグループでも殻は縮小しているが、縮小の仕方はさまざまである。コウイカの場合、殻は体内に吸収されて残っており、今も浮力を得るのに役立っている。ツツイカの場合、殻は剣のような内部構造として残っている。この構造は「甲（骨、ペン）」と呼ばれている。タコは、殻を完全に失っている。頭足類の多くは、柔らかく無防備な身体を持ち、浅い海の岩礁で過ごすという生き方をするようになった。

タコと思われる最古の化石は、古く見積もっても約二億九〇〇〇万年前のものである(6)。正確には今のところわからないということは強調しておきたい。岩についた染みとさほど変わらないような小さな化石一つだけで確かなことはとても言えない。次に古いものとなると、かなり時代に開きがある。信頼できるものと言えば、約一億六四〇〇万年前の化石ということになるだろう。その化石は、目で見る限り、まず間違いなくタコのものである。腕は八本あり、取っている姿勢がいかにもタコらしいからだ。タコの場合、化石の記録はどうしても乏しくなってしまう。身体が化石として残りにくいものだからだ。しかし、ともかく歴史上、どこかの時点でタコが大きく種類を増やしたことは間違いない。現在は、知られているものだけで約三〇〇種のタコがいる。その中には深海に生きるものもいれば、浅瀬の岩礁に棲むものもいる。大きさも体長わずか二、三センチメートルというものから、体重は最大五〇キログラム、腕を広げた時の体長が五メートル以上にもなるミズダコまで実にいろいろである。

大まかだが、頭足類の身体は、左図のような進化の旅を経て現在のようになったと思われる。エディアカラ紀には、マカロンの上半分だけのようなキンベレラがいて、やがて現在のカサガイのような、殻を持った小さな動物が生まれ、さらにホバークラフトや飛行船のような捕食動物が誕生した。その後、自由な行動の邪魔になった殻は捨て去られることになる。体内に吸収されたり、タコのように完全に殻が失われたりした。硬い殻が失われたことで、タコは決まった形をほとんど持たない動物になったのだ。

一度持った骨格や殻を捨ててしまうというのは、このくらいの大きさと複雑さを持った生物の進化においては、珍しい現象と言えるだろう。タコには硬い部分というのがほとんどない。硬い部分で最も大きいのが目と口である。おかげで、直径が眼球よりも大きければ、かなり小さい穴でも通り抜けることができる。身体の形はほぼ無限に変えることができるのである。頭足類の進化は、タコに可能性の塊のような身体を授けたことになる。

この章の草稿を書いている時、私は岩の多い浅瀬で二日ほどタコのつがいを観察して過ごしたことがあ

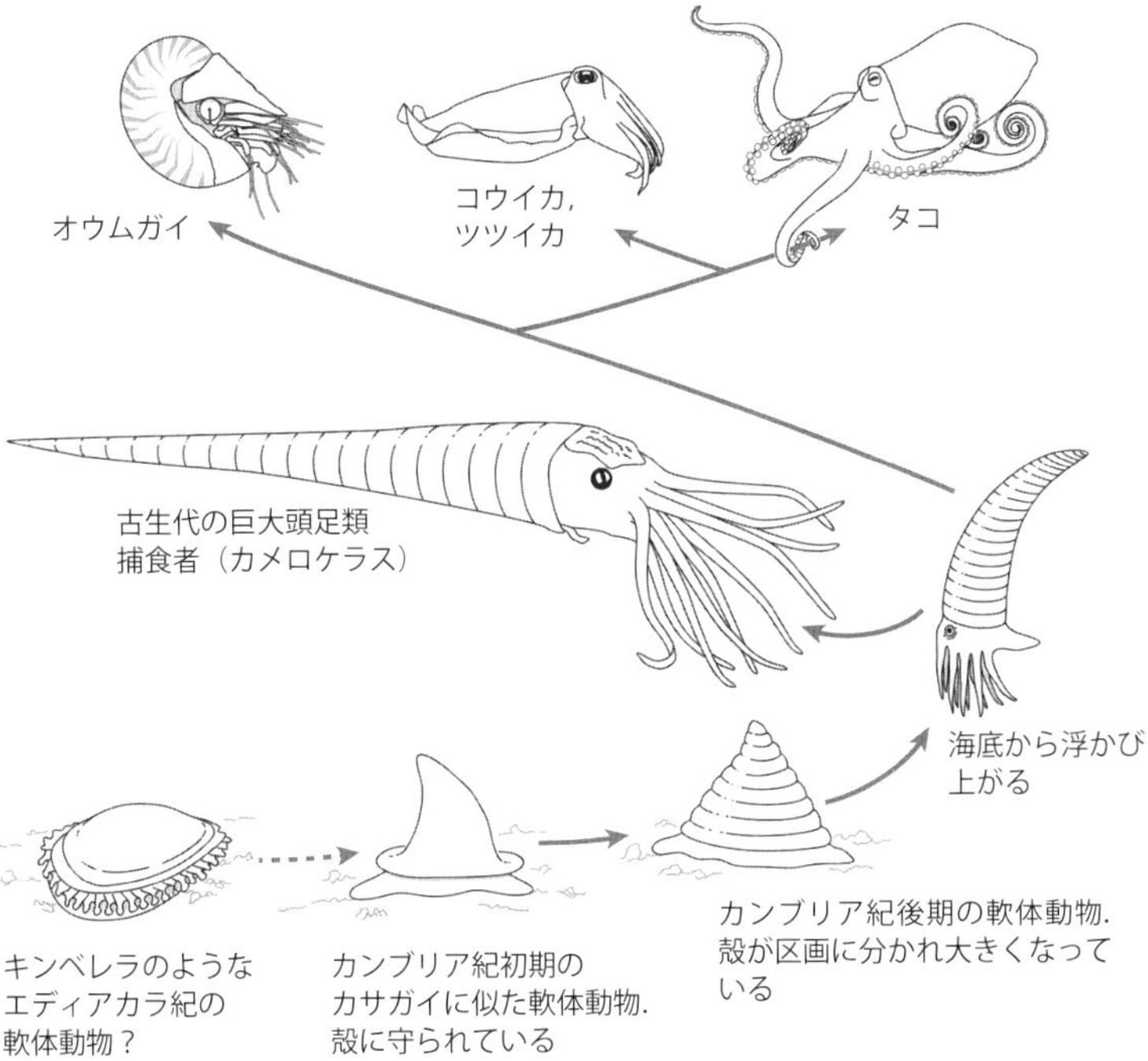

頭足類の進化：縮尺は一定していない（というより，ばらばらと言ったほうがいいだろう）．また，この図は，種間の関係を正確に反映したものにはなっていない．これは，五億年以上前から現在までの間，時間の経過とともに頭足類の形状がどのように進化してきたかを大まかに示しただけの図だ．進化上，特に重要な分岐だけは明記してある．キンベレラは一応，初期の軟体動物ということにしたが，これには異論も多いだろう．小さなカサガイのような，殻をつけた動物は単板綱に属する．その隣に描いた，殻がいくつもの区画に分かれている動物は，タンヌエラと呼ばれる動物に似ている．次に示したプレクトロノセラスは，実際に海中に浮き上がっていたのか，それともまだ海底にいたのか意見が分かれている．ただ，この動物は，身体の内部のいくつもの特徴から，最初の「真の」頭足類だと言われることも多い．カメロケラスは，捕食者となった巨大な頭足類の中でも特に大きい．体長は控えめに見積もっても五メートルはあったとされる．タコやイカはいずれも，殻を捨て，今は絶滅してしまった未知の頭足類の子孫である．現在も殻を維持したまま生きているオウムガイとは大きく異なっている．

る。交尾をしているのを一度見たが、その次の日は午後のほとんどの時間、ただじっと動かずにいた。少なくとも私にはそう見えた。雌のほうはそれでもわずかには動いていたし、日が傾き始めた頃には、巣穴へと戻って行った。ところが雄のほうは、身を守るものが何もないその場所に留まり続けた。雌の巣穴からは三〇センチメートルも離れていた場所だ。結局、雌が戻ってくるまで雄は同じ場所から動かなかった。

私は二日間、といっても午後の間だけ断続的にだが、二匹のタコを観察した。そして嵐がやってきた。時速一〇〇キロメートルもの強風が海岸を襲い、南から大きな波が来た。タコたちの棲む入江にも、嵐の被害を防ぐための防護策は一応、施されてはいたが、たいしたものではなかった。波は入江全体を洗い、海水を白く煮立ったスープのようにした。嵐はその後、四日間にわたり、猛威をふるった。タコたちは果たしてどこへ行っただろうか。二匹のいた岩場にも強い波が何度も打ちつけたはずである。海に潜って見たいと思ったが、嵐の中、そんなことは不可能だった。これがコウイカならば、何の問題もないのだ。コウイカは、天候が悪くなると何週間か姿を消す。ジェット噴射ですぐにその場を去り、人の目が届かないような深い海へと逃げ込んでしまう。タコも沖合まで逃げるのかもしれないが、それよりは岩の割れ目などへ入り込み、岩の壁にへばりついて何日も動かずにただ耐えているという可能性のほうが高いと思われる。帽子のような殻に覆われ、岩にしっかりとつかまっていた彼らの祖先と同じような状態になっていたということだ。

タコの知性の謎

頭足類の身体が現在の形状へと進化する過程で、もう一つの変化も同時に起きた。(7) 一部の頭足類が賢くなっていったのである。

「賢い」というのは、曖昧な言葉で、議論の的にもなりやすい。だから、この先は注意して使っていこうと思う。まず、頭足類は、大きな脳も含む大規模な神経系を進化させた。「大きい」とはいったい、どの程度の大きさか。ごく普通のタコ（マダコ）の身体には、合計で約五億個のニューロンがある。[8] 五億個というのは、ほぼどのような基準に照らしても、多いと言えるだろう。人間のニューロンの数はそれよりははるかに多い――約一〇〇〇億個だ――が、小型の哺乳類の中には、ニューロンの数でいえばタコと同じくらいのものが多くいる。タコのニューロン数は、犬にかなり近い。そして、他のどの無脊椎動物と比べても、頭足類の神経系の規模は異常に大きい。

絶対的な大きさは重要だが、相対的な大きさに比べると意味を持たないとされることは多い――相対的な大きさとは、たとえば、身体の大きさに比しての脳の大きさなどを指す。これは、その動物が脳にどのくらいの「投資」をしているかを示すことになる。この比較をするのに、脳の重量を見ることもあれば、脳のニューロン数だけを見ることもある。タコは脳の重量、ニューロン数のどちらを見ても、無脊椎動物の中では身体の大きさに比して大規模と言える。ただ、どちらを見ても哺乳類ほど大規模ではない。ただし、生物学者は、絶対的、あるいは相対的な大きさを、脳の能力を推測するうえでのだいたいの目安とするだけである。脳の構造はどれも同じではない。大きさは同じくらいでも、シナプスが多い脳もあれば、少ない脳もある。しかも、シナプスの数自体は同じでも、複雑なものもあればそうでないものもある。動物の知性についての研究は進み、最近では鳥類が驚くほど「賢い」ということがわかってきている。[9] 特にオウムとカラスの賢さは際立っている。鳥の脳は、絶対的なサイズを見ると小さいが、にもかかわらず能力は非常に高いということだ。

ある動物の脳の能力を他の動物と比較しようとすると、私たちは、知性というものを適切に評価するための唯一の基準がどこにもないという問題に直面することになる。動物はそれぞれ得意なことが違っている。生態がそれぞれに違っているのだから、それは当然のことである。動物の持つ能力は、たとえば工具にたとえることができるだろう。脳の持つ能力は、その動物の行動を制御するための工具セットのようなものということができる。人間の脳には、誰でもだいたい同じような工具セットが備わっているが、それでも、よく見れば備わっている道具は一人ひとりかなり異なっているとわかる。どの動物の脳にも、知覚のための工具が備わっている。外から情報を取り入れるための工具ということだ。ただし、実際にどのようにして情報を取り入れるかは、動物ごとに違っている。左右相称動物はすべて（少なくともほぼすべて）、何らかの記憶能力を持っているし、学習能力も持っている。つまり、少なくともある程度は、過去の経験を現在に活かすことができるというわけだ。工具セットの中には、問題解決力や、計画力が含まれていることもある。工具の中には複雑で精巧なものもあれば、持つためのコストが高いものもある。ただ、その用途は実にさまざまで、一口に「高度で洗練されている」と言っても、具体的に何が得意で何に役立つかはそれぞれに違っている。感覚に優れているものもあれば、学習に優れたものもある。動物は生き方が皆、違うので、持っている工具もそれぞれに異なっていて当然である。

頭足類と哺乳類では、生き方があまりに違っている。だから、両者の脳神経系を比較することは非常に難しい。タコを含む頭足類は非常に優れた目を持っている。目のつくりは、大まかには私たち人間のものと同じである。両者の大規模な神経系はまったく独立に進化したのだが、どちらの進化の実験も「見る」ということに関しては、ほぼ同じ結果をもたらしたということになる。だが、目の背後にある神経系のつくりは、タコと人間では大きく異なっている。鳥類と哺乳類ならば、あるいは魚類とでも、互いの脳のつくりを見れば類似の部分どうしの対応がつく。[10] つまり、脊椎動物であれば、脳の基本構造はだいたい同じということだ。ところが脊椎動物の脳とタコの脳を比較しようとすると、まるで対応がつかない。タコの脳は、脊椎動物の脳とはまったく違った要素からできているからだ。タコの脳のこの部分は、脊椎動物の脳のこの部分にあたる、といったことはまったく言えない。しかも、タコの場合、持っているニューロンの大半が脳の中に集まっているわけではない。ニューロンの多くは腕の中にある。そう考えると、タコがどのくらい賢いかを知るのに、脳、神経系を直接見てもあまり意味はないと言える。実際に彼らにどのようなことができるかを見たほうが有効だろう。

ところが、タコに何ができるのかを見ようとすると、すぐに難題に突き当たることになる。まず問題なのは、学習や知性に関して実験室内で行われた多数の研究の結果と、タコの行動に関して知られる数々の逸話の間に矛盾が見られるということだ。偶然、タコがこのようなことをするのを見た、というような逸話が数多くあるのだ。もちろん、これは動物心理学の世界ではよくある話である。ただ、タコの場合、その矛盾があまりにも大きいということだ。

実験室内でテストを受けさせてみると、タコは総じて良い成績を取る。[11] アインシュタインのような大天才というわけではないが、ともかくかなり頭が良いのだなということはわかる。簡単な迷路くらいなら、すぐに通り抜けられるようになる。二つの場所を見せられて、どちらが自分の元いた場所か目に見える手がかりを利用して判断するということができ、また、その場所に行くための正しい経路を見つけ出すこともできる。瓶の蓋を回して開け、中の食べ物を取り出すということも学習できる。ただ、タコはどの場合でも学習が早くはなく、時間がかかる。タコに学習をさせる実験に「成功した」とする質の高い論文などは数多くあるが、よく読んでみると、いずれの場合も学習の進捗が恐ろしく遅いことがわかる。実験の結果は分かれており解釈は一筋縄ではいかないが、その一方で実験で確かめられている以上のことが隠されていると示唆するような逸話もたくさんある。私が特に面白いと思ったのは、タコの新奇な環境に適応する能力である。実験室で狭いところに閉じ込められてもうまく順応するし、周りにある見慣れないものを、自分の目的に合った道具に変えてしまうことができる。

タコに関する研究は、初期にはほとんどイタリアのナポリ海洋研究所で行われていた。二〇世紀の半ば頃のことである。ハーバードの研究者、ピーター・デューズは、主として、薬物と行動の関係について調べてきた人だった。[12] ただ、デューズはそれだけでなく、学習一般に対して関心を持っており、彼のタコについての実験には一切、薬物は関わっていない。デューズは、ハーバードの同僚だったB・F・スキナーに影響を受けていた。スキナーは、「オペラント条件づけ」についての研究で知られる心理学者である。報酬と罰が学習にどのように影響をおよぼすかを研究し、心理学の世界に革命をもたらした。一九〇〇年頃に「成功した行動は繰り返され、失敗に終わった行動はその後、繰り返されなくなる」という理論を提唱し始めたのは心理学者のエドワード・ソーンダイクだったが、スキナーはさらにその理論を発展させ、より緻密なものにした。デューズなどスキナーに影響を受けた多くの研究者たちは、動物の行動に関しても正確で厳密な実験を行うようになった。

一九五九年、デューズは、学習と強化に関する標準的な実験をいくつか、タコに対して行った。タコは、私たち脊椎動物とは進化的に遠い動物だが、果たして私たちと同様の学習をするのだろうか？　もし彼らが学習をするのだとしたら、たとえば「レバーを引いて手を離すと、報酬が手に入る」といったことを覚え、自らの意思で同じ結果を生じさせるようになるのだろうか？

私がデューズの研究について知ったのは、ロジャー・ハンロンとジョン・メッセンジャーの著書『頭足類の行動（*Cephalopod Behaviour*）』の中で短く言及されていたからだ。その本には「タコが海の中でレバーを引いて手を離すなどということは決してない、だからこの実験は失敗である」という意味のことが書いてあった。実際にはどういったことが観察されたのだろうか、と興味を持った私は一九五九年に発表された実際の論文にあたり、細部を確認してみた。論文を読んでまず私が思ったのは、この実験は当初の主たる目的から見れば成功と言えるのではないかということだ。デューズは三匹のタコを訓練した。その結果、タコは三匹とも、レバーを操作して食物を得ることができるようになっている。タコがレバーを引くと、ライトが光り、報酬としてイワシの小片が与えられる。デューズによれば、三匹のタコのうちの二匹、アルバートとバートラムはかなり一貫して期待された行動を取ることができたという。ところがもう一匹のタコ、チャールズはあとの二匹とは違っていた。チャールズも一応、テストで最低限、合格とみなせる成績を収めてはいる。ただ、チャールズのこの時の行動には、タコの学習について研究することの難しさが要約されているように感じられる。デューズは次のように書いている。

1. アルバートとバートラムは、身体を水中に浮かせた状態で、優しくレバーを操作した。ところが、チャールズは水槽の側面に何本かの腕を固定したうえで、さらに何本かの腕をレバーに巻きつけ、非常に強い力で操作した。レバーは何度も折れ曲がり、一一日目にはとうとう、ちぎれてしまい、予定より早く実験を終了せざるをえなくなった。
2. ライトは水面より少し上にあり、アルバートとバートラムはそれに特に関心を示すことはなかった。ところが、チャールズは何度も腕をライトに巻きつけて、かなり強い力を加えた。どうやらライトを水槽内に引き込もうとしているようだった。この行動は当然ながら、レバーを引くという行動を取らせるうえでは妨げとなった。

3. チャールズはその他にも、水槽の水を外に向かって吹き出させることも他の二匹より多く、特に、実験者が近くにいると、そちらに向かって水を吹き出させることがよくあった。チャールズは多くの時間を、水面より上に目を向けて過ごし、誰か水槽に近づく者がいると、その人間に向けて水を噴射した。チャールズのこの行為は物理的に、実験の円滑な進行の妨げとなったし、これもやはり、レバーを引いて報酬を得ようとする行動とはまったく相容れない。

デューズはそっけなくこうコメントしている。「ライトを引っ張る行為、水を噴射する行為をなぜ続けたのか、その行為を強化するものは何なのか、関係する変数は明らかではない」デューズがここで「関係する変数」という言葉を使っており、他にもこれに類した言葉を使っていることから、彼の考え方（少なくとも論文を書く時の基礎となった考え方）がよくわかる。それは、二〇世紀半ばの動物行動学の実験においては、ごく当たり前の考え方だった。チャールズが実験者に向かって水を噴射し、実験器具をまともに使おうとしないのは、チャールズというタコの生きてきた歴史に何か原因があるからだ、と考える。そのような行為を強化する要因がチャールズの歴史の中にある、と考えるのである。同種の動物であれば、生まれた時点では皆、同じという考え方だ。もし、同種の動物であるにもかかわらず、行動に違いが見られるとすれば、それは、過去に報酬を得られた（あるいは、得られなかった）経験によって生じた差だと見る。デューズは、その考え方の枠組みの中で研究をしていた。ただし、このタコの実験から一つ確実にわかることは、同じタコといえども、そこには大きな個体差が見られるということだ。チャールズの行動習慣は、生まれた時から他の二匹とは異なっていた可能性が高い。元は同じだったのに、過去の何かの経験で、実験者に向かって水を噴射する行動が強化されたのだ、と考えるのは無理がある。単に、チャールズは生まれつき特に短気で怒りっぽいのだ、と考えるべきではないだろうか。

一九五九年のこの論文は、動物の行動について厳重に管理された実験が行われ、その中でタコという動物の特異性が確認された、という点で画期的だったと言える。同じ種（しかも性別も同じ）の動物であれば、行動もほぼ同じであるという前提で数多くの研究が行われてきた。報酬に変化が生じない限り、どの個体も同様の行動を常に続けると考えられたのだ。レバーをつつく、引く、あるいは走るなどの行為によってわずかな食物が与えられるのであれば、一日中でも同じことを繰り返すだろう、と考えられた。デューズも当然のように、他の研究者と同様の前提で実験をしようとした。彼自身が言っているように、あくまで「客観的」で「定量的」な実験をしたいと考えていたからだ。私もデューズのその姿勢は全面的に支持する。しかし、タコは、ラットやハトなどに比べてはるかに、自分でこうしようという考えを強く持っているようである。この章の題辞にしたアイリアノスの言葉にあるように、タコの行動にはどうも、「いたずら」の要素が多くあり、また彼らには多分に狡猾な面もあるようなのだ。

タコに関してよく知られている逸話には、逃亡した、窃盗をはたらいた、といったものが多い。たとえば、水族館で、夜中に食物を求めて近くの水槽を襲った、という類の話だ。この手の逸話は確かに魅力的ではあるが、即、タコに高い知性がある証拠とは感じない。タコがいた水槽も、近くの水槽も、本来のすみかである潮溜まりとそう変わらない。出入りに多少、努力が必要ではあるが。私が興味を惹かれる話は別にある。その一つは、誰も見ていない時に、電球に勢いよく水を吹きつけて電源をショートさせ、灯りを消してしまうタコがいたという話だ。少なくとも二箇所の水族館に、学習してそんなことをするようになったタコがいたらしい(13)。ニュージーランドのオタゴ大学では、付属の水族館のタコをやむなく野生に返したという。電源をショートさせることを学習したタコを飼育していると、コストがあまりに高くなるからだ。ドイツのある研究施設でも同様の問題に直面したらしい。こういうタコは、とても賢いと思える。だが、実はそうでもないのではないか、と思わせる説明もなされている。タコは明るい光が好きではなく、しかも（ピーター・デューズの実験でもわかったとおり）、自分をいら立たせるものがあると、ともかく何にでも水を吹きつける性質がある。だから、タコが電球に水を吹きつけたことは何も不思議なことではなく、たいして難しい説明はいらないのではないか、というのだ。そしてタコは、人間が見ていない時には、特定の標的に向かって水を吹きつけるためなら巣穴を離れ私たちの思うよりはるか遠くまで行くことがある。ただ、それだけのことかもしれない。だが、いずれの逸話でも、タコが自分をいら立たせる電球の光を消すことに成功し、しかも、ごく短時間に特定の方法がうまくいくことを学んだように見える――まず電球のある場所まで行き、そして、的確に狙って水を吹きつけ、灯りを消してしまう。これにはさまざまな説明があり得るだろうが、果たしてどの説明が正しいのか実験で確かめることは不可能ではないと思う。

この種の逸話からは、タコという動物の、より基本的な性質、能力もわかる。タコは、水槽のような狭いところに閉じ込められている状況にもうまく順応できる。そして、自分を捕らえている人間と何らかの交流をすることもできる。野生のタコは単独行動を取る動物である。大半の種類のタコにおいては、社会生活というものがあったとしても最低限度のものに留まることがほとんどだ（後述するとおり、例外はある）。ところが実験室などに入れると、タコは自分の置かれた新しい環境がどのようなものかを即座に理解するように見える。たとえば、水槽などに入れたタコは、自分に関わる人間一人ひとりをすぐに識別するようになる。そして、相手が誰かによって違った態度を取るという。そういう話は、何年も前から多数の研究機関から聞かれる。始めのうちは単なる面白い逸話という程度の扱いだった。電球の灯りが消されるという事件が起きたオタゴ大学では、研究所のスタッフの一人が、一匹のタコに嫌われていたという。なぜ嫌いなのかその理由はよくわからない。とにかくその人が水槽のそばの通路を歩くと、必ず一リットルくらいの量の水を首の後ろあたりに浴びせかけられた。カナダ、ダルハウジー大学のシェリー・アダモが飼育していたコウイカは、研究室に見慣れない訪問者が来ると必ず水を吹きかけたと言われる[14]。頻繁に姿を現す人に水を吹きかけることは一切なかった。二〇一〇年、ミズダコは人間を確かに一人ひとり見分けられるということが実験によって確かめられた[15]。全員がまったく同じユニフォームを着ていても見分けられたという。

タコの行動について研究機関で調査したこともある哲学者、ステファン・リンキストはこう言っている。「相手が魚であれば、彼らは自分たちが水槽という、不自然な場所にいるということをまったく理解していない。しかし相手がタコとなるとまるで話が違ってくる。彼らは、自分が特殊な場所にいることも、人間がその外にいることも理解する。自分が捕らえられていると認識し、その認識が行動のすべてに影響を与える」リンキストの飼育していたタコたちは、水槽に入れると、中を動き回り、いろいろなことを試し始めたという。困ったのは、水槽についている水の流出弁をタコたちが腕の先で触って詰まらせたことだ。意図を持ってそうしていることは明らかだった。おそらく、水槽の水の量を増やそうとしたのだろう。当然、水は水槽からあふれ出し、研究室は水浸しとなった。

私は、ミラーズヴィル大学（アメリカ、ペンシルベニア州）のジーン・ボールの話を聞くことができ、おかげでリンキストのタコたちのこともよく理解できた[16]。ボールは頭足類の研究者の中でも、とりわけ厳しく批判的な目を持つことで知られている。彼女の実験のデザインはきわめて慎重で、細部まで注意が行き届いている。また彼女は、頭足類の「認識」や「思考」はそれなしには実験結果についての説明が複雑になってしまう場合に限って仮定すべきものだと、断固として主張していることでも知られている。とはいえ、ボール自身も他の研究者たちと同様、頭足類に関しては何度か不可解な体験をしている。彼らにはやはり内面と呼ぶべきものがあるのではないか、と感じさせられる体験だ。そのうちの一つは、もう一〇年以上、彼女の頭から離れない。タコはカニを好んで食べる。しかし、研究室では、冷凍のエビやイカを解凍して与えることが多い。つまり、タコにとってはあまりうれしくない食物を与えられているわけで、それに慣れるのには時間がかかるが、それでもいずれは慣れてくれる。ボールはある日、いくつか並んだ水槽の前を歩き、タコに解凍したイカを順に与えていった。最後の水槽で餌やりを終えると、彼女は来た道を逆に歩いて戻ろうとした。最初の水槽の前まで戻ってふと見ると、中のタコはどうやら彼女が来るのを待っていたようだった。タコはさっき与えられたイカを食べておらず、わざと彼女から見えるようにして持っていた。ボールがその場に立ったまま見ていると、タコはゆっくりと水槽の中を移動し、水の流出弁のほうへと進んで行った。その間、タコはずっと彼女のほうを見ている。流出弁のそばまで来ると、タコはボールのほうを見ながら、イカのかけらを水の流れ出るところに向かって捨てた。

タコが人間に水を吹きかけたという話で思い出すのは、私自身のとある経験である。捕らえられたタコが逃亡を企てるのはよくあることだが、私が見た限りでは、逃げようとするのは、必ず、人間が見ていない時なのだ。注意深く、そういう時を選ぶのである。たとえば、バケツに水を入れ、その中にタコを入れていたとする。タコは人間が見ている時には、バケツの中でおとなしくしていて、不満を持っているような態度は取らない。ところが、ほんのわずかな時間でも注意をよそへ向けてしまうと、ふたたびバケツを見た時にはタコはすでに逃げ出して静かに床を這っている、ということになる。

私は自分がタコのそういう傾向を勝手に想像しているだけだと思っていたのだが、数年前、四六時中タコとともに過ごす研究者、デイヴィッド・シールと話す機会があって、考えを改めることになった。シールの話では、タコはやはり、人間の微妙な態度の変化を見て、自分のほうを見ているか否かを察知するのだという。そして、自分を見ていないとわかった時にだけ逃亡を図る。考えてみるとこちらが見ていない時に逃げるのは、タコからすればごく自然なことで、たとえば、バラクーダが自分を見ている時よりも、見ていない時に逃げたいというのはよくわかる。だが、相手が人間の場合にも、すぐに同じことができるのは驚くべきことではないか。しかも、人間がスキューバダイビングのマスクをしている場合も、そうでない場合も、タコにはこうしたことができるのだ。

タコの学習能力についての実験結果は必ずしも一定していないし、もちろん、結果についての説明も人によって異なっているのが現状だ。ただ、こうした逸話が積み重なるにつれて、一部の標準的な実験の結果に関しては、一つの説明の仕方が浮かび上がってきつつある。実験が意図したとおりの結果にならなかった時によく聞かれたのは、「自然界で必要とされないような行動を取るわけはない。だからうまくいかなくて当然だ」という意見だった（たとえば、デューズの実験でレバーをうまく操作できないタコがいたことに関しては、ハンロンとメッセンジャーがそういう説明をしている）。ところが、実験室でのふるまいを見ていると、どうやら彼らにとっては、「自然界で必要とされない」行動を取ること自体は何の問題もないようなのだ。タコは、瓶の蓋を回して開け、中の食べ物を取り出すことができる。また、あるタコが瓶の中にいて内側から蓋を開けたところを撮影した動画さえある。これほど、タコにとって「不自然」な行動もないだろう。だから、行動や能力が自然かどうかはあまり大きな問題ではないのかもしれない。ピーター・デューズの実験で問題が生じたのは、レバーを引く動作が不自然だったからではないと私は思う。おそらく、「食べ物が手に入るのならタコは必ず何度でもレバーを引くはず」という思い込みが誤りだったのだ。イワシのかけらは、タコにとっては一級の食べ物ではないのだが、そんなものでも、食べられるのならばレバーを引くはずと思い込んでいた。ラットやハトならばそうするのだが、タコは手に入る食べ物がどういうものなのか、しばらく時間をかけて吟味する。あまり気に入らない食べ物しか手に入らないとわかれば、興味を失ってしまうことはある。そして中には、レバーよりも、水槽の上にあるライトに興味を示し、それを巣穴に引っ張り込もうとするものもいる。そのタコにとっては、そちらのほうが面白いのだろう。実験者に水を吹きかける行為についても同じことが言える。

タコという動物を思いどおりに動かすことは難しい。そのため残念なことであるが、研究者の中には、「負の強化」を利用しようとする人もいる。電気ショックを使うのだ。他の動物に対するよりも安易にこの方法が使われているふしもある。ナポリ海洋研究所でも初期の頃は、タコがひどい扱いをされることはよくあったらしい。電気ショックだけではない。タコの脳の一部を取り除く、重要な神経を切断するといったことも行われていた。タコの行動がその後どのように変化するかを見るだけのためにだ。しかもつい最近まで、タコに対するそういう手術は、麻酔なしで行われていた。動物虐待を防ぐための規制はあるのだが、無脊椎動物であるがために、タコにもその規制は適用されると意識する人は少なかった。初期の実験に関する文献の中には、タコを鋭敏な感性を持った動物だと認識している人間にとってはあまりにも残酷で読むに耐えないものも多い(17)。だが、一〇年ほど前からは、タコが〝名誉脊椎動物〟として扱われることが増えた。特にEU諸国では、実験において脊椎動物並みに規制を守って取り扱われることが増えている。ともかく一歩前進したということである。

タコの見せる行動のうち、始めは単なる逸話にすぎないと思われていたのが実験研究の対象にまでなったもう一つの例は、「遊び」である。「遊び」とは、ここでは、特に目的もなく取られる行為のことを指す。

それ自体が目的になっている行為、と言ってもいいだろう。シアトル水族館のジェニファー・マザー、そしてローランド・アンダーソンは、頭足類の研究に革命を起こした人たちだが、この「遊び」について正確で詳細な調査を行ったのはおそらく彼らが最初だろう[18]。タコの遊びは個体ごとに異なっている。たとえば、水槽の中に薬瓶を入れてやると、それで遊ぶタコがいる。タコが水を噴射すると、薬瓶は遠ざかっていくが、水槽の給水弁から入ってくる水流によって、しばらくすると戻ってくる。そうして、薬瓶を繰り返し行ったり来たりさせて遊ぶのである。一般に、タコがはじめてのものを目にした時、まず確かめるのは、「これは食べられるものか」ということである。ただし、確かめた結果、「食べられない」と判断された場合でも、直ちに興味を失うとは限らない。マイケル・キューバの最近の研究でもそれは確認されている。タコは、目の前のものが食べ物かどうかをごく短時間で見極めることができる。しかし、食べられないとわかったあとも興味を持ち続け、触ったり動かしたりすることがあるという。

オクトポリスを訪ねる

本書の第1章では、マシュー・ローレンスとタコとの出会いについて書いた。オーストラリアの東海岸で、ローレンスは多数のタコたちと遭遇した。彼は、小さなボートから下ろしたいかりにつかまって一緒に流されていく、という方法で海中を探検した（ここでつけ加えておくが、海中に一人で潜るのは決して賢明なこととは言えない。ローレンスは、何か問題が起きた時のため、背負っていくものとは別に、もう一つ予備のエアタンクを用意していた。だが、たとえそうだとしても、彼の真似をすることはお勧めできない）。二〇〇九年にローレンスは、貝殻の「ベッド」の上で暮らす一〇匹を超えるタコに遭遇する。タコたちは彼の存在を気にするともなく動き回り、時には二匹でレスリングをしているような具合になることもある。ローレンスはその様子をしばらく見ていた。

ローレンスはその場所のGPS座標を記録し、頻繁に訪れるようになった。そこでタコたちを観察し、タコと交流した。彼らはローレンスの存在を嫌がってはいない。多少の好奇心を示し、一緒に遊んでくれるものや、ローレンスの装備について調べるような仕草をするものもいる。間もなく、彼のカメラやホースの周りをうろうろするタコが何匹か現れた。だが、他のタコたちは、タコどうしの交流に忙しいようで、ローレンスのほうには来ない。時には、あるタコが別のタコをいじめるような行動を取ることもある。一匹のタコが静かに巣穴の中にいると、大きいタコがやってきて、その巣穴の上に飛び乗ってしまう。その後、大きいタコは、巣穴の中のタコとレスリングをするように激しく戦うことになる。次々に身体の色を変えながら二匹が大騒ぎをしたあと、下にいたタコは突然、ロケットのように外へと飛び出す。その時の身体の色は青白い。飛び出したタコは数メートル先で着地する。貝殻のベッドを少し外れたあたりである。攻撃を仕掛けたタコは水中を漂って自分の巣穴へと戻る。

時間が経つに連れ、ローレンスはタコたちとのつき合いに慣れていく。今では、私の見る限り彼はタコたちから特別な扱いを受けるようになったらしい。一度などは、貝殻のベッドのそばで一匹のタコが彼の手をつかみ、しばらくそのまま手を引いて歩いたことがあった。ローレンスは、八本足の小さな子供に手を引かれている気分で海底を歩いた。この海底散歩は一〇分ほど続き、そのタコの巣穴のところで終わった。[19]

ローレンス自身は生物学者ではなかったが、その場所が普通でないことは感じ取っていた。彼はそこで撮影した写真を、あるウェブサイトに投稿した。[20] そこは、頭足類に関心を持つ趣味人や科学者たちの情報センターの役割を果たすサイトだった。生物学者のクリスティン・ハファードは、その写真を目にすると、私に「この場所、知っていますか」と尋ねてきた。マシュー・ローレンスの発見を知って、私はとても驚いた。しかもローレンスの見つけた場所はシドニーからわずか数時間というところだった。私は次にシドニーに行った時、ローレンスに連絡を取り、直接、彼に会った。

実際に会ってみてわかったのは、ローレンスが異常なほどのスキューバダイビング好きだということだ。ガレージには自前のエアコンプレッサーがあり、彼は自らの手で酸素濃度を高めたエアをつくり、タンクに詰める。私たちはすぐに彼の小さなボートに乗り、彼がいつも探検している湾へと出た。例の場所の近くに着くと、ローレンスはいかりを下ろした。そして私たちはいかりのロープをたどって海の中へと潜った。私たちのことを見ていたのは何匹かの小さな魚だけだった。

「オクトポリス」と名づけられたその場所は、深さ一五メートルほどの海底にあった[21]。本当に近くまで行かないとほとんど見えないし、周囲の海底にもこれといった特徴はない。見えるのは、ところどころにいるホタテ貝や、砂の上で波に揺れている何種類かの海藻くらいである。ホタテ貝には、群れをなしているものもいれば、単独で生きるものもいる。はじめて私が訪れたのは、冬で水の冷たい時期だったが、オクトポリスはとても静かだった。タコは四匹だけで、目立ったことは何もしない。だが、そこが普通の場所でないことは私にもすぐにわかった。ローレンスの言うとおり、確かにホタテ貝の貝殻のベッドがある。直径二、三メートルほどの大きさのベッドだ。貝殻には新しいものもあれば、古いものもある。年代の差は相当、幅広いだろう。中心には岩のようなものがあり、貝殻の山に取り囲まれている。その高さはだいたい三〇センチメートルといったところだ。どうやら、オクトポリスでも最大のタコがそこを自分のすみかとして使っているらしい。私はあれこれと計測を行い、写真も撮った。そしてそれ以来機会あるごとにそこを訪れるようになった。間もなく私も、そこに数多くのタコが密集しており、それぞれに複雑な行動を取っているということに気づいた。ローレンスがはじめてそこに来た時に見たものを私も見ることになったのである。

エアと時間に制限がなければ、私たちはどのくらい長くそこにいることになったかわからない。タコが活発になった時のオクトポリスはそのくらい魅力的な場所だからだ。タコたちは、貝殻の山の中にある巣穴から、仲間たちのことを見つめている。時々は巣穴から身体を引きずり出し、貝殻のベッドの上を移動する。海底が砂地になったところまで到達することもある。他のタコのそばを何事もなく通り過ぎる者もいれば、腕を伸ばして他のタコを突く者もいる。腕の先で他のタコを探るような仕草をすることもある。すると、相手のタコも腕を一本か二本、お返しに突き出してくる場合もある。しばらくすると何事もなかったように落ち着きを取り戻し、またそれぞれのタコが単独の行動に戻ることも多いのだが、時には二匹でのレスリングにまで発展することもある。

何枚か写真を載せたが、[22]最初の写真（左）は、オクトポリスの端あたりで撮影したものだ。これで、タコという動物が海中でどのように見えるのかはわかってもらえるのではないかと思う。これは「コモンシドニーオクトパス」（学名オクトパス・テトリクス）という中型のタコで、オーストラリアやニュージーランドに生息している。写真の個体はかなり大きいもので、海底から、最も高い部分（背中の端）までは、六〇センチメートルに少し足りないくらいだ。ちょうど右側にいた別のタコのほうに向かって急いで移動するところである。

その次の写真（七六ページ上）には、貝殻のベッドが写っている。左側にいるタコは、猛スピードで右側のタコに近づいていて、右側のタコは身体を伸ばして逃げようとしている。

続く写真（七六ページ下）は、タコどうしの激しい喧嘩の様子をとらえたもの。オクトポリスから少し外れた砂地の上で撮影した。

貝殻のベッドに何か変化があった時にわかりやすいよう、私は杭を持ち込み、だいたいこのあたりが端だな、という位置にハンマーで打ち込んだ。杭は二〇センチメートル足らずの長さのプラスチック製だったので、重量を加えるために、重い金属製のボルトをテープで貼りつけておいた。杭はどれも深く打ち込み、海底の砂から頭を出す部分は二、三センチメートルくらいにとどめた。打ち込んだのは、貝殻のベッドの周囲の四箇所である。目立たないものであり、あらかじめそこに杭が打ち込んであると知らない限りはまず見つけられないと思った。ところが、私が何ヶ月後かにふたたび来てみると、杭のうち一本が引き抜かれ、一匹のタコの巣穴のそばに、他のいろいろなものに混じって積まれていた。元打ち込んであった場所から巣穴まではかなり距離がある。杭が食べられるものでないことは、タコにはす

貝殻のベッドの上で

タコどうしの喧嘩

ぐにわかったはずである。また、身を守るための盾としても使えるわけではないことも明らかだ。だが、メジャーやカメラなど、私たちが持ち込んだ他のものと同様、杭もタコにとっては日新しく、それだけでも興味を惹くには十分だったらしい。

タコは見慣れないものをただ弄ぶだけでなく、有効に活かすこともある。二〇〇九年、インドネシアのある研究者グループは、野生のタコが半分に割れたココナツの殻を二つ抱えて歩いているのを発見して驚いた。(23) なんと、その殻をタコは持ち運び可能なシェルターとして利用していたのだ。殻は綺麗に真っ二つに割れていたので、間違いなく人間が二つに割ってから捨てたものだろう。タコは偶然それを拾ってうまく役立てたわけだ。持ち運ぶ時には、一方の殻をもう一方の殻の中に入れることもある。それを身体の下に抱えて海底を歩くのだ。その姿はまるで竹馬か何かに乗っているようだ。殻を二つ合わせて球にし、自分がその中に入ることもある。捨てられたものを拾って、シェルターとして利用する動物は数多くいる（ヤドカリはその好例だ）。また、拾ったものを道具にして食べ物を手に入れる動物もいる（チンパンジーやカラスなどを例にあげることができる）。しかし、同じものを組み合わせたり、分解したりして利用する動物はきわめて珍しいだろう。これに比較し得る行動を取る動物が他にいるかは定かではない。確かにいろいろなものを組み合わせて巣をつくる動物はたくさんいる。だが、組み合わせたものを分解して持ち歩き、あとでふたたび組み合わせる動物となると、他になかなか例はない。

ココナツの殻をシェルターにした行動は、タコの持つ知性の際立った特徴をわかりやすく示す例だ。また、なぜタコがこれほど賢い動物になったのかその理由もわかる気がした。タコはまず好奇心が強い。そして順応性がある。冒険心があり、一方で、日和見主義なところもある。そのような動物が、果たしてどのような進化の歴史を経て現れたのか、近縁の動物たちとの違いはどうして生じたのかをここで考えてみたい。

前の章で、私はマイケル・トレストマンのことを書いた。動物は数多くのグループに分けることができるが、トレストマンによれば「複雑で活発な身体（complex active bodies = CABs）」を持ち得るのは、三つの主要なグループに属する動物だけだという。三つのグループとは、節足動物（昆虫、カニなど）、脊索動物（人間を含む、背に神経索を持つ動物）、そして軟体動物の一部である。軟体動物門の中で CABs を持っていると言えるのは頭足類だけだ。最初に CABs を持つよう進化し始めたのは節足動物だろう。カンブリア紀のはじめ、今から五億年以上前のことだ。そして、それは「進化のフィードバック」を起こし、同様の進化が他の動物種にもおよぶことになるのだ。始めは節足動物だけだったが、脊索動物、さらに軟体動物の一部である頭足類があとに続く。

私たち自身を含む脊索動物のことは脇に置いて、残りの二つのグループについて見てみよう。この二つのグループの取った進化の道筋は異なっている。節足動物が興味深いのは、個体どうしが協調し合い、一種の「社会生活」を営むものがいるということだ。節足動物のすべてがそうだというわけではない——むしろ社会生活を営む節足動物は少数派である——だが、行動という側面について見れば、節足動物の進化が生んだ素晴しい成果といえば大半は社会行動に関するものだ。社会的な行動は、たとえばアリやミツバチのコロニーや、シロアリのつくる空調完備の都市で見られる。

頭足類は違う。彼らは一度も陸に上がっていない（ただし、他の軟体動物の中には陸に上がったものもいる）。頭足類が複雑な行動を進化させる道をたどり始めたのは、節足動物よりもあとの時代になってからだが、ついには節足動物よりも大きな脳を進化させるにいたった（社会生活を営む節足動物のコロニーをひとまとめにして大きな脳を持つ一つの個体ととらえることも可能だが、ここではあくまで、小さな脳を持った多数の小さな個体がコロニーを構成していると考える）。節足動物の場合、きわめて複雑な行動を取るものはいても、その行動は多数の個体の協調によってはじめて達成される[24]。頭足類はそうではない。イカの中には社会的な行動を取るものもいるが、それは、アリやミツバチの群れで見られる協調行動とはまるで違っている。頭足類は、イカの一部を例外として、「社会的でない」知性を獲得した動物と考えることができるだろう。そして、頭足類の中でもタコは、複雑な、そして特異な単独行動を進化させる道を歩んできた。

神経革命

ここでタコの身体の中を詳しく見ていくことにしよう。また、タコの複雑な行動の背後にある神経系がどのように進化してきたのか、ということも考察する。

脳の進化の道筋は、おおざっぱにはYの字のようになっている。Yの中央あたりの分岐の部分には、脊椎動物と軟体動物の最後の共通祖先がいる。厳密には、そこから無数の道が伸びているのだが、ここでは二本の道だけを取り出して考えてみよう。私たち人間へとつながる道と、頭足類へとつながる道だ。この分岐の時点ですでに祖先が持っていて、現在の人類と頭足類の両方に受け継がれている特徴は何だろう。それはニューロンを持っていることだと思われる。共通祖先がすでにニューロンを持っていたことはまず確かである[25]。単純な神経系を持った蠕虫のような動物だった。おそらく単純な目も持っていた。ニューロンの一部は、この動物の前のほうに集まっていたと思われるが、それを「脳」と呼べるほど多数、集まっていたわけではないだろう。神経系はそれ以降、無数の道筋をたどり、それぞれの道筋で多様な進化を遂げることになった。うち二つの道筋では、大きな脳を発達させることになったが、両者の脳の設計は大きく異なっていた。

私たち人間へとつながる道筋で、動物は脊索（あるいは脊椎）という構造を持つことになる。脊索（脊椎）は、動物の背側にあり、身体の中央を貫く。脊索には神経が通り、一方の端には脳がある。この身体の設計は、魚類、爬虫類、鳥類、哺乳類などに共通して見られる。一方、頭足類は、それとは大きく違った設計の身体、違った種類の神経系を進化させる。[26] 脊索動物の神経系を中央集権型だとすると、頭足類の神経系はそれよりも分散型だと言える。無脊椎動物のニューロンは、多数の神経節に集まることが多い。小さな神経の集合である神経節が身体に散在し、互いにつながっている。神経節は、地球の緯線、経線のように身体を縦横に走る神経線維によって互いに接続され、すべてが他のすべてと組になって機能する。この種の神経系を「はしご状神経系」と呼ぶこともある。体内にはしごがあるように見えるからだ。初期の頭足類もやはり、その種の神経系を持っていたと考えられる。頭足類が進化する過程で、ニューロンの数はこの基本構造に基づいて増えていった。

ニューロンの数が増えるにつれて、神経節の一部は非常に大きく、複雑になっていく。また、新たな神経節も加わった。ニューロンは、特に動物の前部に多く集中し、やがてそれを「脳」と呼んでもいいほどのニューロンが集まった。古くからの「はしご状」の設計は不明瞭になり、今では一見しただけではわからなくなっている。しかし、今でも頭足類の神経系の基本構造が、私たちのものと大きく異なっていることに変わりはない。

私たちから見て興味深いのは、口から入った食物を体内へと運ぶ管である食道が、頭足類の場合は脳の中央を貫いているということだ。その位置関係はあまりにもおかしいように私たちには思える。そこは絶対に脳があってはならない場所なのではと感じるのだ。たとえば、タコがうっかり何か先の尖ったものを食べてしまったとすると、その尖った先が、「喉」の側面を突き抜けてすぐそばにある脳に刺さってしまう恐れがある。タコたちは、これまでに何度もその問題に直面してきたはずだ。

さらに面白いことに、頭足類の神経系全体を見ると脳の中にあるのはごく一部にすぎない。頭足類の神経系では、重要な部分が身体のあちこちに分散している。たとえば、タコの場合、ニューロンの多くが腕に集中している。腕にあるニューロンの数は、合計すると脳にある数の二倍近くになる。そして、腕にも感覚器と、身体の制御機能が備わっている。感覚は触覚だけではない。化学物質の存在を感知するための嗅覚、味覚もある。タコの腕にある吸盤一つあたりに、それに付随して味覚と触覚を司るニューロンが一万個はあると見られる。そのため、腕は身体から外科的に切除されたとしても、単独で基本的な動作ができる。たとえば、「腕を伸ばしてものをつかむ」という動作は、腕だけでも可能である。

では、タコの脳と腕との関係はどのようになっているのだろうか。初期の研究では、行動の観察や解剖の結果から、腕はかなり脳から独立して自由に動いているのだろうと考えられた(27)。個々の腕と脳とをつなぐ神経の経路は非常に細く見える。また、行動を観察していると、タコの脳は自身の腕がそれぞれどこにあり、どう動いているのかをいちいち把握していないのではないか、という印象を受けることがよくあった。ロジャー・ハンロンとジョン・メッセンジャーが著書『頭足類の行動』で書いているとおり、頭足類の腕は脳から「奇妙に分離して」いるように見える。少なくとも基本的な動作の制御に関してはそう見えるのだ。

タコの腕を構成する筋肉の連携もそれは見事なものだ。たとえば、食物のかけらを口まで運んでくる時(28)。まず腕の先端で食物をつかもうとすると、筋肉の動きには同時に二つの波が生じることになる。一つは腕の先端から内側へと向かって行く波。もう一つは、腕のつけ根から外側へと向かって行く波である。二つの波が出会う場所に、関節のようなものができる。そこにいわば「臨時の肘」のようなものができるわけだ。各腕の神経系には、ニューロンのループが多数備わっている[29]（専門用語を使うと、ニューロンの回帰性接続が複数見られる、となる）。このループが、腕に一種の簡単な短期記憶を与えていると思われる。ただし、この短期記憶がタコにとって具体的にどう役立っているのかはまだよくわかっていない。

ただ、タコは状況によっては脳で何かを判断してから行動することもあるように思える。特に、重大な問題に直面した時にはそうなるようだ。第1章でも書いたとおり、野生のタコに遭遇した時、こちらがある程度まで近寄って行って立ち止まると、タコはこちらのことを探るように一本の腕を伸ばしてくることがある。すべてのタコがそうだとは言わないが、少なくとも種によってはそうするタコがいるのだ。さらに二本目の腕を伸ばしてくることも多いが、始めはこちらを見ながら一本だけ出してくる。この行為には「意図」というものを感じる。脳に導かれた末の行動という印象を受けるのだ。次の写真はオクトポリスで撮影した動画から抜き出したものだが、ここに写っているタコも、そのような見方を支持するように思える。中央のタコは、右側にいるタコに急いで近づこうとしている。しかも、まるでこれからこいつを捕まえてやるぞというように、一本の腕の先を鋭く曲げている。

つまり、タコの神経系は部分ごとに機能する場合と、脳の司令の下、中央集権的に機能する場合の混合のようなかたちで働いているらしい。それを確かめる実験もすでに行われているが、私の知る限り、中でも最も優れた実験は、ヘブライ大学（エルサレム）のベンヤミン・ホフナーの研究室で行われたものだろう。その非常に巧妙な実験の成果は、ホフナー自身とともにタマル・ガットニック、ルース・バーン、マイケル・キューバらが書いた二〇一一年の論文にまとめられている[30]。彼らの行った実験は簡単に言えば、タコのそばに食物を置き、タコがそれを取ることができるかを確かめるというものである。ただし、食物

は迷路の先にあり、タコは一本の腕をそこに通さなくてはならない。タコの腕には、すでに書いたとおり、化学物質の存在を感知する感覚器がある。しかし、この実験の状況では、タコはたとえその感覚器を駆使しても、それだけでは食べ物に腕を届かせることができない。迷路が途中で水のない空間を通るように作られていたからだ。ただ実験では、迷路の壁は透明になっており、食べ物がどこにあるかは目で見ればわかるようになっていた。だから、タコが目から得た情報をもとに腕を動かして迷路をたどることは可能だと考えられた。

学習にはかなりの時間を要したが、しかし最終的には、実験に使ったほぼすべてのタコがこの課題をクリアした。目で見た情報をもとに腕を動かすことができるというわけだ。また論文によれば、タコの腕は食物のほうに向かう間も、這うように動き、あちこちに触れるなど、腕自体も周囲の様子を探っているようだったという。これは、神経系の分散型の機能と中央集権型の機能が同時にはたらいていたことを意味するのだと思われる。脳が目からの情報を使って腕がたどる最終的な経路を制御すると同時に、腕自身も周囲の状況を探りながら自らの力で動きを微調整していたのだ。

身体と制御

すでに書いたとおり、タコには約五億個のニューロンがある。なぜそれほど多いのか。それほど多くのニューロンがいったい、タコのために何をしているのか。前の章でも書いたが、神経系は非常にコスト高な機械である。頭足類はなぜ、このようなコスト高な機械を持つという、特異な進化を遂げたのだろうか。その答えは誰も知らないが、いくつか仮説を立てることは可能である。この問いはほぼすべての頭足類に少なくともある程度は関係があるが、ここでは話をタコだけに絞ることにしよう。

タコは捕食者である。しかも、自らが動いて獲物を襲う捕食者だ。どこかで待ち伏せをするわけではない。彼らは、岩礁や、浅い海の底を絶えず動き回る。[31] ある動物が大きな脳を進化させた理由を説明しようとする時、動物心理学者がまず見るのは、その動物の社会生活である。[32] 社会生活が複雑であれば、それが高い知性を生むことが多いからだ。だがタコの社会生活はさほど活発ではないし複雑でもない。最後の章でその例外も紹介するつもりではいるが、いずれにしろ社会生活がタコの歴史の大きな部分を占めていたということはなさそうだ。タコにとってそれより重要なのは、海の中を動き回って狩りをすることだと考えられる。一九八〇年代に霊長類学者のキャサリン・ギブソンがある説を唱え始めた。ここで私は、その説をもとにタコの知性の進化について考察したいと思う。[33] ギブソンは、なぜ一部の哺乳類が非常に大きな脳を進化させたのか、その理由を探し求めていた。彼女自身は、自分の説がタコにも適用されるとは一切考えていなかったはずだが、私はタコにも適用できると思っている。

ギブソンは、動物の採餌には二つの種類があるとし、二つを明確に区別した。一つは、ほとんど手を加える必要がなく、いつでも同じように入手し、食べることが可能な餌に特化したものである。ギブソンはその例として、カエルが昆虫を餌としていることをあげる。もう一つは、状況に応じた判断、取捨選択を必要とする餌の採り方で、たとえば、殻や皮などに覆われた食物から殻や皮を外し、中から食物を取り出して食べるには、刻一刻と変わる状況を察知し、それに柔軟に対応する能力が必要になる。カエルとチンパンジーの違いを考えてみよう。チンパンジーは広い範囲を動き回って食物を探す。食べるものの種類も多様だ。食物の多くは、チンパンジーに何らかの操作を求める。見つけただけですぐ食べられるわけではない。木の実、種子、巣の中にいるシロアリなどは、見つけたあとに、少し手間をかけないと食べることはできない。こうした柔軟性や対応力を要求する採餌についてギブソンがしていた説明は、実はタコにもよく当てはまる。タコの多くにとって最も好ましい食物はカニだが、他にもホタテ貝から魚まで多種多様な動物（他のタコも含む）を食べる。簡単に食べられる動物は少ない。たいていは、身を守るための殻などを持っているので、食べるまでにはかなりの作業を必要とするのが普通だ。

デイヴィッド・シールは主にミズダコを対象に研究をしている。食物としては、二枚貝をまるごと与えているのだが、彼の地元であるプリンス・ウィリアムズ湾のタコは普段、二枚貝を食べない。だからシールは、タコたちに見慣れぬ食物である二枚貝の食べ方を教えなくてはならないのだという。始めは貝の一部分を砕いてからタコに与えるようにする。タコがその貝が食べられるものであると理解した頃に、今度は何もしない無傷の状態の貝を与えてみる。タコはそれが食べ物であると知ってはいても、どうすれば中の身が食べられるかはわからない。タコはさまざまな方法を試す。口を使って貝殻に穴をあけようとする、あるいは貝殻の端を砕こうとする。とにかく、ああでもないこうでもないといじくり回すのだ。やがて、ともかく力づくでいけばどうにかなるらしいと気づく。十分な力をかけさえすれば、二枚の貝が分かれて、中身が現れるとわかるのである。

このような狩猟や採餌の仕方はタコの心性の好奇心旺盛で冒険好きな面、特に、目新しい物にすぐ関心を持つところとよく合っているように思われる。このことは同じ頭足類でも比較的単純な採餌の仕方をしているコウイカやツツイカよりも、タコにはより当てはまると言える。だが、コウイカの中には巨大な脳を持つものがいる。身体に占める割合としてはタコより大きい脳を持っているものがいるのだ。なぜなのかは今のところまったくの謎だ。コウイカの能力についての調査はタコよりも進んでいない。

すでに書いたように、タコは非常に社会性が高い動物とは言えない。少なくとも通常の意味では。他のタコと関わるのに長時間を費やすことはないからだ。だが、捕食者であることから、被食者となる動物とは長く関わることになる。それも見方によって一種の社会的行動と言えなくもない。捕食者として生きていこうとすれば、行動や視点を被食者に合わせる必要がある。被食者が何を見ているのか、どのような行動を取ろうとしているのかが重要だ。捕食者は相手を狩るために必要な能力を身につけるようになるし、被食者は狩られることをできるだけ防げるような能力を身につけるが、そこで必要になる能力は、同種の動物間の社会生活に必要なものとある程度、似通っている(34)。

タコが大規模な神経系を持つようになった原因の一部は、おそらくこうしたタコの生活様式にあるのだと思われる。だが、それがすべてではないだろう。ここで他にどのような原因があるかを考えてみよう。第2章で私は、神経系の進化に関して「感覚‐運動観」、「行動‐調整観」という二つの考え方があるということを書いた。前者には馴染みがあっても、後者に関してはそうではないという人がおそらく多いだろう。歴史的にも、後者に注目が集まるまでには、少し時間がかかった。後者の中核にある考え方は、最初期の神経系が、感覚の「入力」と行動の「出力」を結びつけるものというよりもむしろ、純粋に個体の各部分どうしの協調の問題への解決策として進化してきたのではないかというものだ。つまり、身体の各部の細かい動きを個体全体としての大きな動きとどう調整するかという問題が、神経系を生じさせたのではないか、と。

こと各部分の協調という問題に関しては、頭足類の身体、特にタコの身体は非常に特異な状態にあると言える。祖先となった軟体動物の「足」は、進化により数多くの腕に分かれた。関節もなければ硬い殻もない。そのため、非常に制御が難しい部位になっている。ただし、うまく制御することさえできれば、非常に有用な部位であるとも言える。タコの身体から硬い部分がほとんど失われたことで、問題も多く生じたが、一方で可能性も大きく広がった。動きの自由度は格段に高まったが、混乱を生じさせず、一貫性のある行動が取れるよう制御することは容易ではない。すでに書いてきたとおり、タコは、中央集権的な神経系だけでその問題に対処したわけではない。同時に分散型の神経も持ち、両者を合わせて使っている。タコの一本一本の腕を、それぞれタコ全体よりも小さな動物とみなすこともできるかもしれない。だが、個々の腕は、身体全体を支配する大きく複雑なシステムによる「トップダウン」の制御も同時に受けている。

身体の協調が難しいということは、神経系の特に初期における進化には重要なことだったと思われるが、それだけでなくその後の進化においても一役買っている。というのも、タコのニューロンが増えたのもそれと関係していた可能性が高いのだ。身体の制御のためだけでも、いまタコが持っているような膨大な数のニューロンが必要だったと思われる。

神経系が巨大化した理由は、身体の制御の難しさだけでも十分に説明できる。しかし、それだけでは、タコの知性や、柔軟な行動がなぜ生じたかの説明はできない。複雑な身体をうまく制御することはできるけれど創造力はないという動物はいる。より完全な説明のためには、先述のキャサリン・ギブソンの説、つまり採餌の仕方に関する説も援用すべきだと思う。これならば、ある動物が創造力、好奇心、感覚の鋭敏さなどを持つ理由をよく説明できる。あるいは、こんな説明もできるかもしれない。複雑な身体を制御する必要から大規模な神経系が進化したが、その結果、神経系があまりにも大きく複雑になり、副産物として余力が生じ、他の能力も持つようになった。または、後の進化で身体の制御以外の仕事をする必要が生じたのだが、それに比較的、容易に応えることができた。「または」と書いたが、進化の過程ではその両方の効果が、単独で働いたことも、組み合わさって作用したこともあったに違いない。たとえば、人間を一人ひとり区別して認識する能力などは、副産物に違いないだろう。だが、他の能力、たとえば問題解決の能力などは、タコの日和見主義的な生き方に合わせて脳に後から修正が加えられた結果、生じた能力だと考えられる。

ここまでの話をまとめると、まず、身体を制御する必要からニューロンが増え、その増えたニューロン、大きな脳のおかげで数多くの能力を持つことになった、ということになる。タコは時折、驚くような行動を取る動物ではあるが、そのような行動の一部は、進化的に見れば単なる偶然ということになるだろう。タコに関する逸話のほとんどは、彼らにとっては不自然な狭い場所に閉じ込められた状態で何かいたずらをしたとか、創意工夫をしてみせた、といったものだ。その他、人間との関わりで驚かされることもあるが、いずれにしても、タコには余計なことをするだけの、内面の能力の余剰があるようだ。

収斂と放散

これまでに書いてきたとおり、動物の進化の道筋は、初期のどこかの時点で大きく二つに分かれた。一方の道は私たち人間を含む脊索動物へとつながり、もう一方の道は、タコを含む頭足類へとつながった。ここで、二つの進化の道筋を、現時点でわかっている範囲内で比較してみることにしよう。

両者が驚くほど似ているのは、「目」である。人間とタコの最後の共通祖先は、「眼点」と呼ばれる、光の強弱を感じ取れる程度の簡単な感覚器は持っていた。これは、現在の人間やタコの持つ「目」とは似ても似つかないものだ。現在の脊椎動物と頭足類は、どちらもカメラのような目を持つが、両者はまったく独立に同じような目を進化させたということになる[35]。レンズを持ち、網膜に像を結ぶ目だ。また、何種類かの学習能力は、どちらの系統にも共通して見られる。たとえば、報酬と罰によって学習する能力、試行錯誤をしながら学習する能力は、両方の系統に見られるが、これもまったく独立に進化したもののようだ[36]。同様の能力に至る進化が歴史の中で何度も起きているということである。仮に、人類と頭足類の共通祖先が、基になるような器官、能力を持っていたとしても、それを高度に洗練させなければ現在のようなものにはならない。洗練させる進化はやはり、両者で別々に起きたということになる。人間と頭足類の知性に関わる側面には、他にも、よく観察してはじめてわかる類似点がいくつかある。たとえば、短期記憶と長期記憶に明確な区別があるということ。目新しいものや、食べることはできず、すぐに何かに役立つわけではないものに興味を示すところ。頭足類は、私たちの睡眠に似た行動も取るようだ。コウイカには、一般に夢を見ることが多いとされるREM睡眠（急速眼球運動＝REMを伴う睡眠）らしきものもある[37]（タコに同様の睡眠があるかはまだ明確にはなっていない）。

不思議な類似点もある。たとえば、他者との関わり方だ。すでに書いたとおり、タコは相手が人間であっても、一人ひとりを区別して認識できる。頭足類と人類の共通祖先に、そのような能力があったとは思えない（そのちっぽけで単純な生き物がどのような能力を持っていたのか、思い描くのは難しい）。社会性の高い動物、あるいは一夫一婦の動物であれば、この能力を持っていても当然と思える。だが、タコは一夫一婦の動物ではなく、誰と交尾をするかわからない乱婚の動物である。しかも、社会性が高いわけでもない。ここには、ある程度以上の知性を持つ動物の事物の把握の仕方について、重要な示唆がある。タコも人間も、たとえ事物が時間とともにその外見を変えていっても、それが元と同じものであると認識できるように事物の捉え方自体を成形する。私は、タコがそうした認知能力を持っているのは驚くべきことだと思う。その能力はあまりに私たちに似ていて、あまりに人間らしい。それに私は驚かされる。

タコと人間の両者を比べた場合に、類似と相異、収斂と放散が入り混じって見えるような特徴もある。たとえば、心臓は人間にもあるし、タコにもある。だが、タコの心臓は一つではなく、三つだ。また、その心臓が送り出す血液は赤ではなく、青緑色をしている。酸素を運ぶのに鉄ではなく、銅を使うからだ。そしてもちろん、人間には神経系があり、タコにもある。どちらの神経系も規模は大きいが、その設計は大きく違っている。しかも、身体と脳の関係が両者ではまるで違う。

近年、心理学の世界では「身体化された認知」という理論がもてはやされるようになった。タコという動物の存在がこの理論が重要であることを証明しているという人もいる。この理論は元来、特にタコを念頭に置いていたわけではなく、私たち人間を含めたあらゆる動物に適用されるはずのものだ。ロボット工学に影響を受けた考え方でもある。「身体化された認知」理論では、動物が世界に対処する「賢さ」を担うのは脳だけではない、身体も賢さの一端を担っていると考える。[38] 周囲の環境がどのようになっているのか、またそれにどう対処すべきか、といった情報は、実は身体にも記憶されている。身体の構造それ自体が記憶なのだ。だからすべての情報が脳に記憶されているわけではない。たとえば、私たちの手足の関節のつくり、ついている角度などは、歩行などの行動を自然に生むようになっている。適切な身体を持っていれば、正しく歩くための情報のかなりの部分がそこに記憶されている。ヒレル・チエルとランドール・ビアが言っているとおり、動物の身体の構造は「制約と可能性」を同時に生み、それがその動物の行動を制御するのだ。

タコの研究者の中にもこの理論の影響を受けている人がいるが、ベニー・ホフナーは特に強く影響された一人だろう。ホフナーは、タコと人間の違いを理解するのに、この理論が役に立つと考えている。タコは人間とは大きく異なった身体を持っており、したがって「身体化された認知」も大きく異なっているということになる。その違いは、両者の精神の働きに大きな違いを生んでいるはずだ、とホフナーは考える。

タコの知性や心が人間とは大きく異なっているという点には私も賛成する。しかし、タコという不思議な動物に、「身体化された認知」理論は実はあまりうまく当てはまっていない。この理論の信奉者は、身体の形状、構造に情報が記憶されているという。ただ、この理論が成り立つためには、身体に「形状」がなくてはならない(39)。タコというのは、他の動物と違い、定まった形状を持たない動物なのだ。腕を下にして堂々と立っている時と、自分の目より少し大きいくらいの穴を通り抜ける時ではまるで形状が違う。流線形のミサイルのようになったり、丸まって小さな瓶の中に入ることもできるのだ。チエルとビアなど、「身体化された認知」理論の提唱者は、身体が具体的にどのようなかたちで知性的な活動のための情報を提供しているのか、その例をあげている。彼らが例としてあげるのは、たとえば、身体の部分間の距離(これは知覚の助けにもなる)や、関節の位置や角度などだ。だが、タコの身体にそのようなものはない。身体の各部分間の距離はまったく一定していない。関節もない。したがって関節の位置や角度といった情報もない。それに、タコの場合、「身体」と「脳」を対置させてもあまり意味はない。「身体化された認知」理論を提唱する人たちは、身体と脳を対置させることが多いが、タコにはそれは当てはまらないのだ。タコの場合、脳は独立した存在というよりも、「脳を含めた神経系全体」が一つになっている。(40) タコはどこからどこまでが脳なのかがそもそもはっきりしない。ニューロンが密集している箇所が身体のあちこちにあるからだ。タコは身体中が神経系で満たされていると言ってもいい。タコの身体は、脳や神経系にただ制御されるものではなく、脳や神経系と完全に対置させられるものでもない。

タコでも、「認知の身体化」は起きている。ただし、人間などとはまた違ったかたちで起きているし、あまりに違いが大きすぎるので、従来の「身体化された認知」理論の枠組みでとらえるのは難しいと思う。この分野を研究する人たちの間には大きく分けて二通りの考え方があり、互いに対立している。一方は、脳を動物の全権力を握る存在、企業で言えばＣＥＯのような存在ととらえる考え方。もう一方は、認知能力は脳だけではなく、身体にも存在するのだとする考え方である。どちらの考え方も、脳と身体を完全に区別し、両者を別のものとする点では共通している。タコは、両方の考え方の外にいる動物である。まさにタコの認知の身体化のされ方こそが、従来の「身体化された認知」理論が前提としていることの実現を不可能にしているのだ。タコの身体は、ある意味で「非‐身体化されている」と言える。そんなふうに書くとタコの身体にまるで「実体がない」と言っているように思うかもしれないが、もちろんそう言いたいわけではない。タコの身体に実体はある。血や肉でできたものであることは間違いない。だが、タコの身体には決まった形というものがなく、変幻自在だ。可能性の塊だと言ってもいい。決まった形を持ち、行動をある程度決定する身体を持つと、そのためのコストが発生する一方で、利益も得られるが、タコにはどちらもないということになる。多くの動物では、脳と身体が明確に分かれるが、タコはその区別とは関係のない世界に生きている。

4　ホワイトノイズから意識へ

タコになったらどんな気分か

もしタコになったら、どのような気分だろうか。あるいはもし、クラゲになったら。また、そもそもその動物に「なった気分」というものがあるのかどうかも問題だ。「自分はこういう存在である」という感覚を最初に持ったのはどの動物だろうか。

本書の冒頭部分で引用したウィリアム・ジェームズの言葉にもあるとおり、意識の説明には「連続性」が必要である。私たちの持っているような複雑で精緻な内的経験は、ある時点で、いずれかの動物にきわめて簡単な内的経験のようなものが現れ、それが時間をかけて進化してきて現在に至っているはずである。いきなり完成した意識がこの宇宙に生じたわけではない、とジェームズも言っている。生物の歴史は、中間物の歴史である。常に、中途半端なものばかりで占められている。心の成立の歴史も、やはりほぼその言葉どおりのものだと言える。知覚、行動、記憶――そうしたものはすべて、ある時に急に生まれたわけではなく、その先駆けとなるものが徐々に変化することで生じたのだ。その途上には、無数の中間段階が存在した。たとえば誰かにこう尋ねられたとしよう。「細菌は本当に周囲の状況を知覚できるのか」「ミツバチは自分の身に起きた出来事を本当に記憶しているのか」。どれもはっきりとイエス、ノーで答えられる質問ではない。知覚にしろ、記憶にしろ、ごく原始的で簡単なものから非常に複雑なものまで実にさまざまである。これ以上複雑であれば本当の知覚、あるいは記憶と言える、などという線引きがあると考えていい理由はない。

この「漸進主義」と呼ばれる態度は、記憶、知覚などに関しては非常に妥当なものだろう。だが、主観的経験の進化ということになると、話はまた違ってくる。主観的経験とは、ここでは「自分の存在を自分で感じること」という意味だ。その昔、哲学者のトマス・ネーゲルは、「もし〜になったら、どのような気分か」という問いを使い、主観的経験という謎に私たちの目を向けさせようとした。(1) たとえば、「もしコウモリになったら、どのような気分だろうか」などと問いかけたのだ。おそらく、何らかの「気分」はあるのだろうが、それは、人間である時の「気分」とはまるで違ったものだろう。ここで、「ような」という言葉を使うと、誤解を招く恐れがある。この言葉を使うと、どこかに似たものがある、比較し得るものがある、という印象を与えてしまう。「コウモリになった感じは、あの時の感じに似ている」などと言えるように思わせてしまうのだ。しかし、これは何かに似ている、似ていないという話ではない。私たちの思う「気分」というのは、あくまで人間のものでしかない。朝、目を覚ます、空を見上げる、何かを食べる、そういう時、私たち人間は必ず何かを感じる。まず、そのことを理解しておかねばならない。だが、進化の視点、漸進主義者の視点を取り入れれば、話は実に奇妙なものになっていく。「気分」も、単純なものからゆっくりと時間をかけて進化したことになるからだ。つまり、私たち人間が生まれる前には、私たちから見れば「未完成」の「気分のようなもの」を味わっていた動物たちがいた、ということになる。

私はここで、この問題について考え、少しでも前に進みたいと思っている。完全な解決を目指しているわけではないが、ウィリアム・ジェームズの設定した目標に少しでも近づきたい。(2) 私がこの章で考察したいことをまとめると次のようになる。主観的経験は、生命の根幹ともいえる現象であり何らかの説明を必要とする。(3) これは人間として生きている事実を自分で経験できるということである。主観的経験を説明するとはつまり、「意識」を説明するということだ、と解釈する人もいる。主観的経験と意識を同一視しているわけだ。私自身はそうではない。私は、意識を主観的経験の一つの形態だとは思うが、唯一の形態とは思わない。二つを区別するのには理由がある。たとえば、「痛み」というものを考えてみよう。イカは痛みを感じるのだろうか。エビは、ミツバチはどうか。この問いは、「何らかの損傷を負った時、イカはそれに対して何か感じるのだろうか」と言い換えることができる。イカは、傷を負ったことを少しでも「良くない」と感じるのか。この問いは、「イカには意識があるのか」という問いにされてしまうことが多い。だが、そう問うのは誤解につながると私は思っている。イカにあまりにも多くを要求しているからだ。古くからの考え方に従えばイカやタコになった時に重要なのは、意識というよりも、主体的に感じる能力(sentience)だと思う。では、主体的に感じる能力はどこから来たのか。

二元論者であれば、主体的に感じる能力を魂のようなものととらえ、物体に何らかの方法で加えられたと言うかもしれない。だが、そんなことはないだろう。また、汎神論者の言うように、自然界に存在するありとあらゆるものが主体的に感じる能力を持っているなどということもないだろう。(4) 主体的に感じる能力は、あくまで感覚器や運動能力が時間をかけて徐々に進化したことで生じたものである。周囲の世界に適応して生命を維持する中で生じてきたものだ。ただ、そう考えたとしても、実際の生物を見ると、すぐにわけがわからず途方に暮れることになってしまう。一口に感覚器や運動能力と言っても実にさまざまで範囲の広いものだからだ。一般にそんなものを持っているとは思われていない生物の中にも、ある種の感覚器や運動能力を持ったものがいる。第2章で触れたとおり、細菌の中にさえ、外の世界の変化を察知し、その変化に反応できるものはいるのだ。外部からの刺激を感知し、それに反応して特定の物質の排出量を調整するという能力も、原始的ではあるが、感覚器、運動能力の一種だと考えることができる。あらゆる生物には、たとえわずかであっても主観的経験はある、という立場をとるのでないかぎり——私自身はこの見方が必ずしも常軌を逸しているとは思わないが、擁護するのが相当大変な立場だという覚悟はいるだろう——動物の場合とそうでないものの場合では、世界との関わり方において何か決定的に違うものがあるはずだとは言えるだろう。

この問題について考察する際には、生物の複雑さやその生物の世界との関わり方の複雑さに目を向けるのも一つの方法だろう。しかし、複雑さにもさまざまな種類があるので、対象を絞り込む必要があるだろう。私はここで、ある一つの要素に注目したいと思う——ここでの話に必須であることは間違いないが、話全体にどう関わるのかを明確に言うのは難しいという要素だ。動物が進化したことで、感覚器や運動能力そのものも進化し、複雑さを増し、感覚器と運動能力の関係、両者のつながりも進化した。それには両者の間の「フィードバック」も含まれる。

人間にとってフィードバックは、馴染み深い現象である。あなたが次にすることは、あなたが今、感じていることに影響を受ける。そして、あなたが次に感じることは、また今あなたがすることに影響を受けるのだ。あなたは今、この本を読んでいるわけだが、もしページをめくれば、その動作は、次にあなたが見るものを変える。このように、感覚と行動は互いに影響し合う。誰もが知っていることではあるし、それについては誰でもある程度は話せるだろう。しかし、フィードバックは、通常思われているより私たちが物事をどう感じるかの深いところに影響している。私たちが、何にも影響されていない「生《なま》の感じ方」だと思うものでさえ、実は行動に大きく影響されているということはあり得る。

視覚代行器（TVSS＝tactile vision substitution systems）と呼ばれる機械がある。(5) これは、視覚に障害を持つ人たちを補助するために考案されたものだ。ビデオカメラと、それに接続されるパッドから構成される。パッドは、使用者のどこか（背中のことが多い）の皮膚にあてる。カメラがとらえた映像は、皮膚で感じられる何らかのエネルギー（振動か電気刺激）に変換される。しばらくの間、訓練をすると、カメラがとらえた映像を単に皮膚を押される形状のパターンとして感じるだけでなく、そこにある空間と物体の所在として体感することがある程度できるようになる。たとえば、視覚代行器を使用中、カメラの前を犬が通り過ぎたとする。視覚代行器のシステムは、その映像情報を、圧力や振動などのパターンに変換して、使用者の背中へと伝える。訓練を積んだ使用者は、単に背中に圧力や振動を感じたというふうには経験しない。目の前を何かの物体が通り過ぎたと感じるのだ。ただし、そういう現象が起きるのは、使用者がカメラの操作をできる場合に限られる。つまり、外部から入ってくる刺激に自ら能動的に関われる時に限られるということだ。たとえば使用者は、カメラを被写体に近づける、あるいはカメラのアングルを変える、といったことができなくてはならない。最も簡単なのは、使用者の身体のどこかにカメラを取りつけておくという方法だろう。そうしておけば、何か気になるものがあれば、近づいてその姿をより大きくすることもできるし、あるものを視界に入れる、視界から出すということも自由にできる。主観的経験はこの場合、行動と感覚情報との相互作用と密接に結びついている。感覚と行動の間の瞬間瞬間のフィードバックが、感覚情報の受け止め方に大きく影響するのだ。

行動と知覚が互いに影響し合うというのは、言われてみれば当たり前のように思えるし、日常生活の中でも実感する場面はあるはずだ。にもかかわらず、哲学者は何世紀にもわたり、それをさほど重要とはみなしてこなかった。正統的な研究の題材とはならず、あくまでも傍流の研究課題でしかなかった。その状況はつい最近まで続いた。全体像を見ず、全体の中のごく一部分だけに目を向けたような研究ばかりが数多く行われていた。特に、感覚器を通して入ってくる情報と、思考や信念はどう結びつくかに注目した研究が多かった。感覚と行動の結びつきに注目する研究者は非常に少なかったのだ。また、行動が次の感覚にどう影響するかに注目する人はさらに少なかった。

心について考察する際、感覚入力とその受容にばかり注目する態度に異議を唱える哲学者もいなかったわけではない。だが、その中には、入力の重要性を完全に否定してしまう人も多かった(6)。彼らは、動物の行動は完全に自分の意思で決定されていると考えがちだ。実は、私たちにとって情報源として重要なのは主観のみであり、ほぼ主観に基づいて世界を把握しているというのだ。これもまた逆の方向に極端な考え方だろう。まるで哲学者はそのどちらかの側に偏ることしかできないかのようだ。実際には感覚と行動の間の行き来、相互の往復が重要なのであり、まずそこに気づくべきだったのだが、それが容易ではなかった。

私たちの日常には、「因果関係の弧」と呼ぶべきものが二つある。一つは、感覚から行動へと結ぶ弧で、もう一方は、行動から感覚へと結ぶ弧だ。なぜあなたは本のページをめくるのか。それは、そうすることで次に見えるものに影響がおよぶからだ。二つ目の弧は、一つ目の弧ほどには緻密に制御されていない。この弧は、私たちの身体の中に留まってはおらず、外の空間に飛び出しているからだ。ページをめくった途端に、誰かが本を横取りするかもしれないし、あなたにしがみつくかもしれない。「感覚→行動」という経路と、「行動→感覚」という経路は同等ではないということだ。しかし、長い間、顧みられることのなかった後者の経路、行動が感覚に与える影響が重要であることには疑いの余地はない。結局、私たちの行動の大半は、後者の経路が原因で生まれているとも言える。得られる感覚を自分の望みどおりに制御したいから、行動を起こすということだ。

哲学者はよく、「経験の流れ」という比喩を使う。経験とは川の流れのようなもので、私たちはその流れに身を浸しているのだという。だが、この比喩は非常に誤解を招きやすい。実際の川の流れは、私たちにとってまったく自分の意思で制御できないものだからだ。私たちは川の中で自分の位置を次々に変えることもできる。ある場所から別の場所に泳いでいこうとする。そのせいで、私たちの出会うものも次々に変わっていく。だが実際には、私たちにはそれ以上のことができる。位置を変えるだけではなく、自分と関わるものの形まで変えてしまうことができるからだ。しかし川の中に一人でいて、川の形まで変えることは難しいだろう。川にはそれを拒む力がある。

私たちが次の瞬間に何を感じるかは、二つの要素で決まる。一つは私たちの行動、そしてもう一つは外界の変化である。因果関係を図にするとだいたいこのようになるだろう[7]。

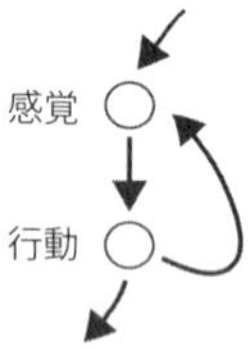

感覚へと向かう矢は二本ある。両者の役割は状況によって変化する。状況により、どちらが重要になる

かも変わるのだ。ただ、常に両方が存在することも確かである。

行動から感覚へのループは、人間にだけ見られるわけではない。非常に単純な生物にもそれはある。ただ、特に動物において、その存在は際立っている。動物は他の生物に比べて取れる行動の種類が多いからだろう。筋肉の進化は、細胞内に小さな繊維状の構造が生まれたことから始まったのだろう。それが、世界に影響を与えるための新たな手段となった。世界に影響を与えることはあらゆる生物にできる。化学物質をつくる、またはある化学物質を別のものに変えることで影響を与えることもある。成長する、移動するといった手段も使える。しかし、筋肉を使えば、より速く、一貫した影響を、より広い空間に対して与えることが可能である。筋肉を使えば、周囲の事物を思いどおりに素早く操作できる。

動物の進化は、先に示したような循環する因果関係の経路にさまざまなかたちで影響を受けてきた。時には、この経路が問題の原因になることもある。自らの行動が、周囲の状況を把握する妨げになることもあり得る。たとえば、魚の中には、他の魚とのコミュニケーションのために電気パルスを送り、また電気を感じ取ることで周囲の状況を把握するものがいる(8)。この魚は、自分のつくり出す電気パルスが、自らの感覚に影響を与えてしまうことになる。そのままでは、電気を感じ取っても、自分のつくり出したものなのか、それとも他の何かから発せられたものなのかを区別するのは難しい。この問題を解決するため、魚は外に電気パルスを出す際、必ず自分の感覚系にもまったく同じ電気パルスを送る。これによって、自分の発した電気パルスによる感覚器への影響を打ち消すことができる。その魚は、自らの行動を常に追跡し、自分の行動によって生じた感覚情報と、周囲の世界からの感覚情報を区別している。「自分」と「他者」を常に区別しているというわけだ。

コミュニケーションに電気パルスを使う動物にかぎらず、同様の問題は他の動物にも起こり得る。スウエーデンの神経科学者、ビヨルン・メルケルの言うとおり、動物はただ移動するだけでもこの問題に直面する。(9) たとえば、ミミズは通常、何かが自分の身体に触れれば、すぐに後退りする。危険が迫っている可能性が高いからだ。しかし、ミミズが這って移動する時には、常に同じように何かが身体の一部に触れていることになる。その場合、触れたと感じる度に後退りしていたら、まともに移動することはできなくなってしまう。ミミズが移動できるのは、自らがつくり出した触覚を何らかのかたちで打ち消しているからだ。

どの生物にも、「自分」と「外界」との区別はある。生物自身がそれを認識しているか否かには関係なく、その区別は存在する。あらゆる生物は外界に影響を与える。その事実を生物自身が把握している場合もそうでない場合もあるが、影響を与えることは間違いない。ただ動物は、その多くが、自らの行動の影響を少なくともある程度は把握している。そうでなければ、行動を取ることが難しくなるからだ。それに対し、植物は非常に優れた感覚を持ってはいるが、動くことがない。また細菌は、動くことはできるが、簡単な感覚しか持たないため、自らの行動の影響で混乱する恐れは少ない。先述のミミズのようなことは起きにくいのだ。

知覚と行動の相互作用には、心理学者の言う「知覚の恒常性」という問題も大きく関わってくる。(10) たとえば、同じものでも視点を変えると見え方が変わるが、私たちは、見え方が変わってもそれが元と同じものであるとわかる。同じ椅子でも、近くによって見れば大きく、遠ざかって見れば小さく見える。自分が動けば、また椅子も動いたように見えるのだが、通常、私たちは椅子自体に何か変化が起きたとは感じない。行動によって生じる視点の変化の影響を無意識のうちに打ち消しているからだ。また同時に、自分の行動には直接関係のない、光の当たり方の変化なども知らない間に打ち消している。知覚の恒常性は、さまざまな動物に見られる。脊椎動物だけでなく、タコやクモにもあるとわかっている。この能力は、おそらく動物のグループごとに独立に進化したのだろう。

主観的経験が進化するうえでは、「統合」も重要だったと考えられる。感覚器にはいくつか種類があり、それぞれに異なった種類の情報を取り入れる。それを統合して、一つの世界像をつくり上げるという能力が必要だ。人間の経験が統合されていることは、誰にも明らかにわかるだろう。私たちの主観的経験は、見えるもの、聴こえるもの、触れた感じなどが統合されることで生まれている。常に一つのまとまった世界を経験できているのだ。

統合されているのは当然のことのように思えるかもしれない。目も耳もすべて、同じ一つの脳につながっているからだ。しかし、実はこれは当然ではない。感覚器と脳の接続の仕方は一つだけではない。動物の中には、人間のようには経験が統合されていないものもいる。たとえば、目が頭の前ではなく頭の側面についている動物の視界は私たちとは大きく違う。二つの目の視界はほぼ、あるいは完全に独立している。そして、それぞれが脳の片側だけに接続されている。一方の目を科学者が隠して、片方の目だけに何かを見せるということは簡単にできる。それによって一つの重要な問いの答えが得られる。「脳の片側が受け取った情報は、もう一方の側に伝えられるのか」という問いだ。それを確かめるのに、動物を傷つけ、改造するようなことは必要ない。脳の両側を自然の状態のままにして実験ができる。片側の情報はもう一方の側にも伝えられる、と考える人は多いだろう。一方の目で見た情報が脳の一方の側にしか伝わらない、などという動物を進化がつくるとは思えないからだ。だが、たとえばハトについて調べてみると、一方の目で見た情報はやはり、脳の反対側には伝達されていないらしいとわかる。(11) ハトについては、こんな実験が行われた。まず片方の目を隠した状態で、簡単な作業ができるよう訓練をする。そして次に、反対側の目を隠した状態で同じ作業ができるかどうかを確かめるのだ。ところが、九羽のハトについて調べたところ、そのうちの八羽はまったく作業ができなかった。これは、脳内での情報伝達が行われていないかったことを示唆する。ハトは全体でその作業の仕方を学習したのだと思っていたら、実は学習をしたのはハトの半分だけだったということだ。もう半分は何も学習してはいなかった。

同様の実験はタコに対しても行われている。[12] タコの場合もやはり、一方の目だけを使ってある作業を学習させる。最初のうちは、使う目を変えると、タコはその作業ができなかった。ところがその後もさらに多くの訓練を積ませると、目を変えても同じ作業ができるようになるとわかった。つまり、タコはハトとは違い、片方の目で得た情報の少なくとも一部が、脳の反対側にも伝達されるということになる。だが、人間とも違い、この伝達が簡単には行われないということだ。最近では、トリエステ大学のジョルジョ・バロルティガラをはじめとする動物研究者が、同じような「情報処理の裂け目」の例を数多く発見している。[13] いずれも脳が二つに分かれていることに起因する現象である。動物の中には、視界の左側に捕食者の姿が見えた時の方が反応が良い、というものが多くいる。また魚や、オタマジャクシなどの中には、自分の左側に同種の個体が見えるような位置にいることを好むものが何種類かいる。一方、食物を探す際には、右側にあるもののほうをよく知覚できる動物も多い。

このように目の機能が専門化していることには、明らかなデメリットがある。ある方向からの攻撃には相対的に弱いことになるし、ある方向の食物は見つけにくいということになるからだ。ただし、バロルティガラなどの研究者は、一部の動物がこのような特徴を持つことは理に適っていると考えた。仕事の種類が違えば、当然、必要な情報処理の内容も異なってくる。だとすれば、脳の片方はこの仕事、もう片方はこの仕事というふうに専門化し、両者をあまり緊密に結び付けないほうが効率的だというのだ。

この発見は、ヒトの「分離脳」についての実験を連想させる。[14] 重度のてんかんを患った人には、まれに脳梁を切断する手術が施されることがある。脳梁は人間の脳の上部にあり、脳の左半球と右半球を結ぶ「コネクター」の役割を果たす。この手術を受けた人は一見、普通の人と何ら変わらない。研究者が観察をしても、異常なところを発見するのにはしばらく時間がかかる。しかし、脳の半球のそれぞれに別々の刺激が送られた時には、左右の連絡が絶たれているために奇妙な現象が起きることがある。手術は、いずれも知性を持った「二人の自分」を生じさせると言ってもいいだろう。一つの頭蓋骨の中に、経験も能力も異なる別の人格が同居している状態になる。言語を扱うのは通常は（いつも必ずそうだというわけではない）脳の左側なので、脳の分離した人に話しかけた場合、脳の左側が返事をしていることになる。脳の右側は通常、言語を扱うことはできないが、左手を制御することはできる。左手を使って何かを手探りで選び出す、絵を描くということは可能だ。こういう状況の人に対してよく行われるのは、さまざまな絵や写真を見せる実験である。何が見えたかを問われると、被験者は口頭では脳の左側で見たもの（つまり右目に示されたもの）に反応するが、脳の右側――左手をコントロールしている脳――はそれと食い違う反応を示すだろう。人間の場合、こうした認知の分裂は脳が分離した人だけに見られる特殊な現象だが、同様の現象が日常的に起きている動物は数多くいる。

この状況への対処の仕方は動物によってさまざまに違っている。たとえば鳥の場合、入ってくる視覚情報は、先に書いた片目だけ目隠しをした実験からわかるよりもさらに細かく分裂している。ハトなどの鳥は、網膜が二つの領域に分かれている。黄色い領域と赤い領域だ。赤い領域は、鳥の正面の狭い範囲だけを見る。つまり、両眼視できる範囲を見ることになる。一方、黄色い領域は広い範囲を見る。反対側の目からは見えない範囲を見るのだ。ハトでは、左右の目からの情報だけでなく、同じ目のこの二つの領域からの情報も分かれてしまっており、十分に統合されない。鳥のいくつかの特徴的な行動の原因は、この視覚情報の取り扱われ方にある。マリアン・ドーキンスは、雌のニワトリに新奇な物体（赤いおもちゃのハンマー）を見せて、反応を調べるという実験を行った(15)。ニワトリは、見せられたものに自由に近づいて詳しく観察することができる状態にしておく。この実験でわかったのは、ニワトリがハンマーに近づく際、ジグザグに歩くということだ。おそらく、網膜の二つの領域の両方でハンマーを見るためではないかと思われる。そうすれば、脳全体にハンマーについての情報が行き渡ることになる。ジグザグに歩くという行動は、情報を脳全体に行き渡らせるためのテクニックということだ。

経験の統合は、どの動物にとってもある程度、必要なことだろう。動物は全体で一つだからだ。全体で生き、生命を維持していかなくてはならない。しかしどこまで統合するかは、動物ごとに異なっているし、何もなしで情報が統合されることはない。動物はそれぞれにそのための独自の仕組みを持たなければ統合はできない。経験の統合のための仕組み、たとえば二つの目からの視覚情報を統合するための仕組みを、進化によって持つ動物もいれば持たない動物もいる。

「新参者」説 vs 「変容」説

主観的経験は時間をかけて段階的に進化してきた、というのは一つの考え方である。動物の感覚、行動、記憶などは時を経るごとに複雑で精巧になってきた。だとすれば、それにつれて主観的経験も複雑で精巧なものになっていったと考えるのが自然だ。主観的経験は「あるかないか」という単純なものではない。それは、私たちの日常生活でも実感されることだろう。何らかの理由で「半ば意識がある状態」になるのは珍しいことではない。たとえば、眠っていて目を覚ます時などがそうだ。進化は、長い時間をかけて動物を「徐々に覚醒させた」ということかもしれない[16]。

だがこの考えがまったくの誤りということもあり得る。主観的経験が簡単なものから複雑なものへと徐々に進化した、というのも確かに一つの可能性ではあるが、そうではないことを示す強力な証拠も見つかっている。証拠は実は私たちの脳から得られた。

きっかけは一つの事故だった。一九八八年、給湯器の故障によって一人の女性が一酸化炭素中毒になった。「DF」という仮名で知られるその女性は脳に損傷を受け、その結果、盲目に近い状態にまでなってしまった。ものの形がはっきりと見えないため、視界の中のどこに何があるのかはよくわからない。何もかもが、色のついた斑点としてぼんやりと見えるだけだ。ところが、その状態にもかかわらず、彼女は周囲にあるものをかなりうまく扱うことができた。たとえば、細長い隙間に手紙を入れるという動作も可能だった。隙間の角度をさまざまに変えても問題はなかった。しかし、彼女は隙間の角度がどうなっているかを言葉で説明できなかったし、指で示すこともできなかったのだ。つまり、あくまで彼女の主観的経験としては隙間がまったく見えていないにもかかわらず、手紙は正しく投函できたということになる。

DFについては、視覚研究者のデイヴィッド・ミルナーとメルヴィン・グッデールによって詳しい調査が行われた[17]。他の脳損傷の事例や、過去の解剖学の研究成果なども踏まえ、二人は私たち人間一般、そしてDFのような特殊な人間の身に何が起きているのかを解明しようとした。彼らは、脳内には視覚情報が流れる二つの経路があると主張した。そのうちでも脳内の下方に位置するのが腹側の経路で、これは、事物の分類、認識などに関わる。見たものについて言葉で説明できるのは、この経路の情報があるからだ。上方、しかも頭頂部に近いところに位置するのが背側の経路で、これは空間内でのリアルタイムの方向指示に関わる（歩きながら障害物を避ける、手紙を細長い隙間に投函する、といったことにはこの経路の情報が必要）。ミルナーとグッデールは、視覚の主観的経験、世界を見ているという実感に関わっているのは腹側の経路の情報だけだという。背側の経路の情報は、DFでも健常者でも、無意識のうちに処理されてしまっている。事故のあと、DFは腹側の経路を失い、そのせいで自覚のうえではほぼ盲目になったのだが、障害物を避けて歩くことは問題なくできた。

この話は、一応、私たちが目で見ているものを主観的に経験するには、腹側の経路の情報が必要である、というふうにまとめることができる。しかし、これではあまりに簡単にまとめすぎだろう。背側の経路の情報も、何らかのかたちで経験していないとも限らない。「何かを見ている」と自覚するわけではないにしても、他の何かのかたちで経験している可能性はある。ここでは、腹側経路と背側経路が正確にどのようなものか、ということはさして重要ではない。ミルナーとグッデールはもっと驚くべきことを言っているからだ。目から取り入れられた視覚情報に対しては、脳を通り、手や足など身体全体へと送られる非常に複雑な処理がなされるが、この複雑な処理の大半は無意識のうちに行われ、私たちの「何かを見ている」という主観的経験には関わらない。ミルナーとグッデールは、このことが、本書でも少し前に触れた感覚情報の統合にも関係していると見る。彼らは、視覚経験につながる脳内の活動が行っているのは、首尾一貫した「世界のモデル」をつくることだろうと考えた。この世界のモデルは、きっと主観的経験に影響を与えるはずである。しかし、反対に、そのような世界モデルがなければ、主観的経験はなくなるのだろうか。

ミルナーとグッデールは、世界の知覚の仕方が人間ほど統合されていない何種類かの動物について言及している。たとえばカエルだ。一九六〇年代、デイヴィッド・イングルは、外科手術によってカエルの神経系の「配線」の一部をつなぎ替えた(18)（カエルの神経系は傷つけても再生されやすいということも助けになった）。このつなぎ替えによって生まれたのは、獲物が実際には右側にいる時に、左側に向かって食いつく動作をする、あるいは獲物が左側にいる時は、右側に向かって食いつく動作をするというカエルだ。つまり、このカエルには、獲物の位置が左右反対に見えるということだ。だが、障害物が目の前にある時、それを避けて進むといったことは普通にできた。このカエルの視覚世界は、一部が逆転しており、その他は正常ということだ。ミルナーとグッデールはこれについて次のようにコメントしている。

結局、配線を替えられたカエルはどのような世界を「見て」いたのだろうか。その問いに対する説得力のある答えはない。そもそもこの問い自体、意味がない可能性がある。外界と対になる唯一の視覚世界を脳が持っており、その視覚世界にすべての行動が支配されている、ということを前提にしなければ、この問いは意味をなさないからだ。イングルの実験結果は、その前提が正しくないことを示している。

カエルの脳は一つに統合された視覚世界を持っておらず、単に種類の違う視覚情報の流れがいくつも存在しているだけだとすれば、確かに「カエルは何を見ているのか」という問いは無意味になってしまう。ミルナーとグッデールの言葉を借りれば「問い自体が消滅する」ということになる。

確かにこれで一つの問いは消滅するだろう。だが、別の問いが新たに一つ生まれるのも事実だ。こんなふうに世界を知覚するカエルという動物になったらどういう気分か、という問いだ。ミルナーとグッデールの言い方だと、「カエルにはどのような気分もない」と言っているように思えてしまう。人間の視覚器官は私たちに主観的経験をもたらすが、カエルの視覚器官はそういうことをしないと言っているかのようである。

現状、この分野の研究者の中に、ミルナーとグッデールと本質的には同様の考えを持つ人は少なからずいるようだ。感覚機能は必要とされる仕事をし、それに応えて行動が生じるのは確かだが、そこに主観的経験などはなく、すべては静かに淡々と進んで行くだけ、ということである。主観的経験を生む能力は、進化のどこかの段階で新たにつけ加えられたものと考える。感覚情報が一つに統合され、世界の脳内モデルを持つようになり、また時間や自己を認識するようになってはじめて、主観的経験が持てるようになったと考えるわけだ。

この見方からすれば、私たちは普段、世界の脳内モデルそのものを経験していることになる。脳内モデルは、私たちの内部の複雑な活動によってつくり出され、維持されている。生きているという気分は、脳にそのための能力が備わった時から加わったのだ。あるいは、それによって類人猿をはじめとするサル、イルカなどの哺乳類、一部の鳥類などの脳にその気分が存在し始めたと言うべきか。それらよりも単純な動物が主観的経験を持つという考えは、(この見方によれば)われわれ自身の主観的経験をおぼろげにしたようなものを単純な動物に投影しているのにすぎない。だが、主観的経験を生じる特別な能力が彼らの脳にはそもそもないのだから、それはまったくの誤りということになる。

コレージュ・ド・フランスのスタニスラス・ドゥアンヌ教授は、この見方を支持する神経科学者の一人だ。[19] パリ近郊にある彼の研究室は、最近二〇年間、この分野において最も影響力があるとも言える業績をあげてきた。ドゥアンヌが同僚たちとともにこの何年か注目し続けているのは、意識の「縁」にあるような知覚である。たとえば、ある画像を被験者に提示し、ごく短時間で消してしまう。本人も見たことを自覚できないほどの短時間で消すのだ。あるいは、注意が他にそれている時に画像を提示する。どちらの場合も、その後の思考や行動に影響することが確かめられている。自分で得たと自覚していない経験に対しても、私たちの中では非常に高度な処理がなされることがわかった。たとえば、被験者の目の前でいくつかの単語を続けて素早く点滅させたとする。何の単語だか認識する暇もないほど素早く点滅させる。不適切な単語の組み合わせ――very happy war（とても幸せな戦争）を見せられた時と、より適切な単語の組み合わせ――not happy war（不幸な戦争）を見せられた時とでは、脳の反応は異なることがわかっている。二つを区別するのには意識的な思考が必要なのではないかと考えてしまうが、実はそうではなかったのだ。

私たちには、無意識のうちにできることと、意識的にしかできないことがあるのではないか、とドゥアンヌは考えた。すでに習慣になっているような型どおりの行動であれば無意識に取ることができるが、まだ慣れていない新しい行動、しかも複数の行動を連続的に取る必要がある場合には、無意識にはできない。経験と経験の結びつきを学習することは無意識にできる。「Aを見た時にはBが起きる」といったことを無意識のうちに学習できるということだ。ただし、それが可能なのはAを見たすぐあとにBが起きた場合だけだ。二つの経験が時間的に一定以上離れていたら、その結びつきは意識的でなければ学習できない。たとえば、光を見たあとに不快なほどの強い風を顔に当てられる経験をした人は、光を見ただけで思わず目を閉じるようになる。だが、これは、光と風の間隔が非常に短かった場合だけである。二つの刺激の間隔を一秒以上離すと、無意識の学習は行われない。ここ三〇年間の研究でわかったのは、私たちの行動の中にはどうしても意識的でなければ不可能なものがあるということ、そしてそうした行動には共通点があるということだとドゥアンヌは考えている。かなり複雑な行動であっても、無意識にできてしまうものも多いのだが、ある特定の種類の行動は無理なのだ。共通点は、一定以上の時間を要すること、複数の行動を連続させる必要があること、そして、慣れていない新奇のものであることだ。

一九八〇年代には、神経科学者バーナード・バーズが、グローバルワークスペース理論を提唱した。これは、近代において意識を科学的に説明しようとした最初期の試みの一つと言える。バーズは「脳が処理する情報のうち、私たちの意識にのぼるのは、脳の中心をなす『ワークスペース』に入ってきたもののみ」と主張した。[20] ドゥアンヌはこの理論を取り入れ、さらに発展させた。他にも「私たちの意識にのぼるのは、ワーキングメモリに入った情報のみ」とする類似の理論がいくつかある。ワーキングメモリとは、今現在の思考や作業に直接必要な情報を短時間だけ蓄える記憶域のことだ。ここには、画像、言葉、音声などの記憶を保持でき、私たちはそれについて論理的な判断や類推をすることができるし、直近の問題解決にその情報を利用することができる。私のニューヨーク市立大学の同僚、ジェシー・プリンツはこの考え方を支持している。[21] 主観的経験にグローバルワークスペースやワーキングメモリなどの特殊な記憶域、または類似の特殊な機構が必要なのだとすれば、私たち人間のように複雑な脳を持った動物以外、主観的経験など持ち得ないのではないか。そう考える人は多いだろう。「その動物になったらどんな気分か」という問いは、そういう動物にだけ関係があるということだ。複雑な脳を持った動物は人間以外にもいる。しかし、哺乳類と鳥類だけで、それ以外にはいないだろう。これは、主観的経験を持ち得るのは「新参者」のみという考え方である。[22] 突如として主観的経験を持つ動物が現れたとは考えずに、「覚醒」が起きたのは、歴史の中でも最近のことだと考える。そして、最近になって現れた私たち人間のような動物にだけ見られる特徴をとらえ、それが主観的経験には必須なはずだとする。

私は先に触れたバーズ、ドゥアンヌ、プリンツの理論を、いずれも「意識」についての理論だと述べた。

理論の提唱者自身が「意識」という言葉を使っているので、紹介する私もその言葉を使わざるをえないからだ。ただ、そうなると、ここでの目的に彼らの理論を適用するのは難しくなる恐れがある。私は、「主観的経験」という言葉に少し広い意味を持たせたいからだ。私は「主観的経験」をもっと広めのカテゴリーとして使い、「意識」はそれに含まれるがより狭いカテゴリーとして用いている。動物が「感じている」ことのすべてが「意識的」である必要はない、ということだ。この区別によれば、先述のグローバルワークスペースは動物が意識を持つには必要だが、簡単な主観的経験を持つのに必要とは限らないと言える。単に「そういうこともあり得る」という話ではなく、私はおそらくこれが正しいと考えている。しかし、ここで取りあげた研究者たちの書いた文献を読んでいると、主観的経験と意識についてどう考えているのかはっきりとはわからないことも多い。なかには、意識と主観的経験を明確に区別する必要はないと考える人もいる[23]。自分は、心的活動が主観的経験として感じられる場合についての理論を提供しているだけなので、両者を区別する必要は特にないというわけだ。

「新参者」説のもとになった研究が、その後の研究に大きな進展をもたらしたのは確かだ。ドゥアンヌなどの研究者は、人間の意識を内側から研究するための一つの方法論を確立したと言ってもいい。少し以前の状況からすれば、想像もできない夢のような方法論である。単により視野が広いから、こちらのほうが正しいと感じるから、というだけの理由で別の見方に執着すべきではないのかもしれない。だが私は、「新参者」説の見方に異議を唱えることは十分に可能だし、別の観点から考察する価値は絶対にあると思っている。ここでは、別の考え方を「変容」説と呼ぶことにしよう。ワーキングメモリやグローバルワークスペースなどが生まれる前、そして感覚の統合が起きる前から、何らかのかたちでの主観的経験はあった可能性がある、とする考え方だ。そうした高度で複雑な機能、能力を持つことで、動物の主観的経験には確かに大きな変革が起きただろう。しかしそれはあくまで変容であって、高度で複雑な機能や能力が主観的経験をはじめてもたらしたと考えるのは間違いではないだろうか。

この説を支持する根拠としては、次のような経験的知識を挙げるのが一番説得力があるかもしれない。人間の生活の中でも、時折、古い形態の主観的経験らしきものが、より秩序立った複雑な精神活動の中に不法侵入のように入り込むことがあり、それが重要な役割を果たしている。たとえば、前触れなく突然、強い痛みに襲われた場合などがそうだ[24]。また強い痛みだけでなく、生理学者デレク・デントンが「根源的感情」と呼んだ感情に襲われた場合には同じことが起きる可能性がある。根源的感情とは、身体の状態維持や、生命に必要な何かの欠乏に関わるような感情のことである。たとえば極端に喉が渇いた時や、酸欠になった時に覚える感情だ。デントンによれば、根源的感情は、生まれた時には暴君のようにふるまうという。感情の持ち主は強引にそれを経験させられ、無視することは容易ではない。強い痛みや呼吸困難などに襲われた時、それを主観的に経験するのは、哺乳類など進化的に後で生じた高度で複雑な知的能力を持った動物だけなのだろうか。私はそうは思わない。世界の脳内モデルや、高度な記憶機構を持たない動物であっても、痛みや渇きを何らかのかたちで主観的に経験すると考えたほうが無理がないのではないか。

痛みについて考えてみよう。単純な動物も痛みがあればそれに反応することは誰でも知っている。苦しそうに身もだえをする姿を見ると、どうやらその痛みを主観的に経験しているようにも見える。だが、ことはそう単純ではない。身体の損傷への反応を見ると、そこに痛みが伴っているように見えるのだが、実際にはそうではないことも多い。たとえば、脊髄を切断したラットに対する実験でそれがわかる。脊髄を切断してしまえば、そのための経路がなくなるのだから、損傷を受けた箇所から脳へ信号を送ることはできないはずである。ところが、そういうラットも、身体に損傷を受けた時には、痛みを感じているような反応をする。しかも、損傷を受けた時には、ある種の学習もする。脳を介さないさまざまな動物の反射反応が、私たちの目には痛みを伴っているように映る。おそらくそれは、私たちが動物のふるまいに感情移入するためだろう。真実を知るには、見た目に惑わされていてはいけない。

幸い、真実を知るための方法はある。手がかりになるのは、私たちとはまったく異なる脳を持った動物、そして「新参者」説の新参者に当てはまらない動物の「痛み」に関連するふるまいであり、そのなかでも単なる反射ではないと考えられる程度に行動に柔軟性と多様性があるケースである。これに関しては、ゼブラフィッシュという魚を対象にした実験例がある。まず、ゼブラフィッシュに二種類の環境を提示し、そのうちのどちらを好むかを見る。その後、魚には、痛みを引き起こすと思われる化学物質を注射し、好まれなかったほうの環境には鎮痛剤を投入した。注射後のゼブラフィッシュは、鎮痛剤の投入された後者の環境を気に入ることがわかった。つまり、ゼブラフィッシュは通常とは異なる選択をしたわけだ。しかもその選択を、より痛みの大きい環境と、より痛みの小さい環境という環境の選択として行うのは、とても新奇なことだったはずだ。その状況に対して反射を起こす能力を、進化がゼブラフィッシュに与えていたとは考えられないということだ。

他にはニワトリを対象とした実験も行われている。その実験では、脚に傷を負っているニワトリは、普段は好まない食べ物であっても、鎮痛剤が入っていれば選ぶとわかった。ロバート・エルウッドは、同様の実験をヤドカリを対象に行っている。ヤドカリは、巻き貝の殻に自分の身体を入れて生きる動物である。ヤドカリ自身は貝ではなく節足動物であり、貝よりも昆虫に近い。エルウッドはヤドカリに弱い電気ショックを与えたが、するとそれまで使っていた貝殻を捨てることがあるとわかった。いつも必ず貝殻を捨てるわけではなく、貝殻が質の高いものであればなかなか捨てようとはせず、質の低い貝殻を使っていた場合には簡単に捨てることが多い。つまり、貝殻の質が高いほど、捨てさせるためには強い電気ショックを与えることが必要ということになる。また、捕食者のにおいが近くからする時には、通常の場合よりも電気ショックによく耐える。身を守る必要があり、殻の価値が上がるからだと考えられる。

この種の実験では、どうやらすべての動物が痛みを感じるわけではないらしいとわかる。たとえば昆虫だ。昆虫は、カニなどと同じく節足動物というグループに属する。昆虫は、かなりひどい傷を負っても、その身体で可能な限りではあるが、普段とは変わらずに行動を続ける。傷を負った部分を手当することも、かばうこともない。とにかく何事もなかったように動き続けようとする。ところが同じ節足動物でも、カニやエビの一部は、傷の手当をしようとする。読者の中には、それだけでカニやエビが痛みを感じているとは言い切れないのでは、と思う人もいるだろう。そのとおりだ。だが、同じことは人間にも言えるのではないか。懐疑的な態度は常に重要だが、ともかくカニやエビが痛みを感じている可能性があることだけは確かである。こうした実験結果を見る限り、主観的経験の中でも特に単純なものと思われる「痛み」は、多くの動物が共通して持っている可能性がある。私たちとはまったく違った脳を持つ動物でさえ「痛み」という主観的経験を持つ場合があるということだ。

神経系が複雑になってはじめて主観的経験が生じたのではなく、もともと、単純な形態の主観的経験があって、それが神経系が複雑になるにつれて大きく変化していった、そう考えるのが自然なようにも思える。おそらく、神経系が複雑になり、新たな機能——より洗練された記憶の能力など——が加わったことで、主観的な側面が経験のより前面に出るようになったのだろう。相対的にそれ以外のものは背景へと下がった。初期の主観的経験がどういうものか想像することはできるだろうか。それは多分、不可能だ。私たちの想像力は、現在の複雑な心にあまりに強く結びついてしまっている。だが、できるだけのことはしてみよう。

この章の題「ホワイトノイズから意識へ」は、ともにイスラエルの生物学者であるシモーナ・ギンズバーグ、エヴァ・ヤブロンカの論文から借用させてもらった。(25) 研究の領域は大きく異なる二人だが、しばらく前に、主観的経験の進化的起源について概観する論文を書いた。論文の中では、主観的経験の起源は「ホワイトノイズ」のようなものだったという可能性が指摘される。ごく単純な動物、私たちから進化的に遠い動物の主観的経験は、ホワイトノイズに近いものだったということだ。とりあえずは常に「ザー」という音が聞こえている状態を想像してもらえばいい。

私はこの問題について考える際には、いつもこの比喩に立ち戻ることにしている。もちろん、これは一つの比喩にすぎず、それ以上のものではまったくない。動物の感じているものを音にたとえてはいるが、この比喩の対象となるような動物はおそらく聴覚は持っていなかっただろう（少なくとも大方は）。なぜこの比喩がこれほど自分の頭に残ったのか、その理由はわからない。考える方向が正しいように思えるからかもしれない。体内に流れる電気によって発生するノイズに着目している。それによって示唆される物語がある。最初の主観的経験は、完全な混沌に近かったが、時間が経つにつれて徐々に秩序立ったものになってきたということである。

よく調べると、人間の主観的経験には、知覚と運動の制御が密接に結びついているとわかる。私たちは、感覚器から取り入れた情報に基づいて、次に何をすべきかを判断する。それにともなって主観的経験が発生することになる。なぜそうなのだろうか。他の何かに結びついた主観的経験というのはあり得ないのだろうか。なぜ、細胞分裂など、体内で一定のリズムで起きる現象や、あるいは生命そのものには結びついてはいないのか。私たちが自分で気づいていないだけで、実はそういう主観的経験も存在しているのだ、という人もいるかもしれない。私はそれには賛成しないし、そうなっていないことにこそ何かヒントがあるような気がしている。主観的経験は、動物の身体というシステムの通常の運転の中からは生じなかったのではないか。システムに何か変調をきたしたこと、看過できない問題が起きたことが発端だったのではないだろうか。問題の原因は外の世界にあるとは限らない。身体の内部で何かが起きた場合もあっただろう。いずれにせよ、それは何らかの反応を必要とする出来事だったため、その経過が追跡された。主体的に感じる能力はそこに何らかのかたちで関係しただろう。ともかく、主観的経験は、元来、通常の活動の外にあったものと考えたほうがよさそうだ。

ギンズバーグ、ヤブロンカは、主観的経験の初期形態をホワイトノイズのようなものと考えた。そうかもしれない。まだ主観的経験が存在しなかった時の状態をホワイトノイズと表現したほうが正確な気もするが、これはあくまで比喩なので、そこまで正確さを求めるのは行き過ぎだとは思う。ホワイトノイズに近かった最初期の主観的経験は、きっと痛みや快感といった、根源的な感情、すぐに何らかの反応を必要とするような感情に結びついていたはずだ。

もし、それが正しいとすると、第2章で触れた、最初期の神経系を持つ動物についてもある程度の推測が可能になる。そこで書いたとおり、最初期の神経系の主な役割が、身体の各部分を協調させ、一つのまとまった行動を生み出すことだったとしよう。たとえば、クラゲが泳ぐ時の「拍動」と呼ばれるリズミカルな動きは、そうした神経系のはたらきの例だ。エディアカラ紀までの動物には自己完結的な生き方をしていたものが多く、神経系の役割も、自らの行動の調整に留まっていたと考えられる。神経系が、外界の状況に合わせ、行動の調整をするということは少なかった。この段階の動物には、主観的経験はないに等しかったと考えられる。ごく単純なものにしろ主観的経験が生まれたのは、動物と外界との関わりが活発

になったカンブリア紀からだろう。(26)

主観的経験の始まりがただ一度の出来事だったということは、まずないだろう。また、主観的経験の進化の道筋も一本だけではないはずだ。きっと始まりは複数あり、進化の道筋も複数ある。カンブリア紀までには、進化の枝分かれにより、本書で触れる動物へと直接つながる系統のほとんどが出揃っていた。枝分かれの多くは、まだ静かな時代だったエディアカラ紀に起きたと思われる。カンブリア紀には、脊椎動物へとつながる系統も生まれていた（また、その系統もすでに枝分かれをしていた）し、節足動物や軟体動物の系統もすでにあった。たとえば、カニもタコも、そしてネコもすべて何らかのかたちの主観的経験を持っているとすれば、主観的経験には少なくとも三つの起源があると見るべきだろう。(27) つまり、起源は三つよりもっと多いはずということだ。

後の時代になると、ドゥアンヌ、バーズ、ミルナー、グッデールなどが論じているような複雑な機構が進化し始める。首尾一貫した世界観が生じ、自己を認識することもできるようになる。私たち人間が持っているような「意識」に近いものが生まれるということでもある。この段階でこの条件が満たされた時に意識が生まれた、と明確に特定することはできないだろう。そもそも意識という言葉に唯一の定義がないため混乱が生じやすい。それでも、便利な言葉なので少し使われすぎている。ある程度の秩序と一貫性のある主観的経験であれば、どのようなものであれ「意識」と呼ばれてしまうことが多い。神経系の複雑な機構を前提とする主観的経験も、進化の歴史の中で何度か生じていると思われる。またその進化の道筋も一つではないだろう。ホワイトノイズから単純な形態の主観的経験、そして意識へといたる道はいくつもあるはずだ。

タコの場合

さて、ここでタコに話を戻そう(28)。すでに書いてきたとおり、タコは生物の進化史の中でも特異かつ重要な存在である。タコは果たして進化史の中でどのような位置にいるのか。もしタコになったとしたら、どのような気分だろうか。

まず言えるのは、タコは大規模な神経系と、活発に動くことができる複雑な構造の身体を持った動物だということだ。知覚の能力も、運動能力も非常に優れている。ある種の主観的経験が、その動物の感覚や運動に伴って生じるものだとすれば、タコのそれは非常に豊かなものであるはずだ。それだけではない。タコには、身体が決まった形を持たないという稀有な特徴がある。その身体に合わせて高度な進化を遂げていることから、この章で例にあげてきた他の動物と同じように語ることは難しい。

タコは外界との関わり方を見ると、すべてがそうだとは言えないが、少なくとも一部の種は日和見主義者で、探検家のようなところもある。好奇心旺盛で、新奇なものも積極的に利用しようとする。身体だけでなく、行動も非常に柔軟で、変幻自在と言ってもいい。ただ、先述のスタニスラス・ドゥアンヌは、人間の精神活動における意識についても同様のことを言っている。人間は新奇な事象に対応する必要から、無意識の反射だけではなく、意識的な行動も取るようになった、というのがドゥアンヌの考えだ。タコの冒険は、基本的には注意深く、慎重なものであるが、時折、見ていて困惑するほど大胆で無謀な行動に出ることもある。すでに書いたとおり、私の協力者であるマシュー・ローレンスはオクトポリスのそばに潜った際、しばらくの間、タコに手を引かれて海底を歩いたことがある。タコがなぜそのようなことをしたのかはまったくわからない。私も他の場所でスキューバダイビングをした時に不思議な体験をしたことがある。私は、一方の手の指を何本か海底につけて身体を固定し、小さなウミウシの写真を撮っていた。下に何かいるのを感じたので見ると、細いタコの腕が一本、海底につけた私の指に向かってゆっくりと伸びていた。タコは近くの海藻が集まっているあたりにいた。海藻の中でボールのように丸まっている。身体の大部分は海藻に隠れているが、片方の目は隙間から見えていた。目でこちらを見ながら、慎重に一本の腕を伸ばしている。これはタコにとってとても注意力を使う探索だっただろう。腕を伸ばしながら、私から決して目を離さない。じっくりと観察をしているようだ。私はタコにとって新奇な事物で、その重要性は高いか低いかわからない。海藻は身を隠すのに役立っていたが、同時に外を見るための隙間もあった。一種のシェルターのようなその場所から腕を伸ばし、タコはその先にあるものについてよく調べようとしていた。おそらく味も確かめようとしたのだろう。

「知覚の恒常性」についてはすでに触れた。同じものでも視点を変えると見え方が変わるが、私たちは、見え方が変わってもそれが元と同じものであるとわかる。たとえ、距離や光の当たり方が変わったとしても、違うものになったとは感じない。そのためには、自分が動いて距離や角度が変化した場合も、その影響を相殺する能力が必要になる。この能力は、原始的で単純なものではない、複雑で洗練された知覚に備わっている、と考える心理学者や哲学者は多い。知覚の恒常性があるというのは、その動物が、外界の事物を外界の事物として感知しているということ、つまり見え方が変わっても同じ場所に同じようにあるものとして捉えられるということだ。一九五六年には、タコに知覚の恒常性があるかを確かめる実験が行われた[29]。何匹かのタコに、「この物体を見たら近づき、また別のこの物体を見たら避けるように」と教え込むことができるかという実験だ。この種の実験では、たとえば、同じ正方形の物体だが、大きさが違うものを一つずつ用意し、区別が可能かを確かめる。水槽に入ったタコに、大小の正方形を順に見せ、一方に近づいた時には食物（報酬）を与え、もう一方に近づいた時には電気ショック（罰）を与えるようにする。タコにとって、このくらいの学習はそう難しくなく、簡単にこなすことができる。では、この学習をしたタコに、同じ正方形を、それまでの半分の距離から見せたとしたらどうなるか。研究者は、ほんのついでという感じでそのことに触れている。小さいほうの正方形も、距離が近づけばそれまでよりは大きく見えることになる。少なくとも、網膜に映る正方形の像は大きくなるだろう。しかし、これまでに行われた同種の実験では、すべてのタコが、たとえ距離が変わっても大きい正方形と小さい正方形を正しく見分けることができた。つまりタコには、距離の変化による見え方の違いを相殺する能力があるということだ。

これは非常に重要な発見だと思うのだが、驚くのは、論文では手短に触れられているだけで、あまり注目をされていないということだ。知覚の恒常性に関しては、論文の中で具体的な数値を示して説明がなされることもなかった。また追跡調査をした研究者も今までのところいないようである。もし、論文に書かれたことが正しければ、タコには少なくともある程度の知覚の恒常性があるということになる。無脊椎動物の中には、タコ以外にも、ミツバチや、一部のクモなどに同様の能力があるようだ。だからタコだけが無脊椎動物の中で特別というわけではない。

タコは方向感覚にも優れている。巣穴から飛び出して、動き始めるタコに遭遇すると、私はいつもできる限りあとを追いかけることにしている。すると、かなり長い距離をついて行くことになる。彼らが放浪、探検する間、近づきすぎないようにしていれば、私のほうにはまったく注意を向けないことも多い。通常、タコが移動をするのは、食物を探すためだ。傍目には、長い時間ただあてもなくさまよっているように見え、進み方には何か規則性があるようには思えない。だが、最後には間違いなく元の巣穴に戻ってくる。あまりに見事に戻るので驚かされたことが何回もある。動き回る時間は一五分を優に超えることもあり、しかも水は濁っていて、見通しは決して良くない。それに、出て行ったのとはまるで違う方向から巣穴に戻ってくることも多い。ただ直線的な「行って帰ってくる」という経路は取らず、円を描くような動きをするようだ。タコの移動に関しては、すでにジェニファー・マザーという研究者が綿密な調査を行っている[30]。彼女はカリブ海で狩りに出かける時のタコの動きを観察したが、やはり円を描くような経路を取ることがわかった。タコになぜそのようなことが可能なのかはわかっていない。何かを目印にしているのか、何かタコを導くものがあるのか、特別に記憶力が優れているのか、まだよくわからない。だがとにかく一部のタコの方向感覚が非常に優れていることだけは確かだ。

ここで、またタコと人間の共通祖先について考えてみよう。エディアカラ紀にいたと思われる、おそらく蠕虫のような姿だった祖先だ。この動物にはほぼ確実に、そのような能力はなかっただろう。しかし、動物が活発に動き回るような生き方を始め、さまざまな要素を制御し、目標に速く到達するという生活をおくるようになると、世界の見方やそれに対処する仕方にも、より有益なやり方とそうでないものとの違いが生じてくる。「知覚の恒常性」は数多くの動物に見られるが、その起源は一つではなく、おそらく何度か独立に進化したものだろう。タコの目に見える世界はきっと、私たちに見えるものとは大きく異なっているはずである。しかし、私たちと同じように、視点が変わり、見え方が変わっても、見ているものが元と同じであることを認識する能力は持っている。そして、自己と他者を見分けることもある程度できるようだ。タコのそばにいると、彼らが周囲にある特定の事物、特に新奇な事物に他よりも余計に注意を向けていると感じずにいるのは不可能だ。

魚、ニワトリ、カニなどの痛みへの反応については、前節ですでに少し触れた。タコの痛みへの反応を調べるのは容易ではない。私たちは、オーストラリアの「オクトポリス」でタコの行動を長時間、撮影し

ている。撮影した動画には、大きな雄のタコがオクトポリスを動き回り、雄どうしで攻撃的な交流をする場面も多く映っている。まるでレスリングをしているようなシーンもある。雄のタコは時々、腕を伸ばして立ち上がったような姿勢を取ることがある。身体も立てて、後ろにある胴部が頭の上に来るようにする。おそらくこれは、自分をできる限り大きく見せようとしているのだと思う。この姿勢は、他のタコを攻撃する直前の威嚇であることが多い。タコがこの威嚇の姿勢を取った時、小さいが獰猛な魚（マダラカワハギだ）が素早く近づいてきて、胴部に噛みついたことがあった。上の写真はその時の様子をとらえたものだ。魚がタコの胴部の先端に噛みついているのがわかる。

この時のタコの反応は非常に人間に似ていた。驚いたように飛び上がり、腕をばたばたと盛んに動かしたのだ（左の写真）。

噛まれたタコはすぐに別のタコの攻撃へと戻った。魚がタコに噛みついたのは私たちにとっては幸運だ

った。見てはっきりとわかる噛み跡がついたからだ。おかげで、行動が終了するまでの間、少し遠いところからでもその個体を他から区別することが簡単にできた。

動物の中には、傷を負った場所を手当しようとするものや、その場所を守ろうとするものがいる。しかし、魚に胴部を噛まれたタコはそんなことをしなかった。反応を見ている限り、噛まれたとは感じていたようだが、そのあとの行動に明確な影響は見られなかった。傷がたいしたものではなく、タコどうしの闘いの方にかまけていたためかもしれないとも思った。ジーン・アルペイらは近年、タコの痛みに対する反応を仔細に観察し、その結果を論文にまとめている。[31] タコの種類は違うが、傷を手当するなどの行動を確かめたのだ。ただ、この観察結果をタコ一般に当てはめることは難しいかもしれない。タコの種類によっては、捕食者から逃げるために自身の腕を切り離してしまうものもいるからだ。アルペイが観察したのもそういうタコだった。観察でわかったのは、腕を潰された（ただし、腕としての体裁がなくならない程度に）タコのうち、すべてではないが、一部は自ら腕を切り離し、しかも彼らはしばらくの間は傷の手当をするような、あるいは傷ついた箇所を守ろうとするような行動を取っていたということだ。すでに書いてきたとおり、この行動を取ると、痛みを感じているように見える。

タコの場合、脳と身体との関係が特異なため、主観的経験については何を論じるのも簡単ではない。前の第3章でも書いたように、タコの腕は脳で集中的に制御されているわけではなく、腕にも自らの動きを制御する能力があることをひとまず前提としよう。そのことは実験で支持されている。つまり、タコは、制御機能の一部を腕に移譲するというかたちで、複雑な行動を進化させてきたということだ。腕にも多数のニューロンが集まっており、ある程度の自主的な動きが可能になっているのだ。タコがそういう動物だとすると、その主観的経験は果たしてどのようなものになるのか。

タコの置かれている状況はいわばハイブリッドだ。タコにとって、腕はそれぞれが「自己」の一部だと言える。目的をもって動かし、外界の事物の操作に使うことができるからだ。しかし、身体全体を集中制御する脳から見れば、腕はどれも部分的には「他者」ということになる。自分が司令していない動きを勝手にすることもあるからだ。

少しでもわかりやすいよう、人間の身体に置き換えて話をしてみる。[32] まばたきや呼吸のことを考えて欲しい。まばたきや呼吸をするのに通常、意思はいらない。何も考えなくても勝手に行われることだ。しかし、意識してまばたきや呼吸をしようとすれば、それも可能である。タコの腕の動きもこれに似た組み合わせなのではないだろうか。ただし、このたとえは完璧ではない。呼吸は通常、無意識のうちに行われるが、意識的に呼吸をすれば、細かく呼吸の仕方を調整できるうえ、無意識の呼吸に取って代わることになる。呼吸に注意を向けさえすれば、通常の自動的な呼吸は、意識的な呼吸に乗っ取られることになるのだ。ところが、タコの場合、もし中央集権型の処理と分散型の処理が混合され得るという主張が正しいのだとすれば、脳の司令が腕の動きを乗っ取ってしまうことはないはずだ。腕にも、常に一定の発言権は残されていることになる。もしあなたの身体がそのようになっていたとすると、何かを取ろうと腕を伸ばした時にも、腕を伸ばすことは意識的にしても、そのあとの細かい動きは腕任せで、自分でもどうなるのかわからないということになる。

タコの行動においては、人間のような動物では明確に区別されている、少なくともそのように見える要素が混ざり合っていることがあるようだ。たとえば、私たちが行動をする時、「自己」と「環境」の間の境界は通常、非常に明確になっている。人間が腕を動かす場合には、全体の大まかな動きから、細かい部分の詳細な動きまで全部、自分の意思で決めることになる。周囲の環境に存在する物体は、自分で直接、制御することはできない。手足を使うことによって、間接的に制御することが可能なだけだ。自分の意思とは無関係に動く物体が周囲に存在したとすれば、それは、その物体が自分の一部ではないという意味になる（膝蓋腱反射で脚がひとりでに動く、など例外はある）。しかし、あなたがタコになったとしたら、この境界は曖昧になる。自分の腕であっても、思いどおりに制御するのは途中までで、そのあとは腕が何をするかただ見ていることになるのだ。

だが、このたとえ話は本当に正しいのだろうか。これは、私たちの脳が私たちにとって中心をなす存在であるのと同じく、タコの脳もタコの中心をなしているという前提での話になる。おそらく、この前提が誤りなのだろうと思う。そもそも、このように簡単に人間と比較することなどできないのだ。楽器の演奏がうまい人は、動作のかなりの部分を無意識のうちに行っている。すべてを意識していたら、とても無理なほど速い動作も数多くある。オランダ、アントワープの哲学者、ベンス・ナネイは、タコと人間の対比に関する独自の意見を私に披露してくれた。タコだけの独自の特徴のように思えても、実はよく見れば人間にも同様の特徴が見つかる、ということは多いとナネイは言う。普段は気づかずにいるが、人間にも同じ面は必ずあるのだ[33]。そばにある何かに向かって手を伸ばす時のことを考えてみよう。手を伸ばしている途中で、目的のものの位置や大きさが急に変わったとしたら、あなたの動きはおそらく素早く――〇・一秒よりも短い時間で――変化するはずだ。これほど速いのは、無意識の変化だからである。たとえそれが実験だったとしても、被験者本人は変化に気づかない。自分の動きが変化したことにも、目的のものに変化が生じたことにも気づかないだろう。被験者本人に「何か変化はありましたか」と尋ねても、「ありません」と答えるだろうということだ。本人が変化に気づかないのに、手は勝手に動き方を変える。

タコと同じく、「手を伸ばす」という決定はトップダウン式に下されるのだが、本人の意思とは無関係に動きを微調整する能力はあるということだ。微調整は非常に素早く行われ、手を伸ばしている本人にも意識されない。タコと人間の違いは、タコの場合、その微調整の部分がより大きいということだろう。腕の持つ能力が大きすぎ、もはや「微」調整と呼ぶにはふさわしくない。しかも、腕自らの動きが速いとは限らない。タコは、自分の腕の動きを傍観者のように見ていることもあるに違いない。人間の場合は、微調整は常に気づかないぐらいの短時間に行われる。

人間の場合、微調整も実は脳の司令によって行われているし、脳が持つ視覚情報も利用している。ところが、タコの腕は、腕自身の持つ化学物質への感覚（味覚、嗅覚）と、触覚の情報のみを利用し、脳の持つ視覚情報は利用しないで動くことができる（ここでは話を単純化している。実際にはもっと複雑である。詳しくは次の章で触れる）。しかし、タコの特徴は、決して完全にタコ独自のものというわけではなく、（気づきにくいが、よく観察すれば）人間にもある特徴が非常に極端になっているだけ、というのがナネイの考え方だ。人間には、トップダウンの司令系統があり、それに必要に応じて微調整が加えられる。タコには、中央からの司令もあるが、周辺での決定にも力がある。絶えず中央と周辺の間で権限が行き来する。中央が腕に司令を下すと、腕は自力で動き始める。しかし、中央が腕に注意を向ければ、腕の動きを調整することはできる。中央が一種の意思によって腕の動きを変えられると言ってもいい。そうすることで、腕の向かう方向を意図に適うように保つことができる。

ヒレル・チエルとランドール・ビアは、先に触れた「身体化された認知」理論についての論文を書いているが、その論文の中で二人は、行動に対する古い見方と新しい見方を対比している(34)。古い見方とは、神経系を「身体の指揮者」とみなすような見方である。神経系は身体にとって、演奏する曲目を決め、どう演奏するかを細かい部分まで決める指揮者のような存在ということだ。だが、新しい見方では、神経系は、即興演奏をするジャズ・バンドに属するプレーヤーの一人ということになる。最終的に行動がどのようなものになるかは、プレーヤー間の絶え間ないやりとりによって自然に決まっていく。私自身は、この新しい見方に全面的に賛成というわけではない。神経系を「多くのプレーヤーの一人」とするのは、さすがに過小評価ではないかと思う。大半の動物で、神経系の役割はそれより大きいはずだ。しかし、話をタコだけに限れば、この見方はかなり正しいのではないだろうか。タコの場合、対比させるべきは、神経系と身体ではない。脳とその他の部分の対比になる。脳以外にも、ニューロンが集中している箇所が数多くあるからだ。

タコにも、一応、脳という指揮者はいる。だが、指揮者が指揮するのはオーケストラではなく、ジャズのプレーヤーたちだ。一人ひとりのプレーヤーは、指揮者の言うことも聞かないわけではないが、即興演奏することも多い。または、指揮者からはおおまかな、全般的な司令は受けるが、演奏の細かい部分をどうするのが最適かはプレーヤーを信頼しプレーヤー自身に判断させる。

5　色をつくる

ジャイアント・カトルフィッシュ

第1章で書いたように、私は海の中で一つの出会いをした。岩礁の下に浮かぶ大きな動物に遭遇したのだ。その動物は、漂いながら数秒と置かず次々に色を変えていく。暗い赤の斑点が現れたかと思うと、それが次の瞬間にはグレーに変わり、さらに銀色の筋が加わることもある。腕には短い間に青や緑といった色が現れては消える。この章ではふたたび水の中に戻り、その巨大な動物と向き合うことにしたい。その動物の絶え間ない変化に注目する。

この「ジャイアント・カトルフィッシュ」を含むコウイカという動物の姿はタコに似ているが、タコにホバークラフトを取りつけたようでもある。後ろにある胴部は亀の甲羅のような形をしていて、その前に突き出しているのが頭で、八本の腕は頭から直接、生えている。腕もタコとほぼ同じで、関節はなくてきわめて柔軟で、吸盤を持っている。コウイカに海の中で出会うと、八本の腕は横一列に並んでいるように見えるだろう。しかし、実際には口の周りに円を描くように並んでいる。タコの腕もそうだが、イカの腕も「巨大で器用な唇」と考えることができる。口のそばには、八本の腕以外に、さらに長い「触腕」と呼ばれる二本の腕がしまい込まれている。触腕は捕食の時などに素早く伸びる。口には硬いクチバシがある。コウイカには脊椎をはじめ、骨は一切ないが、「イカの骨」と呼ばれる硬い部分がある。これはコウイカの盾のようになった背中の内部に入っていて、まるでサーフボードのような形をしている。盾の縁にはスカートのような形のヒレがある。ヒレは左右両側にあり、幅は五、六センチメートルから七、八センチメートルというところだ。コウイカはこのヒレを動かすことで、ゆっくりと移動する。速く移動したい時には、「ジェット噴射」を使う。身体の下部についた漏斗から水を勢いよく噴射するのだ。漏斗は自在に向きを変えることができ、向きを変えれば進行方向も変わる。コウイカの大半は小さく、せいぜい体長二〇センチメートルほどだが、ジャイアント・カトルフィッシュは体長一メートルほどに成長することもある。

体長が一メートルにもなり、皮膚の色はどのようにでも変わり得るという動物だ。時には、数秒、あるいは一秒にも満たない時間で色が変わることもある。細い銀色の筋は頭に張り巡らされている。身体が電気を帯びているようにも見える。その筋があるせいで、ジャイアント・カトルフィッシュは漂っている宇宙船のように見えることもある。ただ、この動物の見え方はいつまでも一定しない。少しも同じ姿のまま留まってはいないからだ。こういうものかな、と思った次の瞬間にはもう姿を変えている。見ているうちに、目から赤い筋状の模様が伸びてくることがある。血の涙を流しているようで、そうなると宇宙船という印象はまったく消えてしまう。

頭足類は一般に（すべてではないが、その多くが）身体の色を変える能力に長けている。そしてジャイアント・カトルフィッシュは、大型の頭足類の中でも最高の能力を持っていると言える。少なくとも、最も色彩鮮やかな大型頭足類と言っていいだろう。色を変える能力を持った動物は自然界で稀なものではない。ある程度なら色を変えられる動物は数多く存在している。特によく知られているのは、カメレオンだろう。

だが、頭足類の変色は、カメレオンより速いし、色の種類も豊富だ。大型のコウイカは、その身体全体が、色のついた模様を映し出すスクリーンのようになっていると言っていい。しかも、映し出される模様はどれも固定したものではなく、少しずつ変化していく。まるでネオンサインか雲のようだ。見ていると非常に表現力豊かな動物という印象を受ける。何かよほど言いたいことをたくさん抱えているようにも見える。だとすれば、果たして彼らは何を言っているのか、そして、誰に向かって言っているのか。

ジャイアント・カトルフィッシュには、他にも際立った特徴がある。それは驚くほどの人懐こさである。大型の野生動物には珍しく、人間に対して友好的だ。人間がそばにいても逃げない。気にしないというだけではない。人間が近くに来ると積極的に関わろうとすることさえある。未知の存在には関心を示す傾向があるようだ。ジャイアント・カトルフィッシュはいつも必ずそうだというわけではないが、人間と関わろうとするのが稀なことでないのは確かだ。こちらに対し興味津々で、しかも友好的というジャイアント・カトルフィッシュによく出会う。人間に近づいてくる時、皮膚の色や模様は地味なものになる。また、明らかにこちらのことを探っているような態度を取る。

ジャイアント・カトルフィッシュはまだよく調査をされておらず、その生態はよくわかっていない。人間に飼育された例も非常に少ない。研究室でジャイアント・カトルフィッシュを仔細に観察した数少ない研究者の一人、アレクサンドラ・シュネルによれば、狭い場所に閉じ込められた際には、タコと同様の複雑な反応を見せるらしい(1)。人間が近づいてきた時に、その人めがけて水を噴射し、見事命中させることもあるようだ。しかし、ジャイアント・カトルフィッシュは、親戚であるタコに比べてまだ謎が多い。タコよりも、さらに異世界の動物だと感じさせられる。まず彼らは大きい脳を持っている。絶対的な大きさもあるし、身体に対する比率からしても大きいと言える。私の知る限り、今のところジャイアント・カトルフィッシュが、タコのような驚くべき知性を感じさせる行動を取ったという例はない。パズルを解いた、道具を使った、そばにある特定の事物に関心を持ち、調べるような仕草をした、といった例はないのだ。だが、タコほど研究が進んでいないので、実際のところはよくわからない。また、そもそもタコとは生き方が異なり、そのような行動がたいして役立たないということかもしれない。タコは巣穴のそばを這い回り探検していることが多いのに対し、ジャイアント・カトルフィッシュは泳いで移動することが多い。

ジャイアント・カトルフィッシュはタコのような創造性、多彩な能力は持っていないのかもしれないが、人間が近くに来た時、すぐに逃げずにしばらくその場に留まるというところはタコと同じだ。彼らの態度は友好的だし、こちらに好奇心も示す。また、少なくとも時折は、用心しながらではあるが人間と関わろうとする。近くまで泳いできて、また少し離れるという行動を取るのだ。その間も、絶え間なく色を変え続けるので驚かされる。

色をつくる

頭足類の皮膚は重層構造のスクリーンのようになっていて、脳によって直接、制御される。脳内のニューロンは直接、皮膚につながり、筋肉を制御する。皮膚には、ピクセルのように色を発する小胞が何百万とあり、筋肉は脳の司令を受けてその小胞を制御する。イカが何かを感じると、また脳で何らかの決定が下されると、それに従って即座に色が変化する。

その仕組みをもう少し詳しく言うとこういうことになる。(2) 皮膚にはまず、最も外側の層がある。表皮と呼ばれるこの部分は身体を保護する役割を果たす。一つ下の層には色素胞という組織がある。これが、色を制御するうえでは最も重要な器官だ。一つの色素胞は複数の種類の異なる細胞からなる。そのうちのある細胞には、色を発する物質を収めた袋が入っている。その周りを一個から二〇個以上の筋肉細胞が取り囲み、袋の形をさまざまに変える。この筋肉は脳によって制御される。筋肉のはたらきで袋が引き伸ばされると、色が外から見えるようになり、引き伸ばす力が緩められると、色は見えなくなる。

一つの色素胞が発するのは一色だけだ。同じ頭足類でも使える色は、種によって異なるが、ほぼどの種でも基本になる色は三つだ。ジャイアント・カトルフィッシュは、赤、黄色、黒／茶色という三種類の色素胞を持つ。個々の大きさは直径一ミリメートルにも満たない。

ここまでで頭足類が色を発する仕組みの一部は理解できたと思う。ただ、これだけですべてを説明したことにはならない。ジャイアント・カトルフィッシュがどのようにして赤や黄色を発するかはわかるだろう。赤の色素胞だけ、黄色の色素胞だけを使えばいいのだ。そして、二つを組み合わせれば、オレンジ色を発することができる。ところがこのイカは、他にも数多くの色を発することができる。たとえば、青や緑紫、銀白色など、この仕組みでは出せないはずの色を出すのだ。こうした色を発するのは、さらに下の層にある機構である。この層には、何種類かの、光を反射する細胞がある。これらの細胞は、色素胞のように特定の色を自ら発することはできない。しかし、入ってきた光を反射することができる。反射と言っても、ただ鏡のように単純に来た光を跳ね返すだけではない。虹色素胞と呼ばれるこの細胞では、光が、いくつも重なったごく小さな板状の結晶を通り抜けて反射することになる。どの波長の光を通し、どの波長の光を通さないかは、結晶ごとに違っている。反射した光の色は、入ってきた時とは別の色に変わることになる。この仕組みによって、色素胞では出せない、緑や青を発することも可能になる。虹色素胞は脳に直接つながってはいない。だが、少なくとも一部は、何か別の化学的シグナルによってゆっくりと制御

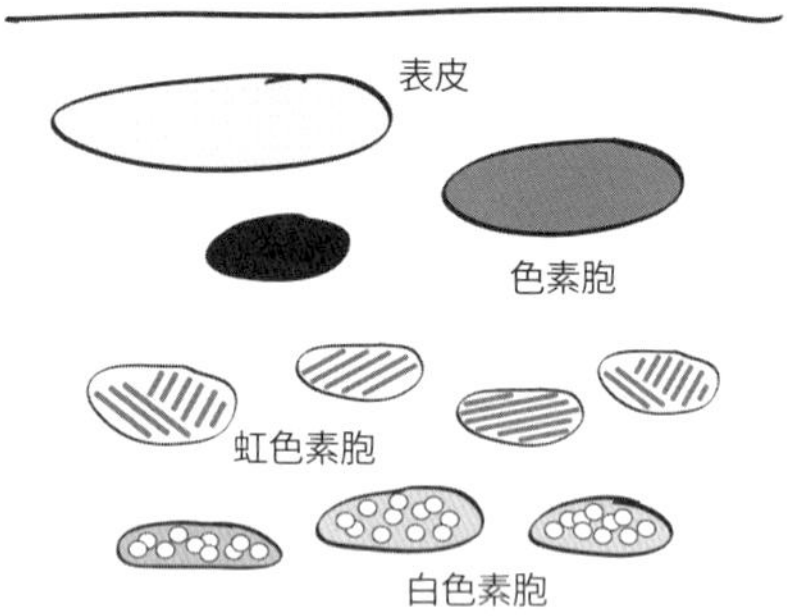

されているようである。虹色素胞のすぐ下にある白色素胞は、また違った種類の光反射細胞だ。入ってきた光に何も手を加えず、単純に反射する。この細胞は、周囲にあるあらゆる色の光を反射するはずだが、結局は白く見えることが多い。光反射細胞はすべて、色素胞よりも下の層にある。そのため、光反射細胞のはたらきは、必ず、上の色素胞の動きに影響を受けて変化することになる。色素胞が引き伸ばされた時には、そこから発せられた光が下の光反射細胞にも向かう。つまり、色素胞から出た光を光反射細胞が跳ね返すということだ。

　ジャイアント・カトルフィッシュの皮膚の横断面を見ているとしよう（上図）。外側には表皮がある。すぐ下の層には、何百万という数の色素胞がある。色素胞は絶えず引き伸ばされたり、元に戻ったりしている。引き伸ばされた時には色を発し、戻ると色はなくなる。色は大変な速度で現れたり、消えたりする。多数の筋肉が同時にはたらくからだ。発せられた光の一部は鏡のような細胞の層で反射され、残りはさらに下の層へと届く。この細胞も、脳以外の場所から届く化学的シグナルによって形を変えることがあるが、色素胞ほど速くは変化しない。さらに下の層には、当たった光に手を加えずそのまま反射する細胞の層がある。

　仮にジャイアント・カトルフィッシュの皮膚に一〇〇〇万個の色素胞があるとしよう。だとすれば、色素胞のある層は、大まかに言って一〇メガピクセルのスクリーンのようなものということになる。ただ、テレビやコンピュータのスクリーンとまったく同じではない。違うのはまず、個々の色素胞を個別に制御できるわけではないところだ。色素胞は塊ごとに制御される。そして個々の色素胞が発する色が一つだけという点もスクリーンとは異なる。色素胞はすべてが同じ平面状に並んでいるわけではなく、多数の色素胞が上下に重なっていることもある。したがって、皮膚の同じ箇所から複数の色が発せられることもあり得る。そして、色素胞の下にある層がさらに事態を複雑にする。

頭足類の皮膚の色を発する層は薄く、脆い。加齢や怪我などで失われてしまうことも多い。色を発する層を失ったコウイカは、元とはまるで違った動物に見える。色のない退屈な白い斑点がいくつもできるからだ。イカは白い身体の上に、薄い色の層をまとっているわけだ。

私がこれまでに直接、観察した範囲では、ジャイアント・カトルフィッシュの「基本」の色は、どうやら赤のようだ。赤くなっている姿を最もよく見る。ただし、赤といっても種類は一つではなく、海老茶色に近いこともあれば、消防車のように真っ赤になることもある。赤の上に、銀白色の（少なくとも水の中ではそう見える）装飾が施されていることも多い。装飾は筋や点になる。小さなぎざぎざの点滅のこともあれば真珠色の線のこともある。他の色、たとえば黄色、オレンジ、オリーブグリーンなどは斑点になる。色がいくつも組み合わさって一つの模様になることもあるが、同じ模様が長く皮膚に留まることはあまりない。まるでイカの皮膚というスクリーンに映る映画のように見える。雲が通り過ぎる映像が皮膚に現れたように見えることもある。明るい斑点と暗い斑点が、身体の前から後ろまで、順に波のように移動したからだ。身体の左側と右側とで、まったく違うパターンで発色しているイカを上から見たこともある。左側には、岩の下にいた別のイカに向けて、雲が通り過ぎるようなパターンを見せていたのだが、右側は周囲に溶け込むような地味な色にしていた。

ジャイアント・カトルフィッシュの色の変化は、身体全体や皮膚の形の変化と同時に起きることも多い。

時には、背中の部分の皮膚を折りたたんで何十もの突起を身体につくって泳ぎ回ることもある。この突起は、高さがせいぜい二、三センチメートルほどでごく小さいが、形状としては、ステゴサウルスの背中についた板に似ている。突起の中には何も硬いものは入っていない。一秒もあれば簡単にできる。皮膚に特に細かい変化が頻繁に起きるのは、目の周囲である。コウイカには、目の周囲の皮膚にひだやしわをつくるものが多くいる。それは、眉毛を丁寧に描き足しているようにも見える。

コウイカの頭から生えた八本の腕は、どれも同じように見える。腕は、左に四本、右に四本、というように均等に生えていて、それぞれに一から四までの番号が振られている。最も上にある腕を左側は「左第一腕」、右側は「右第一腕」と呼ぶ。前から見ると、左右の第一腕は最も奥にある腕ということになる。一つ手前が「左第二腕」と「右第二腕」、次が「左第三腕」と「右第三腕」、そして最も手前が「左第四腕」と「右第四腕」だ。ジャイアント・カトルフィッシュの場合、左右の第四腕は、雄のほうが雌より大きくなる。雄が敵意を示す時には、第四腕を平たくし、幅の広い刀のような形にすることもある。

また、左右の第一腕を持ち上げて、角のようにすることもある。「角」の形は優美に湾曲している場合もあれば、渦巻き状になっていることもある。鉤状に曲がっているものや、棍棒のようになっているものもある。なかには、腕を三通り、四通りに使って威嚇するものまでいる。非常に手の込んだ威嚇だ。まず、第一腕を真っ直ぐ上に持ち上げる。第二腕はその下で端を少し曲げるなどして角のようにする。さらに、その下の第三腕、第四腕は、刀のように平たくし、できる限り大きくする。ジャイアント・カトルフィッシュは、まったく恐れる必要のないおとなしい魚に対しても、腕を持ち上げて角のようにしたり、鉤状に曲げたりすることがある。これは、威嚇というよりも、相手を見下している態度のようだ。

この種の行動は個体ごとに違っている。私が、数日、あるいは一週間くらい観察を続けていると、行動で個体を識別できるようになることがあった。色も形状も意のままに自由に変えられる動物の個体識別は容易ではないのだが、目立つ傷跡などが手がかりになることもある。長く観察するうち、コウイカのスカートのようなヒレには、白いマークがあり、それが個体を識別する目印になると知った。このマークは指紋のように生涯変わることがなく、個体ごとに違っている。そして、他に個体識別の手がかりになるのが行動である。コウイカは性別や大きさが同じであっても、同じ季節に同じ場所にいても、個体ごとにその行動は違っている。ジャイアント・カトルフィッシュは人間を歓迎している時には人懐こく友好的である。われわれに対し好奇心を示す。人間のほうに近づいてきて、じっくりと眺めるものがいる。その時、身体の色は地味になっている。腕を伸ばして人間に触ろうとするものもいる。ただし、いきなりここまで積極的な態度を取る個体は稀である。多くの個体はかすかにヒレを動かすか、水をわずかに噴射するなどして、同じ場所に留まっている。私たちが移動すると、一定の距離を保って移動する。こちらが少し近づくと少し遠ざかり、少し遠ざかると少し近づいてくる。それをしばらくの間続けていると、時には距離を詰めるのを許してくれることがある。一メートルくらいの距離まで近づくことができた時には、イカの腕に向かって手を伸ばしてみることもあるが、決してこちらからは手を触れないよう注意する。するとイカのほうから腕を一、二本出し、その先で私の手に触れてくれることもある。

しかし、たとえそうして手と手が触れ合ったとしても、一回きりであることがほとんどだ。少しだけ私の手に触れたかと思うと、イカはすぐに後ずさりし、一メートルくらいの距離を保ったまま何もせずにいる。手に触れたくらいなので、私に興味を惹かれているのは間違いないのだが、一度だけ触れてまた元の場所に戻ってしまうのだ。もちろん、イカがそのような行動を取るのは、単に私が食べられるものかどうかを知りたいからだと解釈することも可能である。だが、ジャイアント・カトルフィッシュがいくら大きいとはいっても、人間はもっと大きい。普段食べているのは、カニや小魚で、どれも一度に丸ごと食べられるくらいの大きさだ。はるかに大きい私をランチにしようとしたとは思えない。

私に対してどれほど友好的かには関係なく、色の変化のさせ方が他とはまったく違っている個体もいる。私は何度か、他の多くの個体では絶対にあり得ないような個性的な色を発し、派手で目立つ模様をつくる個体を見た。その最初は、私が「マティス」と名づけた個体だ。マティスは人懐こいイカで、数年前に私は何日か続けて彼に会いに行った。他の個体との違いはまず、色使いがきめ細かいことだが、それだけではない個性が彼にはあった。紅白の二色で静かに漂流していたかと思うと、突然、一気に明るい黄色に変わったこともある。全身が何の前触れもなく、急に別の色に変わるのだ。その変身には一秒もかからなかったと思う。ひととき、彼が暗い赤をまとい、ところどころに細い筋が入り、縞模様になっていたかと思うと、次の瞬間にはイカの形をした太陽に様変わりする。輝くような黄色はやがてゆっくりと消えていき、代わりにオレンジが混じり始める。その色も少しずつ暗くなっていき、今度はまたいくつかの模様が続けて現れる。一〇秒ほどそれが続くと、ふたたびイカは暗い赤になる。

黄色への変化は突然ではあるが、その時にイカは腕を持ち上げるなどの威嚇の動作をするわけではない。特に怒ったり興奮したりしているわけではないのだ。他の頭足類の全身が黄色くなるのは私も見たことがあるが、それは皆、何かに警戒しているというサインだ。マティスも警戒していたのかもしれないが、色が変わった以外はまったくそれまでと同じく穏やかだったので、そうとは考えにくい。厚かましい魚がそばに寄ってきた時、身体に黄色を基調とした模様が現れたことはあったが、その時の黄色はもっと深い色だったし、腕の動きも伴っていた。一気に全身がカナリアのような明るい黄色になるのは、それとは意味が違うと私は思った。彼はただ、自分の色が一気に変わっていくのを楽しんでいるように見えた。

その後、私は他のジャイアント・カトルフィッシュが明るい黄色を発するのを何度も目にしたが、マティスのように全身を一気に海の水の色を明るくするほどの鮮やかな黄色に変えたイカはいなかった。色を発する仕組みはすでに書いたとおりで、私もよく知っているので、マティスがどのようにしてあの黄色を発していたのかを説明することはたやすい。ジャイアント・カトルフィッシュは黄色の色素胞を持っている。その色素胞を全身で一斉に、一気に引き伸ばしたのだろう。それは間違いない。同時に他の色素胞はすべて縮めたわけだ。

マティスが現れ、去ったあとには、私がそれまでに見たものすべてをはるかに超える表現を成し遂げたイカが現れた。彼にふさわしい名前は「カンディンスキー」しかないと思った。

カンディンスキーには決まった習慣があり、定まった「家」もあった。マティスとは違い、特にこの色が目立った、印象に残ったということはない。カンディンスキーの発する模様や色は、基本的には他の同種のイカたちと同じようなものである。ただし、それが異様に派手だった。二〇〇九年に私は、カンディンスキーの完璧な写真を撮ろうとして一週間続けて海に潜り、彼の家を訪ねた。毎日、午後遅い時間になってから巣穴のすぐ上まで行き、あとはひたすら彼が出てくるのを待つ。だいたい巣穴から五、六メートル上に私はいたと思う。待っていればそのうちにカンディンスキーは姿を現す。巣穴から出ると、近くにある岩の上あたりまで上昇する。陸に背を向けて沖のほうを向いている。腕は二本だけ持ち上げ、残りは力を抜いて下に向けている。私はカンディンスキーに近づくため、元いたところより少し深く潜る。

私が寄って行くと、カンディンスキーはすべての腕を盛んにいろいろな方向に動かした。槍がずらりと並んで動いているようで、何かの儀式が始まるようにも見えた。時々、頭の上で、何本かの腕をからませることもある。腕を持ち上げるのは興奮や敵意の表れであることが多いのだが、カンディンスキーにそれは当てはまらないように思えた。私がかなり遠くにいる時にも、彼は変わらず腕を持ち上げていろいろと複雑な動きをさせていたからだ。カンディンスキーの皮膚は鮮やかな赤とオレンジを同時に発していたが、ところどころ、淡いオレンジ、淡い緑の箇所もあった。そこに時々、雲が通り過ぎていくようなディスプレイも混ぜる。黒い図形が波のように皮膚の上を流れて行くのだ。後ろのほうの腕に涙のような模様が現れて、それが移動して行くこともある。少しの間、お気に入りの岩の脇を漂った後、カンディンスキーは浅いところに向かって泳ぎ始めた。彼は人懐こいイカではないが、それでも私がそばについていることは許してくれる。彼は巣穴近くの岩礁のあたりを、円を描くように動き回っていたが、私もずっと離れずにいた。

もちろん、友好的で人間に関心を示すイカもいれば、反対に、彼らについて調べようとするダイバーに明らかに強い敵意を示すイカもいる。幸い、割合としては、友好的なイカのほうがずっと多い。私が記憶している中で最も敵対的なイカは大きな雄だった。出会ったのは、とても友好的なイカに何度か遭遇したのと同じ場所だ。そこの岩棚を見る度に、優しく応対してもらった良い思い出が蘇るほどだ。ところが、その時に姿を現したイカはまさに敵意の塊のようだった。色からも身体の形状、動きからもそれがわかった。

最初に見えたのは、岩棚の下で渦を巻くように動くイカの腕だった。腕は黄色、オレンジ、茶色という三つの色を発していた。波に揺れる海藻に囲まれ、イカは敵に敢然と立ち向かおうとしているのだ。腕は四方八方に動き回っていた。イカの姿を見て私が最初に思ったのは、これは擬態なのかもしれないということだ。身体の揺れ方が海藻の揺れ方と一致していたからだ。近づいてみてわかったのは、このイカがその他の色も発しているということである。銀白色の筋がいくつも走っていた。それは、イカがリラックスしている時に顔や腕に出る血管の銀色とは違っていた。血管は大きく膨張しているようで、銀白色は鮮やかになったかと思うと消える、ということを繰り返した。下のほうの腕は横に広げられ、上のほうの腕は何本もの角のようになった。イカは私が近づくと瞬時に警戒態勢になったのだろう。そして、間もなく、私のほうに向かって素早く飛び出してきた。私は慌てて後ろに下がる。イカは何度も私のほうに向かってきたが、一定の距離まで近づくと追跡をやめて、巣穴へと戻った。戻ってもしばらく待っていると、私に近づいてくるのだ。どうやら興味はあるらしい。イカはジェット推進装置を備えた追跡用飛行機のようだった。

追跡の際にイカが見せた姿は、私がこれまでに見たことがないほど殺意に満ちたものだった。燃えるようなオレンジ色をして、腕は角や鎌のようになり、皮膚には数多くのひだができて、まるで鉄製の装甲車のように見えた。時折、内側にある腕の何本かを高く上げ、ひねったりもした。二対の腕を一斉に高く上げてひねった時もあった。残り一対の腕と顔だけを残してすべて上にあるという状態になったのだ。まるで地獄の入り口で口を開いて待ち構えている怪物のようだ、と私は思った。彼は軟体動物という私たちとは大きく異なった動物でありながら、私たち人間が何に恐怖を感じるかをよくわかっているかのようだった。地獄に落ちるとはどういうことかを私の目に見せようとしているように感じた。私の心を動揺させようとしているかのように。

私はしつこくそのイカにつきまとった。少し離れても、注意しながらふたたび近づくということを繰り返した。イカのほうも私が近づく度に追い払い続けた。だが、わかってきたのは、どれほど威嚇したとしても、イカが私に触れるほど腕を伸ばしてくることは決してないということだ。試しに後ずさりする時にそれまでよりも速度を落としてみたが、結果は同じだった。ゆっくり後ろに下がっても、イカの腕が私に触れることはない。どこまでが単なる脅しなのか、本当に攻撃をする意図があるのかを私は確かめたくなった。だから態度を変えてみることにしたのだ。イカが殺意むき出しに腕を振り回してきても、逃げないことにした。次にイカが飛び出してきた時、私は今までとは違って、あまり後ろには下がらなかった。代わりに腕を自分の前に持ち上げてみせた。必然的にスキューバダイビングの器具があちらこちらに動くことになる。それはイカの注意を惹いたようだった。イカはその後も、あたかも前進するように見せながら、実際にはその場からほとんど動かなかった。腕の振り回し方もしだいにおとなしくなっていく。ディスプレイは徐々に地味になっていく。しばらく後には腕の動きが完全に止まり、皮膚のひだもなくなってしまった。そして私はついにイカのすぐそばまで接近することができた。イカは私と正面から向かい合うのをやめたが、斜めから横目でこちらを見ているようではあった。興奮した様子はなく、さっきまでよりずっと穏やかな態度だ。私が少し移動してふたたび向かい合うようにしたら、イカは私に挑みかかるような態度を見せる。頭を下げ、腕を動かし始める。どうも、これ以上仲良くなるのは無理らしいと思った。

ジャイアント・カトルフィッシュの中には人間に対し、友好的とも敵対的ともつかない態度を取るものもいる。彼らの人間との交流を「交流」という言葉で表現するのはふさわしくないとも思える。彼らの態度は簡単に言えば「無関心」ということになるのだが、あまりに無関心の度合いが強いので、それをどう表現すればいいのかわからなくなる。研究者にとっては、ある意味で非常に興味深い態度とも言える。「関心がない」という言葉は適切ではないかもしれない。人間を見ても、それを生き物だと思っていないような態度と言うべきだろうか。静止している時、たとえ人間が近くにいても、その姿をまともに見ることがない（他の個体は、ほぼ間違いなく、人間が近くにいればそちらを見る）。たとえ見たとしても、横目で少し見る程度だ。人間が動くと、イカもそれに合わせて少し動く。とにかく無関係の状態を保とうとする。

イカがこの種の態度を取るのは、岩礁の周りを泳ぎ回っている時であることが多い。イカはしばらく泳いだかと思うと、時折、岩の下をのぞくこともある。食物か交尾の相手を探して泳いでいることが多いが、あまり熱心に周りを見ずにただ移動しているということも珍しくない。こういう旅の途中のジャイアント・カトルフィッシュに遭遇すると、友好的に接してくれることもあるし、ほとんどの個体は少なくともこちらに興味は示してくれる。ただ泳ぎ過ぎてしまうことなく、いったん止まってじっとこちらを見るくらいのことはする。しかし中には、人間がどれほど近づいてきても、無視してしまえる個体がいるのだ。本当に目の近くにまで人間が近づいているのに、見ようともしない。一度、完全に無視された私は、わざとイカの進路を塞いで、どういう反応をするか見てみることにした。そのあとは「実存主義的チキンゲーム」とでも呼ぶべき状況になった。イカは私の存在を認めるのを拒否し、何事も起きていないかのように近づいてくる。ついに両者の距離は三〇センチメートルほどになってしまった。イカはその時はじめて私を見た。そして、私の脇をすり抜けて泳ぎ去った。私を見た時のイカの表情をどう表現すべきか、なかなか良い言葉が見つからない。ただ、まったく感情のない目としか言いようがない。

あれはいったい、どういうことだったのか。あのイカにとって人間はどういう存在だったのか。人間を、大きな、移動能力を持つ生き物であると認識したのは確かだと思う。自分にとって危険な存在かもしれないとは感じただろうし、同時に少しは興味を惹かれたはずではないか？　他の多くの個体は、まさにそうだとわかる態度を取った。観察し、触れてみようとした者もいれば、威嚇して追い払おうとした者もいた。だが少ないながら、人間のことを生き物でないかのように扱う個体もいたのだ。あれほど徹底的に無視されると、水の世界に自分は現実には存在しないのではないかと思えてくる。自分が気づいていないだけで、本当はすでに幽霊になっているのでは、などと思ってしまう。

色を見る

頭足類と色の関係についてほぼ全体像が見えてきたところで、私たちはまったく不可解な事実に突きあたる。頭足類のほとんどの種は色の識別ができないらしいのだ。

あり得ない話のようだが、生理学的、行動学的証拠からも、それは確かだ。[3] 色の違いを見分けるのには、まず目の中に、異なる色が発する光の明るさの違いを認識するための仕組みが必要になる。その役割を担うのは通常、何種類かの光受容体である。光受容体とは、光が当たった時に形状を変える分子が含まれた細胞だ。分子の形状が変わると、それによって細胞内での化学変化が誘発される。光受容体は、光の世界と脳内の信号ネットワークとの間のインターフェースと言える。どの動物の目にも、これに類した仕組みがある。ただ、色の違いを見分けるのには、光受容体は一種類だけでは不十分である。それぞれ違う波長の光に対応する何種類かの光受容体がなくてはならない。大半の人間の目には三種類の光受容体がある。この方式での色の識別には、少なくとも二種類の光受容体が必要になるが、頭足類のほとんどは一種類の光受容体しか持っていない。

色を識別する能力の有無を行動で確かめる実験は、すでに何種類かの頭足類に対して行われている。頭足類に、色以外はまったく同じ二つの刺激を与え、両者を区別できるかを見る実験だ。これまでに実験の対象になった頭足類はすべて、二つの区別ができなかった。

不可解な話である。頭足類は色を非常によく使う動物だ。彼らは、周囲の色に自分の色を合わせる擬態の能力にも優れている。自分の目で色が見えないのに、なぜそんなことが可能なのか。生物学者たちは、たとえば次のような説明をする。頭足類は、微妙な明るさの違いを手がかりに「この明るさならばおそらくこの色（色合い）」という推測を行っているのではないか、というのだ。周囲に存在する物体によくある色はだいたい決まっているからだ。また、皮膚にある、鏡のように光を反射する細胞が擬態に役に立っているという説を唱える研究者もいる。たとえ、自分の目で色は見えなくても、周囲の色を反射すれば擬態には使えるのではないか、ということだ。

頭足類のしていることの一部はそれで説明できる。反射を利用すれば擬態は可能だ。ただしそれは、真似たい背景と同じ色の光が他の方向からも身体に当たっている場合に限られる。だが、個体が自分の背景の色に溶け込んでいる際に、正面から身体に当たっている光の色が違ったら？　単純な反射だけで説明がつくはずがない。その場合、頭足類は自ら背景と合致する色をつくり出さねばならない。皮膚の色素胞と、光反射細胞とをうまく組み合わせて、必要な色をつくり出す。だとすれば、やはり目的の色がどのようなものか知る必要がある。現実の頭足類は、背景の色と、正面から当たる光の色が違っても見事に擬態をするので、何らかの手段で色を知っているように見える。

私がこの本を書いている間に、このパズルのピースは一部、埋まり始めた。リディア・メースガー、スティーヴン・ロバーツ、ロジャー・ハンロンの三人が二〇一〇年に発表した論文によれば、コウイカの一部は、目と同じ光受容体の分子を皮膚にも持っている可能性があるという(4)。だがこれだけではたいした意味があるとは言えない。理由はいくつかある。まず、目以外の場所にある光受容体は、視覚に関係ない機能を果たしているかもしれない(5)。また、たとえ皮膚の光受容体が光に反応しているのだとしても、それだけでその動物が色を識別できるとは言えない。光受容体を一種類しか持たないという事実に変わりはないからだ。ただ一部が皮膚という不思議な場所にあるというだけである。一種類の光受容体で色の識別はできないはずではないか。

メースガー、ロバーツ、ハンロンの論文から何年かの間は追跡研究がほとんど行われなかった。インターネットで検索する限り、追跡研究に取り組んでいたのは、アメリカ、カリフォルニア州の大学院生、デズモンド・ラミレス一人だけだった。私は直接、ラミレス本人に連絡を取り、彼が実際に追跡研究をしていることだけは確かめたが、手の内は明かしてもらえなかった。それからさらに二年ほど経って、私はある本の書評でこの問題に触れ「なぜ追跡研究が行われないのか不思議に思っている」ということを書いたのだが、(6)原稿を送ったわずか数日後に、ラミレスが論文を発表した。トッド・オークリーとともに書かれたその論文で明らかにされたのは、まず、ある種のタコ（カリフォルニア・ツースポットオクトパス。学名オクトパス・ビマクロイデス）の皮膚で、光受容体に関連する遺伝子が活性化されているということだった。(7)そして、重要なのは、そのタコの皮膚が光を感じ取り、その光に反応して色素胞の形状を変えることができると書かれていたことだ。皮膚を身体から切り取っても、その反応は維持されるとわかった。タコの皮膚は光を感じることと、皮膚の色を変えるような反応を生みだすこととの両方を自らやってのけるということだ。第3章でも書いたとおり、タコの神経系は、小さな神経の集合である神経節が身体に散在する「分散型」である。脳が一方的に身体を制御するのではなく、身体にも一定程度、自らを制御する能力があるということだ。ラミレスらの研究結果により、タコは皮膚でも「見る」ことができるらしいとわかった。タコの皮膚は光によって影響を受けるだけでなく（光に影響を受けるだけならば、他の多くの動物にも同じことが言える）、光に反応し、ピクセルのような繊細な機構を制御して、皮膚の色を変えることができるのだ。

タコは果たして皮膚でどのように「見て」いるのだろうか。像を結ぶというような「見え方」はしないだろう。おそらく周囲の全般的な明暗の変化や光の有無がわかるくらいだと思われる。皮膚で得た視覚情報が脳に伝えられるのか、それとも皮膚だけに留まるのかはまだわからない。そのどちらだとしても、想像がかきたてられる。皮膚で得た視覚情報が脳に伝えられるのだとすれば、タコの視覚はあらゆる方向から光を感じ取れることになる。目では見えない場所の光も感じ取れるのだ。反対に、皮膚の視覚情報が脳に伝えられないとすれば、たとえば個々の腕は自分だけの専用の視覚を持っていることになる。自分のためだけに周囲を見る「目」を持っているわけだ。

　ラミレスとオークリーの発見によって研究が大きく進展したことは間違いない。だが、これだけでは、私が先に提起した問題を解決することはできない。頭足類はいかにして色を知覚するかという問題は、解決できないのだ。ラミレスとオークリーがタコの皮膚に発見した光受容体は、目と同じ単一の波長の光しか感知できない。身体で「見る」ことができるといっても、見える世界が「モノクロ」であることに変わりはない。周囲の色に自分の色を合わせる擬態がなぜ可能なのかはこれではわからない。だが、ラミレスとオークリーの研究は、問題解決へとつながるものだと私は考えている。メースガーらの古い論文にヒントは提示されている。皮膚の光受容体は、化学的には目の光受容体と変わりがないとしても、その光感受性は周囲の色素胞などの細胞によって調整されているかもしれないということだ。これは、光受容体が一種類しかなくても、二種類あるかのように機能できることを意味する。チョウの中にも同様の仕組みを利用するものがいる。

　この仕組みには、いくつかのはたらき方があり得る。たとえば、色素胞が光受容体の上に重なり、一種のフィルターのようになっているという可能性はある。その場合、ペアになる色素胞が違えば、光受容体が反応する光の色も違ってくるだろう。生態学者でランの研究者、アーティストでもあるルー・ジョストは別の可能性を提示している[8]。タコが皮膚の色を変えると、皮膚の光受容体に届く光にも必ず影響する。皮膚に多数の色素胞の層があり、光受容体の細胞はその下にあるとしよう。何色かの色素胞がそれぞれに伸びたり、縮んだりするわけだ(9)。だとすると、色素胞の層を通ってその下の光受容体に届く光は、その影響を受けて次々に変化することになるだろう。たとえばタコが、今、どの色素胞が伸びていて、どの色素胞が縮んでいるかを自ら常に把握することができ、同時に、その下の光受容体に今、どれだけの量の光が届いているかを常に把握することができるとしたらどうだろうか。それが外から入ってくる光の色を知る手がかりになる可能性はある。タコはいわば、レンズにつけるフィルターを次々に交換するカメラマンのようなもの、ということになる。皮膚の色が変わることは、光受容体にとってはフィルターが交換されるのと同じことだ。光受容体そのものはモノクロであっても、タコにさまざまな色のフィルターがあり、どのフィルターが今、機能しているのかを常に把握できるのであれば、外からの光の色を認識できる可能性がある。

ただ現状では「可能性がある」というだけだ。ここで重要なのは、まず色素胞と光受容体との位置関係だが、その他にも未知の要素がいくつも関わっていると思われる。もちろん、こうした機構がはたらいていないことも考えられるが、だとしたら驚きだ。光受容体が色素胞の下の層になるのだとすれば、色素胞に起きた変化は、必ず下の光受容体に届く光に影響を与える。その影響は外から入ってくる光の色と相関関係にある。情報はあるわけだ。その情報を利用するよう進化することは、タコにとってそう難しいこととは思えない。

色を見せる

擬態ということに関して、タコに勝る動物はおそらくいないだろう。見ているものの前から完全に姿を消すことができる。タコを探している者がわずか一メートルの距離にいても、その存在が見えなくなるのだ。擬態においてタコがイカよりも有利なのは、タコの身体にはほとんど硬い部分がなく、なろうと思えばほぼどのような形にでもなれるからだ。たとえばジャイアント・カトルフィッシュは、タコほど完全に見る者の目を欺くことはできない。ただコウイカの中には、タコに近いことができる種はいる。私が見たコウイカの中で、最も見事な擬態をしたのは、ヒガシノコウイカだ。ヒガシノコウイカは小型のコウイカで体長は最大で一五センチメートルほどにしかならない。英名の *Reaper Cuttlefish*（死神コウイカ）は恐ろしい名前で誤解されがちだが、実際にはとてもかわいい姿をしている。普段のヒガシノコウイカは穏やかな赤で、目の上のあたりがアイラインを引いたように黄色くなっている。私が遭遇した時、このイカは海藻の中にいた。私たちは互いを見合っていたが、イカのほうはとても警戒しているようだった。私を避けるように海草の中や岩の周りを泳ぎ回った。私との間には必ず何か障害物があるという状態を保ったのだ。そしてある時、岩と岩の間にある平らな隘路で姿を消してしまった。一瞬にして、私にはイカが見えなくなったのである。

この種のコウイカが岩に似たまだら模様になれることは知っていた。だから、当然どこかで岩に擬態しようと色を変え始めるところが見られるだろうとは思っていた。イカが消えた隘路には小さな岩があった。私はその岩を見ても、ただの岩としか思わなかったので、ともかく隘路の反対側に回ることにした。そこからイカが出てくるはずだと考えた。ところが出てくる気配はまったくない。私はふたたび元の位置に戻って隘路を見た。そしてその小さな岩をよくよく見ると、実は岩ではなくイカだった。正体がわかったので、しばらくじっと見ていると、イカは岩の擬態をやめ、暗いピンク色に変わった。とにかく、そこで小さな岩に擬態しているはずと思いながら探していた私を、イカはまさにその場所で小さな岩になりすまして見事に欺いたわけだ。

イカの色が変わるのを見ていた時、急に緑色のウツボが現れた。口を大きく開いて、イカに襲いかかろうとした。次の瞬間、イカは大量の墨を吐いた。コウイカは、タコやツツイカと同じように墨を吐く。黒い煙の雲のように見えた。まるでイカに火がついたようだった。今や真っ黒になった隘路に私は目を凝らした。イカの姿は時々、少し垣間見えるだけだ。ウツボに捕らえられ、なす術もなく揺さぶられ、引きずり回されているようだ。私はイカに悪いことをしてしまったと思った。私が気をそらせたばかりに、ウツボにつけ入る隙を与えてしまったのだ。

墨の煙はしばらく吹き出し続けた。ウツボの攻撃の獰猛さからすれば、おそらくイカの命も間もなく終わりだろうと思った。ところが、黒い雲の中から突然、イカが飛び上がった。鮮やかな色を放ち、異様なほど身体を平たくして、ヒレを広げている。呆然としているようだったし、傷ついてもいたが、まだ泳ぐことはできる状態だった。背中側に一つ大きな噛み跡があったが黄色いアイラインはそのまま変わっていない。始めのうちは、泳ぎ方からもひどく混乱していることがよくわかった。ボクサーが強く殴られてふらふらと歩く時によく似ていた。だが、すぐあとには体勢を立て直し、別の岩棚を目指して潜っていった。

私はイカのその姿に驚いていた。ウツボは有能な捕食者だと思っていたからだ。特に、あのような岩や海藻に囲まれた場所で至近距離から襲いかかった場合には。全身が歯と筋肉でできているようでヘビのような強さを持っている。ウツボに一度狙われたが最後、対抗することなどとても不可能なはずだ。イカには歯も骨もなく、硬い殻もない。平らな身体をしたヘビのようなウツボに対し、イカはまるでおもちゃのホバークラフトのようだ。にもかかわらず、イカは逃げることができた。(10)

頭足類が自らの色を変える能力を持ったのは――そのような能力が進化したのは――もともと、擬態の

コモンシドニーオクトパス．グルーミー・オクトパス（憂鬱なタコ）とも呼ばれる．頭の上で腕をあちらこちらへ動かしている．本書のタコの写真は，すべてこのコモンシドニーオクトパスのもの．オーストラリアやニュージーランドで見られるタコだ．

このタコは背後の海草にとてもよく似た色になっている．

この四枚の写真はいずれも動画から切り取ったもの．オーストラリア近海のオクトポリスで二匹のタコが戦っている様子をとらえた．

負けたタコは，自ら腕のもつれを解き，ジェット推進で急いでその場を去った.

右から左へジェット推進で移動中のタコ．前のページの戦いで勝ったタコである．

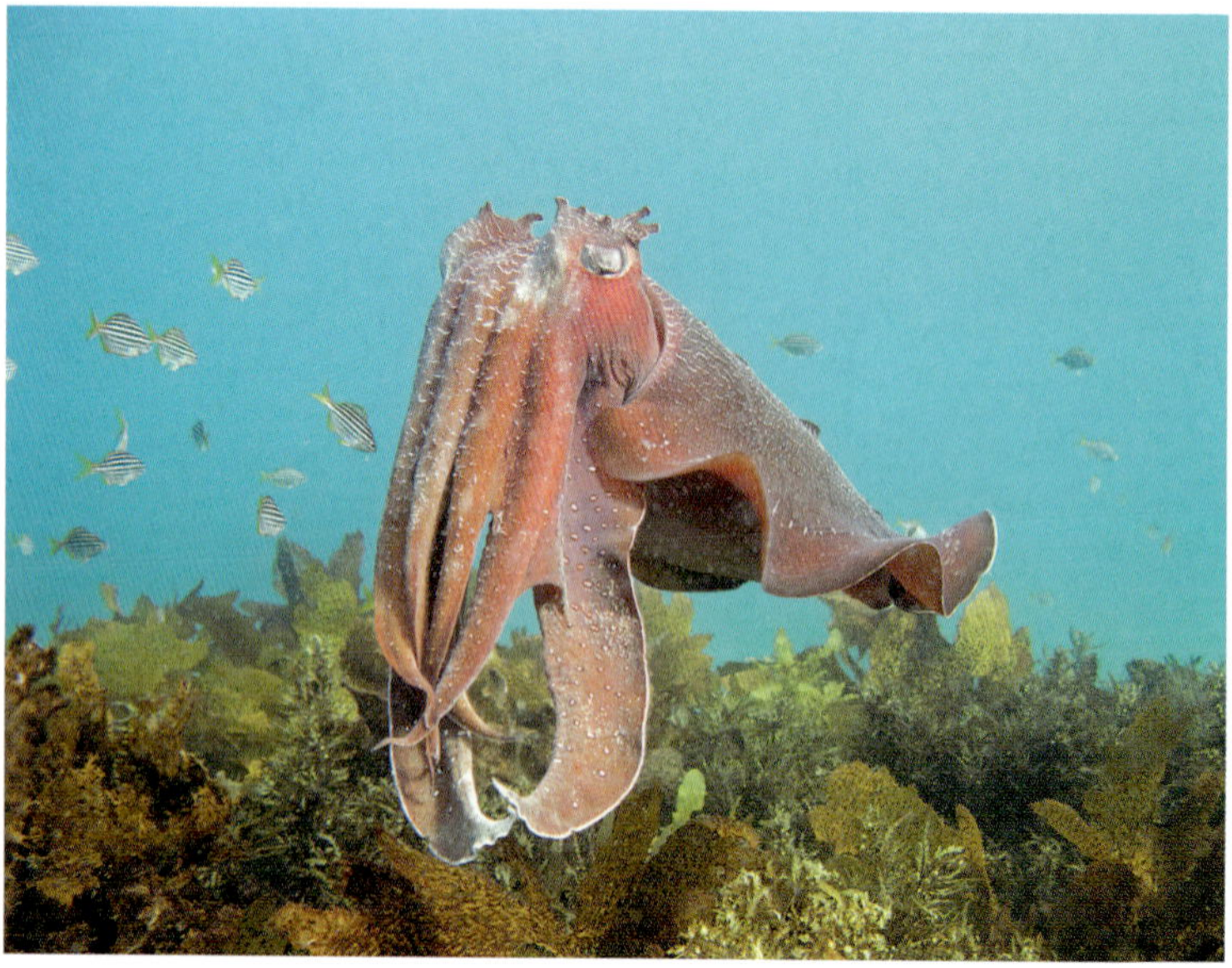

オーストラリアのジャイアント・カトルフィッシュ（学名：*Sepia apama*）．これは本書の第 5 章でも触れている「カンディンスキー」だ．

顔や腕のあたりに加齢に伴う衰えの兆候が見られるジャイアント・カトルフィッシュ.

ジャイアント・カトルフィッシュの「ロダン」. 写真のように, 腕を上げるポーズを取ったまま長い時間, 動かないことがよくある.

ジャイアント・カトルフィッシュの目には，アルファベットの「w」に似たかたちの瞳孔がある．目の周囲には，色素胞があるのが見える．色素胞は，色を発する物質を収めた嚢で，筋肉によって制御される（本書の写真のうち，人工光を使って撮影されたものはこれだけである）．

この二枚の写真は，四秒の間隔をあけて撮影された．色がダークイエローから赤に変わったのがわかる．

二匹のジャイアント・カトルフィッシュが交尾を始めたところ．オーストラリア南部，ワイアラで撮影．左が雄．本書に載せた写真のもの（シドニー近海で撮影）も含め，ジャイアント・カトルフィッシュと呼ばれているイカがすべて同一種なのか，ということについては科学者の間でも議論となっている．今のところ分類上は *Sepia apama* 一種だけが認められている．

ワイアラで撮影した写真．皮膚の多層構造の機構により，ジャイアント・カトルフィッシュはさまざまな色を作り出す．

大きく，人懐こいジャイアント・カトルフィッシュ．すぐそばにカリーナ・ホールの姿が見える．このイカを研究しているホールは，私に多くのことを教えてくれた．

ジャイアント・カトルフィッシュが，色合いの違う赤，オレンジ，シルバーホワイトなどの色を使って複雑な模様を作り出している様子．このページのジャイアント・カトルフィッシュはどちらも，目の上の皮膚に一時的に「ひだ」を作っている．

ためだったと思われる。(11) 頭足類が殻を捨て、鋭い歯を持つ魚が多く棲む海の中を動き回って生きるようになった時から、擬態は食べられないための一つの手段だった。擬態は、信号伝達とは逆である。頭足類が皮膚にさまざまな色をつけるのは元来、誰からも見えず、認識されないようにするためだった。ところが、やがて、一部の種が信号伝達をするようになる。擬態のための機構を、コミュニケーション、情報伝播の手段として使うようになったのだ。この場合、身体に出る色や模様は、交尾の相手や敵など周囲にいる者たちから見られ注目される可能性がある。

身体の色や模様には、擬態と信号伝達以外にもう一つ、両者の中間ともいうべき用途がある。「威嚇ディスプレイ」である。捕食者から逃げる際などに、派手な模様を発するのがそれだ。突然、それまでと違った姿、不気味な姿に変身することで、敵を驚かし、困惑させ、捕食行動を停止させ、できることなら捕食を完全にあきらめさせようとする行為であると考えられている。この威嚇ディスプレイは当然、他者に認識されることになるが、特に何かの情報を伝えるわけではない。単に、相手が混乱し、行動を変えてくれればいいのである。

交尾期になると、ジャイアント・カトルフィッシュの雄は、特定の儀式的なディスプレイを行う。複雑な色や模様を発し、身体をねじれさせる。オーストラリア南海岸の工業都市、ワイアラに近いある場所では、それを最もドラマティックに観察できる。(12) 毎年、冬になると何千という数のジャイアント・カトルフィッシュがそこに集まり、交尾をして、浅い海に卵を産む。なぜ、他ではなくその場所を選ぶのかは誰にもわからない。ただ、頭足類の信号伝達がこれほど活発に行われる場所も他にはなかなかないだろう。

大きい雄は、特定の雌を選び、つがいになろうとする。その雌を独占し、他の雄を寄せつけないようにするのだ。雌を奪おうと別の雄が接近してきた時には、両者が競ってディスプレイを行う。二匹の雄は水の中で隣り合わせになる。互いの距離はごく近い。どちらも腕をできる限り伸ばす。身体を緩やかにカーブさせることも多い。色の変化や模様がとても華やかになる。時には、腕をある方向に伸ばしていたかと思うと、一八〇度回転して、今度は反対の方向に伸ばすこともある。決して何か混乱して回転してしまったというのではなく、あくまで意図的に回転しているように見える。洗練されたフランス国王の宮廷でのダンスのような動きだ。一方、腕を伸ばす動きのほうは、ヨガのようでもあるが、相手への対抗意識を感じさせる激しいものである。

このヨガと宮廷舞踏会を見ると、雌はどちらの雄が大きいかを見極めることができる。そして、ほぼ確実に勝つのは大きいほうの雄だ。小さいほうは身を引く。そして雌は水の中で静かに動き出し、新しく夫になりときめいている雄のそばに行くことになるだろう。二匹はともにその場を離れて行く。ジャイアント・カトルフィッシュの交尾は、結局は動物界の基準から言えば平和なほうになる。交尾は向かい合わせで行う。雄は、正面から近づいて雌を捕まえようとする。雌がそれを受け入れれば、雄は腕で雌の頭を包み込む。そこまでくると、何分かの間、二匹は動かない。その間、雄は、雌に向かって漏斗から絶えず水を吹きつけているようだ。次に雄は自らの左第四腕を使い、精子の入ったカプセルを、雌のクチバシの下にある特殊な容器へと渡す。そして、雄がより素早い動きでカプセルを破くと、二匹は離れる。

ツツイカもコウイカと同様、かなり多く信号伝達を行う。だが中には非常に複雑なもの、役割がよくわからないものも多い。一部、単純明快で、多くの種に共通する信号もある。雄のイカが近づいてきた時、雌のイカの身体にはっきりとした白い縞が出ることがある。これは「あなたは嫌です」という意味だ。ツツイカのこうした信号伝達システムについては、このあとで詳しく触れることにする。ただ、その前に、私がコウイカの身体の色について考えていることをもう少し、大まかにだが書いておきたい。

頭足類の身体の色変化には、擬態と信号伝達という二つの大きな役割があるということは確かだろう。色変化の能力がこの二つの役割のために進化し、維持されてきたのは間違いないだろう。だからといって、身体に現れる色のすべてが、信号伝達のため、あるいは擬態のためにつくられたものであるとは限らない。頭足類の、特にコウイカの発する色には、そのような生物学的な役割以上の表現をするものもあるのではないかと私は考えている。コウイカの発するパターンにはとうていカモフラージュではあり得ないものも多く、それらは周囲に信号を伝えるべき相手がいない時にも見られる。コウイカ、そしてタコの中には、万華鏡のように身体の色を次々に変化させるが、その色変化が外世界で起きていることと何ら関係ないように見える、というものが少なくない。実は、体内で起きている無数の電気的、化学的作用の影響で結果的に色が変化しているだけ、という可能性もある。皮膚の色変化の機構が脳の電気的ネットワークと接続されているとしたら、皮膚に出る色も模様もすべて、実は脳内で起きていることの副産物にすぎない、ということもあり得るだろう。

私はジャイアント・カトルフィッシュの色変化の多くをそう解釈している。身体の内部で起きていることの影響で、結果的に起きていると考えるわけだ。短時間で派手に大きく変わることもあるが、一方でより微妙な変化も起きる。ジャイアント・カトルフィッシュの「顔」のように見える部分、つまり、目から腕のつけ根にかけての部分をよく見ていると、まるで何かをつぶやいているかのように、絶えずわずかに色が変化していることがわかる。それは、色変化のための機構が「アイドリング」の状態にあるという意味なのかもしれない。私は「ブランクーシ」と名づけたイカを何日か続けて観察したことがある。ブランクーシはめったに明るい色を発しないイカだった。だが、よく何本かの腕を妙な具合に組み合わせていることがあった。しかも、彫刻のようにその体勢を私がそばにいる間まったく変えずに維持し続けるのだ。

内側の腕を持ち上げて角のようにし、その先を曲げて海底のほうに向けたこともある。ブランクーシは身体の色よりも、身体の形で何かを表現することを好むイカのようだった。だが、よくよく見てみると、「顔」の部分の色はわずかではあるが絶え間なく変化していることがわかった。他のイカでも、やはり同様に、目の下の部分で絶え間ない色変化が起きるのを観察したことがある。まるで、ひとりでに色が変化するアイシャドウのように見えた。

コウイカが自らの皮膚をかなり細かく、自分の思いどおりに制御できるのは確かだと思う。擬態のため、あるいは威嚇のために素早く形を変えることも自在にできる。ただ、信号伝達にも、擬態にも寄与しない色変化は、進化的に見れば何か別のことの副産物と考えるべきだろう。副産物に大きな害があれば、すぐに抑制されることになったはずなので、今も残っているということは大きな害はないということだ。厳密に言えば、この色変化に何がしかの弊害があることは疑いようがない。色がさまざまに変われればどうしても無意味に周囲にいる動物たちの注意を引いてしまう。その害は、小さい頭足類ほど大きなものになると思われる。ただ、ジャイアント・カトルフィッシュにとってはさほど大きな害にならないのだろう。何しろ、多くの捕食者が狙わずにそばを通り過ぎるだけ、という大きさだからだ。

他の可能性もある。(13) 頭足類の色の感知については推測されることについてはすでに話したが、それに関係している。皮膚の色が変わると、それは、内部にある光受容体に届く光に影響を与えると思われる。したがって、この絶え間ない影響の変化が周囲の色を感知する一つの手がかりになっている可能性はある。

私を困惑させた頭足類の色変化の多くが、実は私が彼らの前に現れたことが原因で起きたらしいと気づいた。だから身体の色を観察する際には、一定の距離を保ち、正面からではなく、横から見るように気をつけている。タコの巣穴のそばにビデオカメラを据えつけ、何時間かその場を離れるということもしている。何者も周囲にいない時にどのような行動を取っているかをそれで見ることができる。そうして観察してみたのだが、私が確認した限り、近くに他のタコが一匹もいない時でも次々に理由不明の色変化をすることがよくあった。タコがビデオカメラの存在に気づき、それを意識していたのかもしれない。あり得ないこととは言えない。ただ、よりストレートな解釈も成り立ち得る。頭足類には、擬態や信号伝達のための高度な機構があるが、その機構と脳との接続の仕方のせいで、奇妙な表現のように見える色変化を避けがたく生んでいるのではないか――あの、彼らの色を使った絶え間ない「つぶやき」を。

ヒヒとイカ

信号には、必ず、送り手と受け手が必要である。視覚的な信号であれば、誰かがそれを見るし、聴覚的な信号であれば、誰かがそれを聴く。送り手と受け手の関係についてもっとよく調べるために、ここでいったん海から陸へ上がって、まったく違う動物に目を向けてみよう。ドロシー・チェニーとロバート・セイファースは、長年にわたり、ボツワナのオカバンゴ・デルタにいる野生のヒヒの調査をしてきた。(14) 二人は、どちらも動物行動学の世界では、特に大きな影響力のある研究者だ。

野生のヒヒの生活は緊張感に満ちている。まず、アフリカには大型の捕食者が数多くいるので、常に襲われる危険にさらされている。また、「社会生活」にも苦労が多い。濃密で移り変わりの激しいヒヒどうしの関係にもうまく対応しなくてはならない。ヒヒは群れで生活する動物だからだ。チェニーとセイファースが調査した集団は、八〇頭の個体から成っていたが、その中には複雑な優劣の順位づけがあった。雌のヒヒは常に自分が生まれた集団に属することになる。そのことによって集団内にはいくつもの家族（母系家族）による階級が形成される。雌のヒヒの優劣は、自分の生まれた家族の優劣によって決まるし、自分の家族内での優劣順位も細かく決まっている。雄のヒヒは、ほとんどが自分の生まれた集団を離れ、「若い大人」として別の集団に属することになる。雄の生涯は雌よりも短く、過酷だ。より多くの暴力にさらされ、体力を消耗し尽くす追いかけ合いも繰り返さなくてはならない。威嚇の応酬も激しい。集団から弾き出されることも、他の雄を集団から弾き出すことも頻繁にある。集団の構造が安定している時でも、ヒヒは雄、雌問わず、他の個体からの挑戦、地位の変化などに直面するし、他の個体との同盟関係、友情を築くこともある。毛づくろいも頻繁にする。

チェニーとセイファースは、著書『ヒヒの形而上学（*Baboon Metaphysics*）』に、こうしたヒヒの生活について注意深く記している。これだけ社会生活が複雑であれば、そこに何らかのコミュニケーションが存在してもまったく驚きではない。しかし、ヒヒがコミュニケーションに使用するのは、非常に簡単な音、三、四種類のコール（声）だけだ。たとえば相手を脅す声、親愛の情を表す声がある。そして相手に服従したと伝えるための叫び声もある。コミュニケーション自体は単純なのだが、チェニーとセイファースによれば、この単純なコミュニケーションが実は高度で複雑な行動を生んでいるのだという。同じ意味の声でも、出し方は個体ごとに明確に違っている。そのため、ヒヒは、その声が集団の中の誰から発せられたのかを聞き分けることができる。つまり、声を聞くだけで、脅したのが誰で、それによって撃退されたのが誰かを皆、知ることができるわけだ。チェニーとセイファースらは録音した音声を再生する巧妙な実験を行い、ヒヒが他の個体の声をいかに細かく聞き分け、複雑に解釈しているかを突き止めた。

たとえば「ヒヒAがBを脅し、Bが脅しに屈した」という様子を、別のヒヒが二頭の姿を見ずに耳だけで聴いたとする。この音声は果たして何を意味するのか。それは、ヒヒA、Bがそれぞれ誰かによって変わってくる。AがBより集団内で優位な個体であれば、この音声は何ら驚きではなく注目には値しない。だが、AがBより劣位の個体だった場合、AがBを屈服させたという音声は驚くべきもので、重要だということになる。これは、階級の順位に変更があったことを意味し、集団内の多くの個体に影響を与える事実だ。この実験では、重要な出来事の音声を聞かされた時、ヒヒの行動は変化し、より注意深くなることがわかった。チェニーとセイファースも言っているとおり、ヒヒは、自分の聞いた声を元に物語をつくり上げているようだ。社会生活を営むうえで、声が非常に役立つ道具になっているということだ。

ヒヒを頭足類と比べてみよう。ヒヒの場合、音声コミュニケーションシステムの送り手側は非常にシンプルである。三種類か四種類のコールを使い分けるだけだ。個体の選択肢は限られており、それを使って行われる対話の種類も多くはないとわかっている。しかし、それを解釈する受け取り手側は複雑だ。コールはそれを元に物語を組み立てられるように発せられているからだ。ヒヒのコミュニケーションは送り手側が単純で、受け手側が複雑ということになる。

頭足類はその反対だ。送り手側は非常に、ほとんど無限に複雑になっている。何しろ、皮膚の上に何百万という数の「ピクセル」があり、それを使って瞬間に発することのできる模様の種類はとてつもない数になる。しかも、それを刻一刻と変えることも可能だ。これが通信チャネルだとしたら、帯域幅は異常に広い。ほぼどのような情報でも伝えることができるだろう。言いたいことを色や模様の信号に置き換える仕組みがあれば、そして、言いたいことを聞こうとする誰かがいれば。ただ、頭足類の場合、社会生活はヒヒほど複雑なものではない。少なくとも現状わかっている範囲ではそうだ（この点に関しては、少しあとに、それから最終章で、読者を驚かすようなことを書くつもりだが、この考えを変えさせるようなことはない。いずれにしても、頭足類がヒヒに匹敵するような社会生活を営んでいると思う人はいないだろう）。頭足類には非常に強力な信号生成システムがあるにもかかわらず、言われていることのほとんどは誰にも気づかれることがない、そう思える。そのとらえ方はおそらく誤っているのだろう。意味を解釈する者がいないのだから、本当はそもそもほとんど何も発信されていないと考えるべきなのかもしれない。だとしても、頭足類のこうした性質、皮膚の「つぶやき」により、内部で起きていることの多くが外部からわかるのも確かだ。

パナマで活動していた二人の研究者、マーティン・モイニハン、アルカディオ・ロダニチェは、一九七〇年代、八〇年代に、頭足類の中の一種、アメリカアオリイカの信号生成について詳しく調べ上げ、記述している。(15) 二人は、野生のアメリカアオリイカを長年にわたって追跡し、その行動を仔細に記録していったのだ。その結果、生成される模様に非常に複雑なパターンがあること、イカには視覚的な「言語」があると言ってもいいほどの複雑さであることを発見した。文法があり、名詞、形容詞といった品詞もある言語ということだ。これはきわめて過激な主張だった。二人は、調査の結果を論文にまとめあげ、権威ある科学誌に発表した。ただ、発表の仕方は少し変わっていた。論文とともに、個人的な省察を載せ、活発で気まぐれなアメリカアオリイカの世界に少しでも入り込もうと、シュノーケルで根気強く追いかける様子を紹介したりもしたのだ。論文には、ロダニチェの描いた美しいイラストも添えられた。ロダニチェはその後、科学研究からは身を引き、アーティストに転身した。

視覚的な言語を持つとの主張の根拠は、まずアメリカアオリイカのディスプレイの複雑さである。ディスプレイは、色と身体の姿勢の組み合わせによってつくられる。一部のディスプレイは、すでに触れたジャイアント・カトルフィッシュのものと似ていて、それを小さくしたようなものである。モイニハンとロダニチェは、そのディスプレイの変化を自分たちが見たままの順に記録していった。「目の上の部分が金色になった。腕が黒くなり、下を向いた。黄色い斑点が出た。腕の先端が上を向き、渦巻状になった……」といった具合に。私も、中米ベリーズの岩礁でアメリカアオリイカを見つけて追いかけたことがある。確かに二人と同じように私も、色も姿勢も非常に複雑に変化するのに驚いた。しかし実は、モイニハンとロダニチェの主張には内部矛盾がある。その矛盾には彼ら自身も気づいていたが、正面から向き合うことはしていなかったようだ。コミュニケーションというのは、発信と受信が対になってはじめて成立する。話す側と聞く側、信号を生成する側とそれを解釈する側が必要だ。両者が互いを補い合う。モイニハンとロダニチェは、アメリカアオリイカの非常に複雑な信号生成について記録し、論文にまとめはしたが、その信号にどのような効果があるのか――つまり信号がどう解釈され得るのか――ということについてはほとんど何も言っていない。交尾の際いくつかの明瞭な信号生成とそれに対する応答が見られたことを明らかにしたが、彼らが記録した信号の大半は、交尾とは無関係の状況でも生成されるものだった。

二人は、アメリカアオリイカには、合計で約三〇種類の儀式的なディスプレイがあることを突き止めた。また、そのディスプレイの提示順序、組み合わせに多数のパターンがあることも確認した。彼らは、そのパターンには何らかの意味があるはずだと主張したが、ほとんどのものは具体的に何を意味するのかわかっておらず、このような発言もしている。「われわれには、現在のわれわれの知識では、常にどの場合でもメッセージの違いを見分けられないし、観察されたどのパターンの組み合わせにどのような意味の違いがあるかもわからない。だがそれでも、順序、組み合わせが明確に異なる二つのパターンがあれば、その二つの間には必ず機能的な違いがあるはずだとわれわれは考えている」。たとえば、二匹のイカがいる時、その二匹の間に生じる関係が決して複雑なものでないことは、彼ら自身も認めている。だとすればなぜ、イカにそれほど複雑なディスプレイが必要なのだろうか。

これは大きな謎だ。信号の種類が実際にはモイニハンとロダニチェが主張するほど多くなかったとしても、視覚的な言語とまで言ってしまったのは大げさだとしても、なぜ、イカがこれだけ多くのことを言っているように見えるかという疑問は残る。色、姿、ディスプレイの連続には、すぐにそれとはわからないさまざまな社会的な役割があるのかもしれない。後の研究者の多くは、モイニハンとロダニチェの業績の中でも、この部分に関しては少し懐疑的だった。だが、まだ私たちにはわかっていない何かが隠されているのではないだろうか。

アメリカアオリイカは、頭足類の中では社会性の高い部類に入る[16]。ヒヒと頭足類とは好対照であることが、納得いただけただろうか。頭足類は、歴史的に擬態の必要があったためか、非常に高い表現力を持つ。そしてテレビの画面のような機能を持つ皮膚は、脳に直結されている。その機能により、コウイカをはじめとする頭足類は、多数の信号を発する。生きている間は絶えず信号を発し続ける。この信号の少なくとも一部は、他者に見られるために進化したのだと考えられる。時には擬態のために、また時には敵や交尾の相手に見られるために。頭足類はそれ以外にも、皮膚という「スクリーン」を使って絶えず何かを話し、つぶやき、また偶然何かを表現しているように見える。頭足類が仮にまだ知られていない能力で色を知覚できるのだとしても、頭足類の発する数多くの色の信号は、誰にも受け取られることなく消えてしまうことになる。一方、ヒヒの場合、発する言葉はごく少なく、単純なものだ。コミュニケーションチャネルは非常に限定的なものである。だが受け取り手は、そこから多くの情報を得る。

頭足類にしても、ヒヒにしても、そのコミュニケーションは私たちの目には不完全なもの、未完成なものに見える。進化は特定のゴールに向かうものではないので、不完全、未完成という見方は適切ではないのだが。進化には方向性がない。人間も、他のどのような生物も進化のゴールではないのだ。しかし、どうしても私には、頭足類、ヒヒともにどこか未完成に見えてしまう。信号とは本来、双方向性のもので、送り手と受け手、信号をつくる側と解釈する側が並び立っているものである。ところが、頭足類にしろ、ヒヒにしろ、どちらか一方に偏った状態になっている。ヒヒは、メロドラマのような生活を送っており、恐ろしくストレスも多い複雑な社会にいる。にもかかわらず、情報を発信するための手段は非常に貧弱だ。反対に頭足類の場合、社会生活は非常に単純なもので、したがって言うべきことも非常に少ない。にもかかわらず、異様なほど多くの表現をする。

シンフォニー

ある夏の日、私は夕方近くなってからお気に入りの場所にスキューバをつけて潜った。前にジャイアント・カトルフィッシュの巣穴を見つけたところだ。たくさんの大きなイカたちをそこで見た。その日も、私は一匹のジャイアント・カトルフィッシュに遭遇した。中程度の大きさで、おそらく雄だ。少し離れた場所からでも、鮮やかな色を発しているのがわかった。イカは私が来たことをまったく気にしていないようだった。興味を示すわけでも、警戒するわけでもない。ただそのまま動かずにいた。

私はイカのそばまで行った。巣穴のすぐ近くだ。イカは私のほう、つまり巣穴の外に顔を向けたが、その時、色が変化した。その様子に私は魅了された。目についたのは、いつもの鮮やかな赤やオレンジとは違う、錆びたような色が発せられたことだ。私は赤やオレンジといった色を発しているイカを数え切れないほど見ているし、その色合いも、すでにあらゆるものを見た気になっていたが、その時の色は明らかに今まで見てきたものとは違う、異様な色だった。錆びたような、レンガを思わせるような色なのだ。また、グレーがかった緑や、もう一つ違う種類の赤も見えた。はっきりと何色とは言えない、かすかな淡い色も数多く出ていた。

　しばらく見ているうち、色が変わっていくのに気づいた。どの色も一斉に変わっていく。とてもそのすべてを把握することはできない。まるで、積み重なったいくつもの和音の構成音が一斉に変わっていく音楽のようでもあった。イカは、複数の色を順に変えているか、すべてを一斉に変えているかしていたのだが、その時は見ていてもどちらなのかよくわからなかった。気づくと色のパターン、組み合わせは少し前とは全部変わってしまっている。同じ組み合わせが少しの間続くこともあれば、またすぐに違う組み合わせに変わることもある。ダークイエローとペールブラウンの組み合わせが、次の瞬間には、よく見る赤と別の種類の赤の組み合わせに変わっていることもある。いったい、これは何をしているのか。海の中もゆっくりと暗くなっていたし、イカのお気に入りの岩棚の下は、もうすっかり暗くなっていた。身体を動かしてのディスプレイはほとんど見られない。私はイカと一定の距離を保ち、できるだけ動かず、呼吸もできるだけしないよう注意していた。私のほうを向いている目はほとんど閉じられていたが、コウイカは、ほとんど閉じているように見える目でも、実はよく見えているということがあるからだ。私は経験でそれを知っていた。

　イカの目は暗くなっていく海を見ていた。目の先では、黄色と緑の混じった海藻が揺れている。もしかすると、この海藻の動きによって、イカの皮膚で受動的な色生成が起きるのではないかと私は思った。入ってくる光を反射して変化するということだ。ところが、実際の色変化はもっと秩序立ったもののようで、現れる色の多くは周囲には似た色の物がないような色だった。自らの内なる要請に従って色を出しているらしい。

　私は海藻の中に入り、うずくまった。イカは私にほとんど注意を向けない。もしかしたら眠っているのではないか、完全には眠っていなくても、深い休息状態で半分眠っているようなものなのではないかと思った。脳の中でも皮膚を制御する部分は機能していて、他の部分は眠っていても、それ自体で色を変える作業を続けているということはあるかもしれない。これは、イカが夢を見ている時に出る色なのだろうか。犬は夢を見ている時、小さく甲高い声を出しながら、前脚を動かすことがあるが、それに似ている。イカはほとんど動かない。同じ場所に浮かび続けるために、漏斗とヒレが時折、動いて微調整をするくらいだ。身体的な活動をできるだけ少なくしようと努めているようにも見えた。唯一の例外は、皮膚の色や模様を次々に休まず変えていることだけだ。

ところがその後、急に様子が変わった。イカが身を引き締め、姿勢を整え直したかと思うと、長いディスプレイの連続を始めたのだ。私が見た中でも、最も奇妙なディスプレイの連続だったと思う。特に奇妙だったのは、その数々のディスプレイには、見せるべき相手も、目的もないように思えたことだ。ディスプレイを続けている間、イカはほぼ私には背を向けていた。腕を後ろに引いてクチバシを露出させたかと思うと、次の瞬間には、腕をすべて下げて、ミサイルのような形になったりもした。次に、皮膚から燃えるように明るい黄色を発した。私は何度も周囲を見て、イカが誰か――他のイカや私以外の招かれざる動物――を見ていないかを確認した。だが、やはり誰も見当たらない。途中、イカは身体の上半分を横向きに倒すディスプレイもしていた。これは、雄どうしが争う時によく見られるディスプレイだ。その後、最も異常で、最も苦しそうな姿勢になった。皮膚を突然、真っ白に変え、腕をすべて後ろに引いたのだ。一部の腕は頭の上に、残りの腕は頭の下に向けた。これを最後に動きが止まった。私はイカから離れ、少し浅いところへと移動した。巣穴から遠く離れはしなかったが、イカの正面にあたる位置にはいないよう気をつけて、動きがおとなしくなったイカを見ていた。やがてまた急に荒々しい、攻撃的な動きを始めた。

腕を真っ直ぐに伸ばして剣のようにし、全身を輝くような黄色みがかったオレンジに変える。まるで突然、一斉に不協和音を大きく鳴り響かせたオーケストラのようだった。腕は針のように細くなり、身体はごつごつとした突起で覆われ装甲車のようになった。その状態で少し周囲を動き回る。時々、私のほうを向いたかと思うと、また別のほうを向く。これは私に向けた行動なのだろうか、と思ったが、どうも違う。ディスプレイなのかもしれないが、私だけにではなく、全方位に向けたものに思える。第一、この新たな行動が始まって鮮烈な黄色－オレンジと針の腕が現れた時には、私はイカから少し離れていたのだ。

　私のほうはほとんど見ないまま、イカのディスプレイはやがてピークを超えて穏やかなものになっていった。一応、ディスプレイをいくつか続けていたものの、あまり激しいものではない。そしてついにはまったく静かになった。腕は下ろされ、皮膚の色も私が最初に見た時の状態に戻った。赤、赤褐色、緑が順に発せられるが、どれも派手なものではない。イカは身体の向きを変え、私のほうを見た。

　その時、海の中はかなり寒くなっていたし、すっかり暗くなってもいた。私は同じイカのそばにおそらく四〇分ほどはいたことになる。イカはもう落ち着いてしまった。シンフォニーは終演だ。私は夢から醒めたような気持ちで泳ぎ去った。

6　ヒトの心と他の動物の心

ヒュームからヴィゴツキーへ

イギリスの哲学者、デイヴィッド・ヒュームが一七三九年に出版した『人間本性論』には、哲学の歴史の中でも特に有名な一節がある[1]。その文でヒュームは、自己とは何かを追究し、そのために自らの心の中を見つめている。ヒュームは、自分の中に永続的な存在、数々の経験があっても、混乱しても変わることなく同じように存在し続けるものを探したのだ。しかし、そんなものはどこにも見つからなかったとヒュームは言う。見つかったのは、次々に現れては消える心象、一時的な感情、そんなものばかりだ。ヒュームはこう述べている。「私が『自己』(myself)と呼ぶものにもっとも深く分け入るとき、私が見つけるものは、常に、熱や冷、明や暗、愛や憎、苦や快など、あれやこれやの個々の知覚である。私は、いかなるときにも、知覚なしに自己を捉えることが、けっしてできず、また、知覚以外のものを観察することも、けっしてできない」(『人間本性論』(第1巻)木曾好能訳)。彼を成り立たせているのはさまざまな知覚であり、それ以外には何もないということだ。人間とは、表象や感情が集まった束にすぎず、しかもどの感覚も感情も「想像を絶する速さでたがいに継起し、絶え間のない変化と動きのただなかにある」という。

ヒュームの内省は、この章の冒頭に置くのにふさわしいと私は思った。この本を読んでいるすべての人に彼と同じような内省が可能である。ヒュームは確信を持って発言しているが、実際に自分の心を見つめてみると、きっと彼が言及しなかったものが少なくとも二つあると気づくはずだ。まず、ヒュームは、内面で知覚は次々に別のものに取って代わられるとしていた。しかし、正確には、常に二つ以上の知覚の組み合わせが存在していることに、誰もが気づくだろう。私たちの経験は通常、視覚、聴覚、触覚などの情報が組み合わさることで形作られる。情報は一つずつ順に入ってくるわけではなく、常に複数の情報が入ってきて組み合わされる。時間が経つと、ある組み合わせが消え、別の組み合わせが代わりにその位置を占める。

ヒュームが見逃したもう一つのものはより明白である。自らの内側を見つめてみれば、そこに常に内なる声の流れがあることにほとんどの人は気づく。意識とともに生きている限り、私たちは常に心の中で独白をしている。言葉は完成した文になっていることもあれば、断片的なフレーズということもある。驚きの叫び声もあれば、何かについての長々とした説明もあるだろう。誰かに投げかけたい言葉、あるいは投げかけたかったができなかった言葉もあるに違いない。ヒュームはそれを見つけられなかったのだろうか。独白が顕著な人とそうでない人がいるのかもしれない。ヒュームがたまたま、独白の少ない人だったということか。それはあり得ない話ではない[2]。しかし、ヒュームは自分の独白の存在に気づいたが、大量に流れる情報の一部だと考え、特別なものとみなさなかったという可能性のほうが高いだろう。内なる声と、色や形、感情などを同等なものとみなしたことになる。

ヒュームがその哲学において何を課題としていたかを知ると、内なる声に無関心だったことも不思議ではないとわかる。彼が打ち立てようとしていた理論にとってそれは、さほど重要なものではなかったのだ。

ヒュームは、彼の時代より半世紀ほど前にアイザック・ニュートンが物理学の世界で打ち立てた理論に大きな影響を受けていた。ニュートンは、この世界を、運動の法則や、互いの間にはたらく引力（重力）の法則に支配された小さな物体の集合とみなした。ヒュームは、人間の心にも同様の説明が成り立つのではないかと考えたのだ。そして、感覚的印象と観念の間にはたらく「引力」を発見したとし、これはニュートンが発見した、物体間にはたらく引力と相補的なものだと主張した。ヒュームは、物理学と同様の体裁を持つ心の科学を欲していた。その科学においては、観念を心の原子のように扱う。その目的からして、ヒュームの考える人間の心に内なる声という要素が入り込む余地はなかった。ヒュームの個人的な心の観察結果は、彼の哲学的目的により合うものだった。ヒュームから二世紀近く後、ヒュームとは大きく異なった世界観を持つアメリカの哲学者、ジョン・デューイが現れ、このように述べた。「ヒュームが自分自身の内部を眺めるときにいつでも、絶え間ない流れのなかに見いだした『観念』は、沈黙のうちに語られる言葉の連続であったということは、全くありうることである」(3)（『デューイ＝ミード著作集4　経験と自然』河村望訳）

デューイの発言とほぼ同時期、ソ連の若き心理学者、レフ・ヴィゴツキーは、思考や子供の発育についての新しい理論を打ち立てた。当時は、ロシア革命から間もない動乱の時期だ。ヴィゴツキーは現在のベラルーシで、銀行家の息子として生まれている(4)。一九一七年にロシア革命が起きた頃、彼はまだ大学を出たばかりだった。その後、しばらくの間は地方政府でボルシェビキとともに仕事をする。マルキストの思想を支持し、その思想に沿って心理学の理論を構築することになる。子供は成長するにつれ、外界からの刺激に単純な反応をするだけだったのが、複雑な思考ができるようになるが、ヴィゴツキーは、その際には発話《スピーチ》の媒体が内面化していくと考えた。

通常の発話では、誰かが何かを話し、別の誰かがそれを聞く。発話には、物事を秩序立てる効果がある

——会話をするうちに、混乱していた考えが整理されることもあれば、あちこちに分散していた注意が特定の事象に向かうこともある。また、すべきことにどういう順序で取り組むべきかがよくわかる場合もある。子供は、ある程度、話ができるようになると内なる声（内言、inner speach）を獲得する、とヴィゴツキーは考えた。子供の言語もすぐに、外に向かう発話と、内に向かう発話に枝分かれするということだ。ヴィゴツキーにとっての内なる声は、単に声のない言葉というだけではない。それには口から発する言葉とは違う、独特のパターン、リズムがある。そして、この言葉があるおかげで、思考を秩序立てることができる。

ヴィゴツキーはソ連から出たことはなく、また国外の学者との交流も乏しかったため、西側の国々では彼の影響は大きくなかった。一九三〇年頃には、個人的、精神的な危機に陥って苦しんだことから、それまで自分が打ち立てた理論に修正を加え始めた。また、自分の業績の中に「ブルジョア的」な部分があると非難され、身の危険があったのでそれにも対処することになった。ヴィゴツキーは一九三四年に死去している。まだ三七歳の若さだった。

一九六二年、ヴィゴツキーの著書の英訳版『思考と言語』が出版された。ヴィゴツキーは今でも、心理学の世界では異端の存在と見られている。マイケル・トマセロのように、著名な心理学者の中にもヴィゴツキーの影響を認める人がいなくはないが[5]、その数は少ない（私がヴィゴツキーの名を知ったのも、トマセロの有名な著書の謝辞に彼への言及があったからだ）。ヴィゴツキーの影響が直接認められているか否かにかかわらず、人間の心と他の動物の心との関係を理解するうえで彼の描いたモデルはますます重要さを増している。

言葉が人となる

言語には、そして言葉を話し、聞き取る能力には、心理学的にどのような役割があるのだろうか。ここで特に注目したいのが、「心の中でとりとめなく話すこと」の役割である。これに関しては鋭く対立する二つの見方がある。内なる言葉は、ただ意味もなく泡のように心の表面に自然に湧いてくるだけのもので、たいして重要なものではないと思う人もいるだろう。だがヴィゴツキーのように、それを非常に重要な道具だと考える人もいる。チャールズ・ダーウィンは一八七一年の著書『人間の進化と性淘汰（*The Descent of Man*）』の中に、次のような短いが有名な言葉を残している。ダーウィンは、それが心の中だけのものであれ、外に向かって発せられるものであれ、ともかく言葉は複雑な思考に不可欠だと考えた。

人間の初期の祖先の心的能力は、最も不完全な形の発話が始まる前においてさえも、現生の類人猿のそれよりもずっと発達していたであろうが、言語を使用し、それを進歩させてきたことこそが、思考の流れを長くたどることを可能にさせ、それを促進させることによって、人間の知力に影響を与えてきたに違いない。長い計算を、数字や代数を使わずに行うことはできないが、長く複雑な思考の流れをたどることも、声に出すか出さないかは別として、言葉の助けなしに行うことはできない。

（『人間の進化と性淘汰』（第Ⅰ巻）長谷川眞理子訳）

一見、ダーウィンはごく当然のことを言っているように思える。複雑な思考、たとえば、ある前提から始め、そこから一つ一つ段階を踏んで結論に至る、というような思考には言語か、それに類したものが絶対に必要だという見方だ。脳内で複雑で秩序立った情報処理をするには、言語が不可欠なように思える。

しかし、こう言ってしまうと、正しくないことを言っていることになる。言葉の助けなしに頭の中で非常に複雑なことが起きる動物がいることが今は明らかになっているからだ。たとえば、前の章で例にあげたヒヒがそうだ。ヒヒは、敵味方の関係、上下関係の複雑な社会集団の中で生きている。ヒヒの発するコールは三、四種類しかなく、どれも単純なものばかりだ。だが、この単純な声を聞き取ったヒヒは、非常に高度で複雑な情報処理を行う。ヒヒは個体ごとの声の違いを聞き分けることができる。同じ声の組み合わせでも、どの個体から発せられたかで意味は変わってくる。誰がどの声を発したかを聞いて、ヒヒたちは、自分の周囲で何が起きているのかを正確に把握することができる。自分たち自身が言えるよりもはるかに複雑な情報を受け取ることになる。ヒヒは物語《ナラティヴ》をつくるのだが、彼らはそのために、自分たちのコミュニケーションシステムで表現できることをはるかに超えた情報をまとめあげる手段を持っている。

ヒヒは説得力のある例だが、同じような例は他にもある。最近では鳥類に関する研究が着実に発展しており、驚くべき発見が相次いでいる。たとえば、カラスやオウム、カケスをはじめ食べ物を蓄える鳥など、鳥類の一部には非常に優れた能力があると確認された。ケンブリッジ大学のニコラ・クレイトンらは、長期間にわたり多数の調査を行い、そうした鳥は一〇〇箇所以上にさまざまな食物を蓄えることができ、しかもあとから蓄えた食べ物を回収できると突き止めた。[6] 自分がどこに食べ物を置いたかだけでなく、どこに何を置いたかまで正確に記憶できるという。だから食べ物の中でも傷みが早いものは、長持ちするものより早めに回収するようにしているとわかった。

ヴィゴツキー自身、二〇世紀はじめの時点で、こうしたことに少し気づいてはいた。動物も実は複雑な思考をしているという研究結果がすでに少し出始めていたからだ。彼の理論を打ち砕く可能性がある研究結果だ。複雑な思考には言語の内面化が必須だと考えていたヴィゴツキーだが、やがてチンパンジーを対象にしたヴォルフガング・ケーラーの研究について知った。ケーラーはドイツの心理学者で、第一次世界大戦前後の何年かの間、カナリア諸島テネリフェ島の調査所で研究活動をしていた(7)。テネリフェ島でケーラーの研究対象となったのは九頭のチンパンジーだ。特に、新奇な環境に置かれたチンパンジーたちがどのようにして食物を手に入れるのかということに注目して観察をした。ケーラーによれば、チンパンジーたちは時に見事な「洞察力」を発揮したという。はじめて直面したはずの問題を、自分の力でいくつも解決してみせた。最も有名なのは、チンパンジーたちが、そばにあった箱をいくつも積み重ね、その上に乗ることで高いところにある食べ物を取ったという事例だろう。ケーラーの研究により、必然的と考えられた言語と複雑な思考の結びつきが意外に弱いことがわかってきた。

後に、人間にも実は同様のことが言えるのだとわかる。カナダの心理学者、マーリン・ドナルドは、一九九一年に出版された自身の著書『近代精神の起源（*Origins of the Modern Mind*）』の中で、ある二つの自然実験（研究者が人為的に被験者を集め、条件を整える実験ではなく、現実の世界に偶然生じる現象を観察する実験）について記している。一つは、手話もない無文字文化に暮らす聾者の生活を観察するという自然実験だ。もし言葉がなければ複雑な思考ができないとすれば、無文字文化の聾者は生活に支障をきたす場面も多いと想像されるが、実際の彼らは予想以上に「普通の」生活をしていたというのがドナルドの主張だった。もう一つは、「ブラザー・ジョン」と呼ばれる、フランス系カナダ人修道士の注目すべき事例だ(8)。ブラザー・ジョンについては、アンドレ・ロシュ・ルクールとイヴ・ジョアネットの一九八〇年の論文に詳しく書かれている。ブラザー・ジョンは、普段は他の人たちと変わらない生活を送ることができるのだが、時々、失語症のひどい発作に襲われることがある。そのような発作の時期にはブラザー・ジョンはまったく言語を使用できなくなった。話すことも、聞いて言語を理解することもできなくなったのだ。声を出して話すことだけでなく、心の中で話すこともできない。その間、彼に意識はあった。発作は公共の場で起きることもあり、その場合、彼は自らの力でできる限りの工夫をして対処することになる。論文には、ブラザー・ジョンが鉄道で街へ出た際に発作に襲われた話が出てくる。彼はその状態でホテルを探し、食事の注文もしなくてはならなかった。ブラザー・ジョンはすべてを身振りで相手に伝えた（メニューも読めないはずだが、適切だと思った場所を指差して注文した）。その間、彼の心の中では言葉が発せられることは一切なかった。言葉を使って思考や行動を整理することはできなかった。複雑な思考に言語が不可欠であるという考え方が正しいのだとしたら、ブラザー・ジョンの行動はもっと制限され、これほどうまく状況に対処することは不可能だったに違いない。ブラザー・ジョン本人は後に、困難な状況だったし、困惑もしたと回想しているが、彼はともかく苦境を乗り越えることができた。発作中も彼は認知的な意味で「その場に存在」していた。

いずれにしろ、極端な考え方をする人は現在では少なくなっている。(9) 言語が思考のための重要な道具であることは間違いない。そして、内なる声は、ただ泡のように無意味に湧いているわけではない。しかし、秩序立った思考をするのに言語が絶対に必要だとまでは言えない。言語は複雑な思考を一手に引き受ける媒体というわけではないのだ。この章の冒頭に書いたとおり、ヒュームは人間の内面について触れながらも、驚くべきことに内なる声の存在をまったく無視した。だが、同様に、ヒュームに対するジョン・デューイの言葉にもあまり賛同できない人は多いのではないだろうか。先に書いたとおり、デューイは「ヒュームが自分自身の内部を眺めるときにいつでも、絶え間ない流れのなかに見いだした『観念』は、沈黙のうちに語られる言葉の連続であったということは、全くありうる」と言ったのだ。もしヒュームがその声の存在に気づいたのだとしたら、それを「熱や冷、明や暗、愛や憎」などと表現したのは間違っていたのだろうか。デューイ自身も、ヒュームがそう表現したものに直面したはずだ。二人の哲学者の提示した一覧はどちらも不完全なものだったということだろう。

私たちの心における言葉の役割は、ダーウィンが主張したものとそう大きくは違わないだろう。ただ、ダーウィンは言葉の重要性を過大評価していただけだ。考えを整理し、操作するという時に、言葉は確かに便利な媒体となる。ハーバード大学の心理学者、スーザン・ケアリーは近年、幼児はいつから選言三段論法を使えるようになるのかを調査した。(10) 選言三段論法とは、「AあるいはBが真である」、「Aは真ではない」、「だとすればBが真である」という形式の三段論法のことである。「あるいは」、「または」といった言葉を知らない幼児は、果たして選言三段論法を駆使した思考ができるのだろうか。ケアリーの調査以前には、たとえその種の言葉を知らない幼児であってもこの思考は可能だと考えられていた。しかし、この調査以後は、やはりそうした言葉を知らない段階では選言三段論法のような認知過程は使えないらしいとわかった（たとえば、A、Bという二つのカップがあり、どちらかの下にステッカーが貼ってあるとする。この場合、カップAにステッカーが貼っていなければ、カップBに貼ってあるはず、という思考ができれば、選言三段論法が使えることになる）。ただし、この種の調査では、原因と結果を区別するのが難しい。しかし、どうやら結果を見る限り、この場合に限っては、ヴィゴツキーが正しいことになるようだ。

内部にどのような仕組みがあってこういうことが可能になっているのだろうか。言葉はどのようにして具現化されるのか。今のところ、わからないことが多すぎて確たることは言えない。しかし、何人かの研究成果を元に考えると、有望なモデルの一つは次のようなものらしい。(11)

私たちが普通に使う話し言葉は、「入力」にも「出力」にも使われる。耳から心に入る言葉が「入力」で、口から発せられる言葉が「出力」だ。私たちは自分の発する言葉を聞くこともできる。自分が話す場合には、同時に自分の言葉を聞くことになるわけだ。何か問題を抱えていて、その解決策を考えたい、という時には、声を出し話しかけるという方法は役立つだろう。私はこの馴染み深い事実を、「遠心性コピー」という、最近、脳科学の世界で重要視されるようになった概念と結びつけて考えたいと思う(12)（「遠心」という言葉は、この場合、「出力」、「行動」とほぼ同じような意味で使われている）。私が何を言いたいかは、視覚を例に取るとわかってもらいやすいだろう。

あなたが頭を動かせば、視線が動く。視線が動けば、当然、それにつれて網膜に映る像も連続的に変化していく。しかし、あなたは周囲に存在する物体に変化が起きたとは認識しない。視線が動いても、常に自分自身の目の動きを相殺しているからだ。また、だからこそ物体が本当に動いた時にはそうだとわかる。ただ、これを可能にするためには、あなたは自身の行動に関する決断を常にどこかで把握していなくてはならない。「遠心性コピーのメカニズム」では、あなたがある行動を決断し、脳から筋肉に何らかの命令が送られた時には、同時に同じ命令の不鮮明な「写し（これをコピーと言ってしまってもそう間違いではない）」が、脳内の視覚入力を扱う部分に送られる。このコピーのおかげで、脳のその部分は自らの動きの影響を考慮することができる。

遠心性コピーという言葉は使わなかったが、本書ではすでに第4章で同様のことを書いている(13)。行動と感覚の間の新しい種類のループがどのように進化したかを考察している。多数の種類の行動する動物たちは必ず自らの行動が感覚に影響を与えるという事実に対処しなくてはならない。感覚に変化が生じた時に、それは外界で重要なことが起きたせいなのか、それとも自分の行動のせいなのかを区別できなければ、困ったことになる。

知覚上の問題を解決する助けになるだけでなく、このメカニズムは動物が複雑な行動を取る際にも役割を果たす。あなたがある行動を決断した時には、このメカニズムを使って脳にこう告げることができる。「これからこういう行動を取るから、物事の見え方はこう変わることになる。注意するように」。ところが、物事の見え方があらかじめ知らされたとおりにならない場合もある。その時は、環境に何か思いがけない変化が生じているのかもしれないし、あるいは行動が予定どおりに進んでいないのかもしれない。Xという行動を試みた結果が、Xという行動として実現したかを確かめる必要がある。たとえば、「目の前にあるテーブルを押す」という行動を取ると決断したとすると、その結果、得られると予測される感触があるはずだ。得られた感触が予測と違った場合には、環境が思っていたものと違っていた（テーブルの脚に車輪がついていた、など）か、思ったとおりにうまくテーブルを押せなかったかのどちらかだということになる。

これを、話すという行為に当てはめてみよう。話すというのは、言葉を思ったとおりに口から発するということだが、これは非常に複雑な行動である。話す際、遠心性コピーのメカニズムは、自分が頭の中で話そうとしている言葉と、実際に話している言葉とを比較するのに使用できる。このメカニズムにより、思ったとおりの言葉が正しく口から出ていることを確認できるということだ。何かを話そうとすると、内部では、話した場合に口から出るはずの音が作られる。内部の音と、実際に出ている音を比較すれば、自分が正しく話をしているか否かが判断できるわけだ。つまり通常、話をしている際には、私たちは同時に心の中で擬似的に話をし、擬似的に自分の声を聞いていることになる。

ここまでのところ、通常の話す行為のこうした隠れた部分は、複雑な行動の制御の助けとなっている。しかし想像上の話し声、内部にある擬似的な言葉たち、文はそれ自体、また別の役割を果たしてきたようでもある。話すつもりの言葉に近いものを想像の中で発することができ、それを使って思いどおりに話せているか確認できるのだとしたら、話すつもりの「ない」言葉を想像上の中だけでつくるまでの距離はそう大きくない。完成した文や、断片的な言葉をつくるのだが、それが純粋に内面だけで役割を果たすということだ。想像上の発話は、それまでにない新たな媒体、新たな行動の場となった。私たちは頭の中で文をつくり、その文によって生じた結果を経験する。私たちは——頭の中でだが——声を聴き、その言葉がどのくらい筋道立っているかを判断する。言葉に対応する考えが筋道立っているかも、ある程度、知ることができる。物事に秩序を与えることや、複数の可能性を一つに集約することもできる。また選択肢を列挙する、自分のすべきことを自分に指示する、自分に何かを強く忠告するといったことができる。

ジョン・デューイについては先にすでに触れた。デューイは、ヒュームの言う内面世界に内なる声が存在しないことを指摘した。ただ、デューイ自身も、この内なる声を重要視したとはいっても、それには余技という程度の役割、あるいは物語を乗せて運ぶ以上の役割はあまりないと考えていた。デューイがその他の役割を考えなかったのは不思議にも思えるが、彼がそれだけ、社交性の高い哲学者だったということかもしれない。人間にとってもっとも重要なことはたいてい内ではなく外で他から見えるかたちで行われると彼は考えていたということだ。ヴィゴツキーは、内なる声に、現在「実行機能」と呼ばれているような役割があると考えた。内なる声があるおかげで私たちは行動の順序を正しくできる（たとえば、まず機械の電源を落としてから、次にコンセントからプラグを抜く、というようなことができる）。習慣や気まぐれに流されずにトップダウン式に自分を律することもできる（うっかりもう一切れ食べてしまいそうな時に、それを抑えることができる）。そして、内なる声は思考実験の媒体ともなり得る（例：もし、光と同じくらいの速度で移動できたとしたらどうなるかを考えてみる思考実験）。その思考実験を通し、何かと何かを組み合わせた結果を予測するなどして曖昧だった考えを明確にすることもできる。内なる声は、ダニエル・カーネマンなどの心理学者の言う「システム2思考」の媒体となるとも言えるだろう(14)。システム2思考とは、人間が意識的に行う、速度の遅い思考のことだ。反対に「システム1思考」は、習慣や直感に頼り、無意識に行う高速の思考のことだ。新奇な状況に直面し、それに対処する時にはシステム2思考が必要になる。システム2思考では、適切な規則に従い論理的な推論をしようとするし、物事の一面ばかり見るのではなく、複数の面から見直そうとする。速度は遅いが強力な武器になり得る。うまく使えば、誘惑に打ち勝って正しい行動を取ることもできる。何か新しい試みをする時に、それが果たしてうまくいくか十分に吟味することもできる。

内なる声は、システム2思考の重要な一部のように思える。心の中で話をすることで、行動の結果を一つ一つ事前に予測することができる。理性によって一時の誘惑に対抗することもできる。ダニエル・デネットは、こうした内なる声によって生じている仕組みを、ジェイムズ・ジョイスの小説に出てくる怒涛のような独白になぞらえ、「ジョイス的機械」と呼んだ[15]。ただ、「遠心性コピー」のような生物界にはありふれた単純なものが、果たして、そこまで強力な機構を生み出し得るものだろうか。ただ、私たちの頭の中に言葉が漂流しているというだけでは、そこまでの結果にはならないのではないか。

ここで一つ重要なのは、内なる声の「聞こえ方」である。頭の中だけで話す時も、普通に声を出して話す時も、実は脳の中の同じような部分を使う。頭の中で話す声は、想像の中にしか存在しないはずだが、脳の使い方があまりに似ているために、簡単に両者を混同してしまうほどだ。二〇〇一年にこんな実験が行われている[16]。被験者に、時々「ホワイト・クリスマス」がかすかに聞こえてくるはず、と事前に告げたうえで、ヘッドフォンで実際には何も入っていないただのノイズを聞かせる。本当に「ホワイト・クリスマス」が聞こえたと感じた被験者には、その時にボタンを押してもらう。すると、被験者の約三分の一が少なくとも一回はボタンを押したという。実際には曲は一度も流されていなかった。この実験の被験者は、事前に曲が聞こえると告げられていたために、聞こえるはずの曲を想像していた。そして、想像上の曲と、本物の曲とを混同してしまったのだ、と一般には解釈されている。頭の中の話し声など想像力によってつくり上げられた音は、脳内には本物の音が聞こえた場合とほとんど同じように広がることになる。内なる声が文をつくれば、同じ文を耳で聞いた時とほぼ同じ処理がなされるわけだ。つまり、頭の中だけで話した場合でも、実際に声を出して話した場合と同様、考えをまとめることや、ある行動を促すことができるのは不思議ではないということだ。統合失調症の人たちは、頭の中にはっきりとした声が聞こえ、それによって行動が阻害され、自我が混乱するほどになることがある。この「聞こえないはずのホワイト・クリスマスが聞こえる」という実験などに見られる現象は、そうした症状が起きる理由を説明する際に引用されることが多い。

内なる声は、複雑な思考に役立つ便利な道具の一つのように見える。他には「空間的想像」という道具もある。頭の中に映像や、物体の形を思い浮かべることだ。イギリスの心理学者、アラン・バデリーとグラハム・ヒッチは、一九七〇年代に画期的な業績を残したが、その中で彼らは「ワーキングメモリ」のモデルを提唱した[17]。ワーキングメモリとは、私たちが何項目かの情報を通常は意識的に一時的に蓄え操作するための領域のことだ。バデリーとヒッチは、ワーキングメモリは三つの要素からなると考えた。一つは「音韻ループ」だ。「内なる声」のような、頭の中で聞こえる想像上の音声を扱う。二つ目は、「視空間スケッチパッド」で、想像上の映像や形状を操作するのに使う。そして三つ目は、この二つの要素の活動を制御する「中央実行系」だ。想像上の映像や形状は、内なる声とは一面では大きく異なるが、複雑な思考の道具となり得るという点では同じで、また、おそらく遠心性コピーのメカニズムを起源としている点でも同じだろう。手を動かす、あるいは身振りをするのに関係する遠心性コピーが起源と思われる。

この領域に関しては今のところまだわからないことが非常に多い。ここの記述にも、重要な部分ですら推測でしかないことがいくつか含まれている。内なる声やそれに類するものの起源が遠心性コピーのメカニズムであるというのも仮説にすぎず、確かな証拠が得られているわけではない。もしかすると、内なる声と空間的想像の起源が異なっている可能性もある。また、両方ともが純粋に私たちの持つ想像力の産物であり、複雑な行動を可能にしてきた古いメカニズムにたまたま似ているだけということかもしれない。

言語と意識的経験

内なる言語が扱う内なる声や空間的想像は、主観的経験に大きな影響を与える。人間は皆、外からは見えない無数の種類の行動のために自由に使える想像上の場所を持っている。そこでは、自分が外に向かって発した言葉を何度も繰り返すことができるし、自分の直面している事象に対して注釈を加えることもできる。誰にも聞かれずに会話をすることもできれば、人知れず自分をおだて、なだめることもできる。いずれも内面での生活の他のすべての要素と同じくらいに活き活きとしているのだ。私たちは、じっと動かずに座って、まったく変化することのない風景を見ている時にでも、内面ではこうしたことで盛んに活動し、混乱の渦の中にいることがある。内なる声は、多くの人にとって内面の生活の中で主観的には突出した存在になっている。だから、内なる声に私たちは圧倒されてしまうことがある。私たちの内面では絶え間なくおしゃべりが続く。そのおしゃべりから逃れるために、人は瞑想の必要を感じるぐらいだ。

この人間の思考の特徴が、私たちの主観的経験の起源とどのように関係しているのか。第4章でも書いたとおり、この説明は大きく二つの部分に分けられる。一つは、ごく基本的な、原始的な形態の主観的経験で、これは動物が持っているさまざまな能力から生じるものである。たとえば、「痛み」などはそうした原始的な主観的経験の例と言えるだろう。物語のもう一つの部分は、もっと洗練された主観的経験の進化についてのものである。意識的経験と言ってもいい。言葉の実質的な意味からすればそうなるだろう。

私は、内なる声やそれに類するものなど、この章で触れた要素が、この話には密接に関係すると思っている。第4章では、神経科学者バーナード・バーズが提唱した「グローバルワークスペース理論」について触れた。バーズは、意識的思考を、内なる「グローバルワークスペース」というものの存在を仮定することで説明しようとした。グローバルワークスペースは、私たちの内面にあって、さまざまな情報を集め、整理、統合できる場所だ。バーズは、脳で起きることの大半は意識にのぼることはないと考えた。しかし、ほんの一部は、このワークスペースへ持ち込まれて意識にのぼると考えていた。

一九八〇年代後半、最初にこの考えが提示された時には、脳の特定の部位と意識を結びつけるような古い考え方にあまりにも近いとみなされた。そこで思考が意識としての光を発するような、特殊な部位が脳の中にあるという見方がかつてあったからだ。バーズはこの空間的な比喩を積極的に利用した。ワークスペースをセンターステージのようなものとみなした。このグローバルワークスペース理論の支持者にとっては、理論のこの性質が泣きどころだったようだ。たとえば、ワークスペースはいったい何によって特別な性質を得ているのか。その中には小人が住んでいるのか。グローバルワークスペース理論は、提唱され始めた当初は、さほど洗練されたものとは見えなかったが、バーズの言うことには一片の真理があったのだろう。そのあと、彼の理論を発展させた研究も行われ、一定の成果をあげている。

バーズの考え方の基本は、まず「人間の主観的経験は一つに統合されている」ということである。複数の感覚器からのそれぞれに異なった情報や記憶からの情報は一つにまとめられ、自分がある全体的な「場面」の中で生き、行動しているという感覚が得られている。二〇〇一年には、フランスの神経生物学者、スタニスラス・ドゥアンヌとリオネル・ナカーシュによって、グローバルワークスペース理論の第二世代とも言うべき理論が提唱された[18]。ドゥアンヌとナカーシュが主張したのは、人間の意識的な思考は、日常の外にある新奇な状況や、慣れない行動と密接な関係にあるということだ。私たちは、慣れない状況に置かれた場合や、何か新しい行動を取る必要が生じた場合に、意識して考え始める。新しい行動を取ろうとすれば、新たな種類の情報を多く取り入れ、まとめなくてはならない。そして、行動の結果、何が起きるのかも注意して見なくてはならない。ドゥアンヌとナカーシュにとって、意識的思考とは、慣れない環境に適応し、慎重に新しい行動を取るために必要なものだった。意識的思考をすれば、新しい状況を「大局的」な観点から把握することもできる。

このアプローチは通常、「ワークスペース理論」と呼ばれるが、これについて語るには常に二通りの方法がある。それを説明するのに二通りの比喩を必要とするわけだ。バーズ、ドゥアンヌ、ナカーシュは、意識のはたらきについて述べる時に、一種の「ブロードキャスト」（放送）についても言及している。ある情報を意識にのぼらせるには、その情報を脳全体にブロードキャストさせなくてはならないと言っているのだ。彼らは時々、ワークスペースとブロードキャスト、その両方が必要であるかのように言うこともあるが（バーズはそのような語り方をする）、一方で、実は一つのことを私たちに理解させるためにあえて二つの比喩を使っているのではないかと思えることもある。

しかし私が思うに、二つの比喩は大きく違っているし、「ブロードキャスト」という言葉は、この場合、比喩と言うべきかどうかも明白ではない。「ブロードキャスト」による統合という考えは「ワークスペース」の考えにとって代わるべきものであって、同じ考えを言い換えたものと捉えられるべきではない。

「ブロードキャスト」という言い方をすれば、「ワークスペースはどこにあるのか」「それを誰が操作するのか」といった疑問は生じない。そこから、内なる声とそれに類するものを、伝播の媒体の一つとみなすことも可能になる。内なる声があるおかげで、情報は脳内全体に広がり、その情報を評価、利用することができるようになると考えるわけだ。脳内のどこかに小さな箱があって、内なる声はそこに閉じ込められているというわけではない。内なる声は、それによって、脳内にループをつくれるような一つの手段なのだ。思考の生成と、思考の受容を結びつけるループだ。それができれば、言語という枠組みに支えられて、ばらばらの情報が一つにまとまり、秩序ある思考となる。

私は、「ブロードキャスト」という理論についても、その理論と意識的思考の関係についても、これで完全に説明できたとは思わない。ドゥアンヌなどの神経科学者たちは、脳内での情報の伝播、あるいは情報の統合のメカニズムについて詳しく調べているが、そのメカニズムの中には、内なる声とは何も関係がなさそうな部分もある。だが、ここに書いたことも物語の一部だろうとは思う。遠心性コピー、内なる声といった概念が、人間の経験の特殊な部分についての説明に役立つにしても、説明の仕方は何通りもある。私が書いたのはその中の一つということだ。

他にはたとえば「高次思考」による説明もある。これはずっと以前から、意識に関係があると見られていた要素である[19]。高次思考とは、簡単にまとめれば、「自分の思考についての思考」だ。自分の現在の経験の流れを一歩引いて眺め、それについて冷静に秩序立てて考えること、と言ってもいい。たとえば、「なぜ自分は今、これほど機嫌が悪いのか」「車が近づいてきたのにほとんど気づかなかったな」といったことを考える。この高次思考は古くから、主観的経験や意識についての理論で役割を果たすものと見られていたが、具体的にどういう役割なのかは不明だった。なかには、どのような主観的経験にも高次思考は絶対に必要だと主張する人もいる。人間以外の動物の大半は、高次思考を持っていないと思われる。つまりこれは、すでに書いた、進化的に新しい動物のみが主観的経験を持つという考え方の特に極端な例と言っていいだろう。一方、高次思考のおかげで主観的経験が生まれたわけではない可能性もある。高次思考はあくまで人間に特有な高度な機能であり、人間の主観的経験を洗練されたものにするのに役立っているだけなのかもしれない。

私はこの二つであれば後者の考えを支持する。高次思考を持つことこそが、人間に見られるような種類の主観的経験をもたらした唯一絶対のステップである、という考え方には賛成しがたい。高次思考は特別に大事な要素には違いないが、あくまで物語の一部でしかない。おそらく、あらゆるかたちの意識的思考の中でも最も鮮明なのは、私たちが自らの思考プロセスに注意を向け、自分の思考について考え、思考を自分自身のものとして経験する時のものだろう。私たちは、言葉を使って考えなくても、自分の内面の状態を観察することはできる。しかし、意識的に「なぜ自分はこう考えたのか」「なぜ自分はこう感じるのか」などと自らに問いかける時は必ずあるし、その際には、内なる声、言葉がそこに関わっていることが顕著になる。私たちが自分の内面を見つめる時には、自分に向かって何かを問いかけることも多いし、自分に向かって説明や忠告をすることも多い。これは無意味なことでもなければ、単なる気晴らしでもない。内なる声がなければとても不可能なことが可能になっているのは事実である。

閉じたループへ

人間の言語がいつから存在するのか、それは誰も知らない――おそらく五〇万年前かそれ以降だと思われるが確かなことはわからない——そして、ごく単純な形態のコミュニケーションがどのようにして言語にまで進化したか、ということに関しても議論が盛んに交わされている[20]。ただ、言語がどのように生じたにしろ、ともかく言語の出現により、人間の進化の方向が大きく変わったことも確かだろう。そして、どのようにしてそうなったかは今のところ推測の域を出ていないが、言語は内面化もされた。思考のための機構の一部になったということだ。この内面化——ヴィゴツキーの考えたような変化——は、進化上、非常に重要な出来事だった。それは、本書で触れた二つ目の重要な内面化である。一つ目の内面化は、本書の第2章ですでに触れたが、何億年も前に起きた。動物が進化を始めたばかりの頃だ。動物を構成する数多くの細胞は、互いの動向を察知し、また互いに信号を送り合う手段、そして外界の環境の状況を知り、外界に信号を発する手段を進化させ、そうした手段に新たな役割を与えた。細胞間で信号を送り合う能力は多細胞生物を作るのに利用され、その中の一部に新しい制御機構が生じた。それが神経系である。

外界の状況を感知し、外に向かって信号を発する能力が内面化して、ついには神経系を生んだ。それを進化史上の重要な内面化の一つとすれば、思考のための道具として言語が使われたのはまたもう一つの重要な内面化だった。どちらの場合も、自分以外の生物とのコミュニケーションの手段だったものが、自分の内部でのコミュニケーションの手段に変化したことになる。この二つは、どちらもここまでの認知機能の進化の歴史の中でも画期的な事件だった。前者は歴史のはじめに、後者はごく最近になって起きた。もちろん、最近だからといって進化の「終わり」に近いわけではない。だが、ここまでの進化の終点に近いのは確かだ。

そうした点で二つの内面化は共通しているが、その他の点では両者は大きく異なっている。信号伝達が内部化し、神経系が進化するのは、ある程度以上、生物が大きくならなくては不可能なことだ。個体と外界を隔てる境界線が拡大したのだ。しかし、言語が内面化しても、生物の境界線がそれまでと変わることはなかった。単に、生物の中に新たな情報の経路が生まれただけだ。

感覚と行動の間での情報の流れは、最初のうちは一方通行で単純なものだったが、やがてもっと複雑なものに進化した。そのことについてはすでに第4章で書いている。最初期には、感覚器から何か情報が入ってくると、それに対応して何らかの出力が起きるというだけだった。どのような行動を取るかが、外からどのような情報が入ってくるかで決まっていたと言ってもいい。細菌においてさえ、これとは反対方向の因果関係の流れはある。行動が後の感覚に必然的に影響を与えるということはある。しかし神経系を持つ動物では、感覚と行動をつなぐループはより豊かになっているし、動物自身が、ループのあり方に関わるのだ。自らの行動が自分と周囲の世界との関わり方を絶えず変えていく。これは、自分の周囲の世界がどのようになっているかを把握したい動物にとって困ったことのようにも思える。自分のしたことによって世界が変わってしまうのだとしたら、世界に何か新しいことが起きても気づけないのではないか。ところが、これが後に強みになる。

一九五〇年、ドイツの心理学者、エーリッヒ・フォン・ホルスト、ホルスト・ミッテルシュテットの二人は、そのことについて語る枠組みを提供した(21)。この章ですでに使った「遠心性」という用語は、元来、この二人のものだ。ここでその枠組みについてもう少し詳しく触れることにしよう。彼らは、遠心性以外に「求心性」という言葉も使った。「求心」は、末梢から中枢へという方向を指す。感覚器から取り入れられる情報を「求心性情報」と呼ぶ。何か外界の事物に変化が生じた際に得られる感覚変化の情報を「外因求心性情報」と呼ぶ。また、自身が何か行動を起こした際、それによって生じた感覚変化の情報を「再求心性情報」と呼ぶ。動物にとって難しいのは、外因求心性情報と、再求心性情報を区別することである。

再求心性情報があることで、知覚が曖昧なものになってしまう。どのような行動を取っても、それによって感覚情報に何も変化が起きないのだとしたら、その方が生きるのはある意味で簡単になるだろう。

この問題への対処に使われるのが、すでに書いた「遠心性コピー」のメカニズムである。私たちがある行動を取る時、脳から筋肉には命令が送られるが、同時に、同じ命令のコピーが、脳内の知覚を扱う部分に送られる。感覚変化の一部に関して「これは自分の行動が原因で起きた変化なので無視せよ」と告げるわけだ。

すでに書いたとおり、再求心性情報は混乱の元にもなるが、役に立つこともある。役立つかたちで自分の感覚に自分で影響を与えることがあるのだ。知覚への余分な影響を取り除けるという話ではない。知覚に情報を供給するために行動を利用できるということだ。簡単な例をあげよう。自分用のメモとして何かを紙に書き留めておくとする。その紙はあとで見ることになる。何か行動を起こして環境を変化させておくと、あとでその結果を知覚することができる。それによって、あとになって、その時点で知っていることを踏まえて筋の通った方向に行動を起こすことができるというわけだ。

この、あとで自分で読むためのメモを書く、というのが、再求心性ループを作ることに近い。これは、自分自身の行動を原因としない事象だけを知覚したい、というのとは違う——感覚のノイズの中から外因性求心性情報を探そうというのではない。メモにそれを書いたことまで含めてあなたの以前の行動の帰結全体をなすものと捉えたいのだ。書かれているものを他の誰かのしわざだとか紙の劣化で生じた文様だとかでなく、あなた自身の行動の帰結だと捉えたい。自分の現在の行動と未来の知覚との間のループを確実なものとしたい。これは一種の外部記憶をつくることだ——それは、ものを書くという行為が最初期に担っていた役割の大半が、ほぼ間違いなく、外部記憶をつくることだったことにも通じる（古代の商品目録や、取引記録が実際に大量に見つかっている)。また、おそらく絵画にも、文字の場合ほど確証はないが、同様の役割があったと思われる。

文字で書いたメッセージが他者に向けられていれば、それは普通のコミュニケーションということになる。だが、自分自身が読むために何かを書いたとすれば、それは主に時間経過への対策ということになる。簡単にまとめれば、記憶の代わりに使うということだ。しかしこの種の記憶は、一種のコミュニケーションであるとも言える。(22) 現在の自分と未来の自分との間のコミュニケーションだ。日記にも、自分用のメモにも、情報の送り手と受け手がいる。通常のコミュニケーションにかなり近い。

本書の第2章では、個体間のコミュニケーションの果たし得る二つの役割についても書いた。初期の神経系がその持ち主に対して何をしていたのか、ということに関しては二つの異なる見方があるが、二つの役割は、この二つの見方に対応づけることができる。一つは、感覚と行動とを合わせる役割、いわば「ポール・リビアの提灯」の役割だ。もう一つは、行動の際に身体の各部分の動きを調整する役割である。これは、ボートにおける「コックス」のような役割といえる。すでに書いてきたとおり、ほとんどの時、神経系はこの二つの役割を同時に果たしているのだが、それでも二つを区別することに意味はある。ただ、ここまで来れば、第2章の議論では明瞭でなかった両者の間の結びつきにも気がつくだろう。

あとで自分に何かの仕事をさせようとして、何か書き留めておいたとする。未来の自分が感覚することを期待して書き留めるわけだ。その意味で、これはポール・リビアの提灯と同じようなものと言える。しかし現在の自分がそのメモを書くことで、未来の自分がその仕事を仕上げる。外部の世界の因果関係のループを利用する点が神経系とは違うが、その意味で、このメモはボートのコックスのような行動の調整役となるとも言える。今、メモを作り、そのメモを未来の自分が感覚するというかたちで行動が調整されることになる。

有用なループには身体の外側を通るものもあれば、内側を通るものもある。遠心性コピーは内部のメッセージであり、神経系内部の活動でもある。頭を動かしても、世界が止まったままに見えるのは、内部にそれを可能にする手段があるおかげだ。行動が感覚に影響を与えることによって生じる問題を、内部のメッセージを利用することによって解決するのだ。ただ、このような内部のループは、外部のものと同様、新たな可能性と資源をもたらし得る。本書ですでに書いてきたとおり、内なる声が生まれたのも、そうした新たな可能性と資源のおかげだと考えることができる。言おうとすることのコピーがつくられれば、外からはわからない内面だけの静かな行動が生じる——それがまた新たな可能性を生み、考えを整理することや、自らを律することに役立つ。内なる声は再求心性情報に少し似ている——行動の結果が感覚に影響を与えるのに似ている——が、内なる声は内面だけのものであり、誰にも聞こえることはない（少なくとも、普通に機能している限りは）。内なる声に、脳内に情報を伝播させる「ブロードキャスト」のようなはたらきがあるとしたら、それは自分に向かって声を出して話しかけた時や、自分に向かってメモを書いた時に生じる再求心性ループに似ていることになる。ただし、内なる声によるループはあくまでも身体の中だけで完結し、外からはその存在は察知できない。静かで自由に利用できる実験の場となる。

人間の心を、この種のループが無数に集まってできているものと考えることもできる。そう考えると、人間や他の動物に対する見方が変わるのではないだろうか。「他の動物」には、本書の主テーマである頭足類も含まれる。頭足類には、皮膚という表現力豊かな媒体がある。色や模様を次々に、自由に変化させることのできる媒体だ。ただ、この媒体は複雑なループを生んでいるわけではない（皮肉なことに、頭足類の目では色を認識できない。また、この事実を脇に置いたとしても、複雑性を生んでいないのは確かだ）。皮膚に現れる色や模様は、たとえどれほど複雑なものであっても、受け取り手のいない一方通行のものである。頭足類は、自らの発する色や模様を、人間が言葉を聴くように認識するわけではないのだ。また、遠心性コピーのような機能のために、皮膚の色や模様を利用するというわけでもない（すでに書いたとおり、頭足類は皮膚の色素胞を利用して色を識別しているという説もあるが、それはまだ推測の域を出ない）。頭足類のディスプレイには大変な表現力があるが、ペアやグループでなく、単独の頭足類を見ている限り、そのディスプレイは多くのループ、フィードバックに組み込まれているようには思えない。おそらく、そもそも組み込まれ得るようにできてはいないのだろう。人間の場合は——人間は極端な動物と考えなくてはいけない——再求心性情報によって生じた可能性が、人間の心をより複雑なものにする進化の助けとなったと考えられる。頭足類はまったく別の道をたどって進化した。

じつは、頭足類という生物の生き方には他にもその可能性を制限する要素がある。

7 圧縮された経験

衰退

私が海の中で頭足類を詳しく観察し、追いかけるようになったのは二〇〇八年頃のことだった。最初はジャイアント・カトルフィッシュだったが、次はタコだった——彼らを見る目を養ってからは（もちろん、はじめからタコは周囲にたくさんいた）。頭足類に関する文献も読むようになったがそれで私がまず知ったのは、驚くべき事実だった。ジャイアント・カトルフィッシュのように大きく複雑な構造を持った動物でも、寿命が非常に短いのだ。わずか一、二年しか生きない。タコも同様だ。やはり、一、二年が普通の寿命だ。最大のタコであるミズダコでも野生ではせいぜい四年しか生きられない。

信じられなかった。私が海の中で関わったイカたちは、皆、相当な年齢だろうと思っていた。だから頻繁に人間も見ており、対処の仕方もよく知っているのだと思った。海中の自分たちの縄張りでたくさんの季節を過ごしてきたように見えた。外見のせいもある。彼らは高齢で世慣れているように見えるのだ。しかも若いにしては身体が大きすぎる。体長六〇センチメートル、一メートルというものも珍しくないからだ。この事実を知った最初の年に途中で振り返ってみると、私は繁殖期が始まったばかりの頃のコウイカたちに遭遇していた。だが、そのコウイカたちは間もなく死んでしまうのだとわかった。彼らだけではない。私がたびたび会いに行っていた頭足類はすべて同じ運命なのだと知った。

実際にそのとおりであることを私は自分でも確かめた。南半球の冬の終わりが近づく頃になると、私の観察するコウイカたちは急激に衰え始めた。特定の個体の変化に注目するとそれがよくわかった。数週間、時には数日の間に、目に見えて衰えてしまう。彼らは自ら崩壊していくようだった。腕を失う者もいれば、胴体の一部がなくなる者もいる。あの不思議な皮膚も徐々に失われていく。最初は、皮膚にところどころ白い斑点ができている個体がいるなと思っただけだった。ところが近づいてよく見ると、皮膚の外側の層が剝がれ落ちていた。あの鮮やかな色を放ったスクリーンのような皮膚が剝がれ、あとには何もない白い身体だけが残っていたのだ。目も曇り始める。老いの進行も終わりに近づくと、コウイカはついに、自分がいる水深を調整できなくなる。衰えが始まってからその状態になるまでは非常に速い。まるで崖から落ちるように、あっという間に健康が損なわれていくのだ。

この段階が近づいているとわかると、頭足類との関わりは、特にこちらに友好的な態度を見せてくれた個体との関わりは胸の痛むものになる。彼らに与えられた時間はあまりに短い。この寿命の短さを知ってから、頭足類の大きな脳は私にとってさらに大きな謎となった。生きるのがわずか一年、二年なのに、これほど大きな神経系を持つ必要がどこにあるのだろうか。知性のための機構を持つコストは高い。それをつくるコストも、機能させるコストも非常に高くなる。大きい脳があれば学習ができるが、学習の有用性は、その動物の寿命が長いほど高くなる。寿命が短ければ、せっかく世界について学んでも、その知識を活かす十分な時間がない。ではなぜ、学習のために投資をするのか。

進化が大きな脳をつくる実験をしたのは、脊椎動物以外では頭足類だけだ。哺乳類も、鳥類も、魚類も、ほとんどは頭足類よりもはるかに長く生きる。もう少し正確に言うと、野生では被食や不幸な事故などで早く死んでしまうものも多いが、それがなければ、哺乳類や鳥類は長く生きることが可能だ。特に、大きい動物は寿命が長く、イヌやチンパンジーなどはかなりの長生きだ。ただ例外もあり、ネズミほどの大きさにもかかわらず一五年ほど生きるサルもいる。また、ハチドリは非常に小さな鳥だが、寿命は一〇年にもなる。頭足類の多くは、その寿命の短さに比してあまりに大きく、あまりに賢いと言える。タコが卵から孵って二年以内に死んでしまうのだとしたら、彼らの高度な知能はいったい何の役に立っているというのだろうか。

　頭足類の寿命が短いのは、海に何か理由があるのかもしれないとも考えた。しかし、そうではないとすぐに気づいた。私が頭足類を観察していた場所の近くには、岩陰に暮らす奇妙な姿の魚がいる。この魚の近縁種の中には、二〇〇年も生きるものがいるらしい。二〇〇年だ。なんという不条理だろう。特に目立った特徴もない地味な魚が二世紀も生きるというのに、壮麗なコウイカや好奇心旺盛な知性を持つタコたちは二歳になる前に死んでしまう。*

　軟体動物、あるいは頭足類自身の身体のつくりに、寿命が短くなる原因があるのかとも考えた。実際にそういう主張をする人も時々いる。ただ、それは答えではないと思う。頭足類の中にも、オウムガイという例外がいるからだ。まるで潜水艦のような殻を持ち、太平洋を泳ぎ回るオウムガイは、外見は優美だが、心理学的には注目すべき動物とは言えない。しかし、寿命は二〇年以上にもなる。海の中をうろつき、死肉を漁るだけの動物などと生物学者たちに悪しざまに言われてしまうオウムガイだが、その寿命はとても長い。タコやイカの親戚ではあるが、彼らほど生き急ぎがないということだ。

　こうしたことすべてを考えると、イカやタコの一生についての見方が大きく変わってくる——彼らの一生は、多くの経験に満ちた豊かなものだ。ただし、豊かな経験は、ごく短い時間に凝縮されている。また その経験を可能にしている脳の存在は大きな謎だ。

生死を分かつ問題

頭足類はなぜもっと長く生きないのだろうか。そもそも、動物の寿命はどうしてもっと長くないのだろうか。[1] たとえば、アメリカのカリフォルニア州、ネバダ州あたりの山岳地帯には、古代ローマでユリウス・カエサルが活躍していた頃から生きている松の木がある。生物の中には、寿命が数十年のものもいれば、何百年、何千年にもおよぶものがいる。その一方で、自然な寿命によって一年も生きられない生物がいるのはなぜか。不慮の事故や感染症などで早く死んでしまうのは不思議ではない。不思議なのは、「老齢」による死である。なぜわれわれ生物は、ある一定の時間が経つと皆、崩壊してしまうのだろうか。何度誕生日を過ごしてもこの問いは消えずに残っている。頭足類の短い一生は謎をさらに深める。なぜ生物は年老いるのか。

身体は時間が経てば古くなるのだから、老いてやがて死ぬのは当たり前だ、と素朴に考える人は多い。自動車が古くなれば壊れるのと同じように、生物も老いて死ぬ、と考える。しかし、生物を車にたとえる

＊　頭足類を見ていると、リドリー・スコット監督の映画『ブレードランナー』を思い出す。この映画に出てくる人造人間「レプリカント」は、四年経つと死ぬようにあらかじめプログラムされている（映画の原作となったフィリップ・K・ディックの小説『アンドロイドは電気羊の夢を見るか?』では、人造人間は自動的に死ぬのではなく、廃棄されることになっている）。ブレードランナーの人造人間たちが頭足類と違うのは、彼らが自分たちの運命を知っていることだ。

のは実は正しくない。自動車を構成する個々の部品は交換しなければ確かにいずれは使い物にならなくなる。しかし、生物を構成する部品はずっと同じではない。たとえば、大人になった人間が生まれた時と同じ部品を使っているということはないのだ。私たちを構成する細胞は栄養を取り入れ、分裂を繰り返し、古いものは次々に新しいものに入れ替わっていく。入れ替わらず長く残る細胞もその素材は新しくなる（すべての素材が新しくなるわけではないが）。車も、もし部品を絶えず新しいものに取り替えていれば、壊れて走らなくなることはないだろう。

ここに謎を解く鍵があるかもしれない。私たちの身体は細胞の集まりである。多数の細胞が合わさり、協調してはたらいている。しかし、どれも細胞であることに違いはない。私たちを構成する細胞の大部分は常に分裂を続ける。一つの細胞が二つに分かれるということがいつまでも続くわけだ。分裂で生じた細胞がまだ新しくても、最初の一つが生じてから分裂を繰り返すうちに、何らかの理由ですべてが「古く」なるということはあり得るだろうか。つまり、新たにできてきた細胞にもそれを生んだ細胞の系統の年齢が反映されていて、その年齢が身体の衰退の原因であるとは考えられないか？　だが、それだと、分裂によってのみ殖える細菌などの単細胞生物が今も生き残っているのはおかしい。たとえ、今生きている細菌が最近の分裂によって生まれたものだとしても、その細胞系統が生まれたのは何十億年も前かもしれない。

特定の種類の細菌——ここでは馴染みの深い大腸菌ということにしておく——が一箇所に大量に存在する状況を想像してみよう。どの細胞も分裂をするが、分裂によって生じた新たな細胞、つまり最初の細胞の子孫たちも同じ場所にずっと留まるものとする。古いものが去り、新しいものが生まれ、というふうにして、しだいに集団を構成する細胞は入れ替わっていくことになるが集団は残る。環境の悪化さえなければ、その群れは何百万年でも存続するだろう。この集団は、多数の細胞の集まりという点では多細胞生物の身体と同じようなものだと言える。集団は古くても、集団を構成する細胞一つ一つは古くはなく、細胞の機能には問題はないはずだ。今この集団に存在する細胞は、どれも最近、分裂によって生じた新しいものである。単細胞生物の集団が永遠と言えるほどの時間、生き続けられるのだとしたら、同じように常に新しい細胞が生まれ、古いものと入れ替わっていく多細胞生物の身体が永遠に生きてもいいだろう。

細胞間の関係がつくる構造が、私たちと細菌の間の違いを生んでいるのではないか、と言う人もいるだろう。多細胞生物は、確かに単なる細胞の集まりではない。細胞が常に新しいとはいっても、それらがつくる構造が壊れることはあり得るだろう。だが、新しい細胞が構造も常に適切に保つということは不可能なのだろうか。私たちを構成する細胞間の関係は、受精卵の段階から、誕生し、子供から大人になるまで保たれる。この関係を、次々に生じる新しい細胞によって何度も繰り返し更新すれば、壊れるのを防げるのではないか。

ともかく、細胞が古くなるから、というだけでは、動物に寿命があることを十分には説明できない。この種の主張の中には確かに理屈に合うものもあるが、実際の動物の寿命を見ると、どうやら正しくないようだ。細胞が古くなることが寿命の大きな原因なのだとすれば、代謝率が高い動物――つまりエネルギー消費の多い動物――のほうが、老化が速いと考えられる。調べてみると、この推測はある程度、正しいとわかるが、まったく推測が外れることも少なくない。たとえば、カンガルーをはじめとする有袋類は、私たち人間を含む有胎盤類よりも代謝率が低い。にもかかわらず、より速く老化する。反対に、コウモリは非常に代謝率が高いが、老化は遅い。

細胞のレベルでは、動物は無限に再生が可能なように思える。だが私たちのようなもの――私たちのような種類の細胞の集合――の中の何かが、私たちをはじめとする動物と老化との関係を、他の生物のそれとは違ったものにしている。このように考えていくと本書の何章も前の内容を思い出すかもしれない。動物の進化について触れた章だ。動物の場合は、生と死が個体の一生の大きな境界になっているのだ。細胞が無限に入れ替わることができるとしても、個体はいずれ死ぬ。細胞の系統は個体の生まれる前から存在し、個体の死後も存在し続ける可能性があるが、個体が無限に生きることはない。だが、ここで再び問題に直面する。ハチドリは一〇年くらい生きるし、メバルのように二〇〇歳くらいまで生きる魚もいる。そしてブリスルコーンパインという木は何千年も生きる。なのになぜ、タコは二年ほどで死んでしまうのか。

老化の進化理論

この謎のかなりの部分は、進化論を基に考えるとすっきりと解決できる。

進化の観点でまず、考えるべきなのは、老化は何か生物に「利益」をもたらすのか、ということだ。老化という現象が進化したからには、そこに何かすぐに目には見えない利益があるはずと考えるわけだ。生物の多くはある程度の時間が経つと老化するよう、あらかじめ「プログラムされて」いるように見えるだけに、何か利益があると予想したくなる。年老いた個体は種全体の利益のために死ぬようにできているのだろうか。そうすれば、若くて元気な個体に十分な資源が行き渡るということだ。しかし、実はこれは循環論法であり、老化が起きる理由を説明できているとは言えない。若い個体のほうがより元気だということを前提にしているのが問題だ。どうして若い個体が元気なはずだと言えるのか、今のところその理由は説明できない。

また、現実世界をよく見ると、若いほうが元気だとそう単純に言い切れるものではないとわかる。ではここに、古い個体が寛大にも、時が来れば次の世代に「バトンを渡す」ような生物の集団があるとしよう。ところがそこに一つ、ルールどおりに自己を犠牲にしない個体が現れて、可能な限り生き続けようとしたら？　その個体は長く生きるほど、多くの子孫を残す可能性が高まる。もしその個体が繁殖の面でも自己犠牲を拒否したら、その個体の子孫は増え、やがて自己犠牲の性質を持った個体は淘汰されてしまう。個体の老化は種全体にとっての利益になっているのかもしれないが、それだけでは老化という現象が進化的に保持されている理由としては十分ではない。まだ知られていない隠れた利益があるのかもしれないが、現代の進化論ではまた違った考え方をする。

まず重要だったのは、一九四〇年代にイギリスの免疫学者、ピーター・メダワーがした主張である。彼の口頭での短い議論が第一歩になった。一〇年後には、アメリカの進化生物学者、ジョージ・ウィリアムズがそれに続いた。さらに一〇年後の一九六〇年代には、ウィリアム・ハミルトン――おそらく二〇世紀後半の進化生物学の世界を代表する天才の一人だろう――が、この新しい考え方を厳密な数式の形にした。新しい進化論は複雑で精緻なものではあるが、その基本的な部分はきわめて単純でわかりやすい。

一つ想像をしてみて欲しい。仮に、どれだけ時間が経っても衰えない、老化しない動物がいるとする。その動物は、生まれてからごく早い段階で繁殖を始め、何か外部的な要因――被食、飢餓、落雷など――で死んでしまうまで繁殖を続ける。そうした要因で死ぬ確率は常に一定だと仮定する。ここでは、一年に五パーセントが外部的な要因で死ぬとしよう。この確率は個体が何年生きても変化しない。増えることも減ることもないが、ある十分に長い年数をとれば、その間にはどんな個体も何らかのアクシデントに遭うということがほぼ確実に言える。たとえば先ほどの五パーセントの設定では、新たに生まれた個体が九〇年後も生きている確率は一パーセントにも満たない。しかし、ある個体が九〇歳まで生き延びたとしたら、高い確率で九一歳にはなれるだろうとも言える。

次に、「突然変異」についても考える必要がある。突然変異とは、遺伝子に偶然生じる変化のことだ。この突然変異が進化の原材料の一つになる。ごく稀に、生物の生存確率や繁殖率を高める突然変異が起きる。しかし大多数の突然変異は生物にとって害になるか、何の影響ももたらさない。進化において変異は通常、ある程度以上広がることはなく、均衡が保たれる（突然変異と淘汰の均衡）。これを少し詳しく書くと次のようになる。遺伝子の突然変異は常に一定の割合で発生する。何らかの事故により、遺伝子の分子構造には時折、変化が起きるのだ。遺伝子に変異を抱えた個体は、子孫を残す確率が下がることが多い。したがって、「悪い」突然変異は、その種からいずれは排除される。しかし、排除にはしばらく時間がかかるし、その間にも新たな突然変異が起きる。だから、悪い突然変異を遺伝子に抱えた個体は常に集団の中に存在し続けると考えられる。突然変異と淘汰の均衡とは、悪い突然変異が排除される速度と、新たに悪い突然変異が発生する速度が釣り合っている状態のことだ。

突然変異の中には、個体の一生の特定の時期だけに影響を与えるものがある。一生の早い時期だけに影響する突然変異もあれば、もっとあとの時期に影響する突然変異もある。ここでは仮に、相当長い年月生きた場合にのみ影響を与える悪い突然変異を抱えた個体が集団の中にいるとしよう。悪い突然変異を抱えてはいても、個体は長い年月何事もなく無事に生き続ける。その間には繁殖もし、悪い突然変異は子孫に受け継がれていく。この突然変異の存在が顕在化することはめったにない。ほとんどの個体はその前に別の要因で死んでしまうからだ。異常に長く生きた個体だけが、突然変異の悪影響を受けることになる。

ここでは個体は生きている間ずっと繁殖できると仮定しているので、この悪い突然変異には、顕在化がたとえ遅くとも、やはりある程度の淘汰圧はかかると考えられる。長生きの個体たちに限って言えば、生涯に残せる子孫の数は、悪い突然変異を抱えていない個体のほうが多くなるからだ。しかし、ほとんどの個体は、その差が生じるほど長く生きることはない。淘汰圧はきわめて小さいものに留まるということだ。生涯の早い時期に影響を与える突然変異に比べると、一応、淘汰はされるものの、その効率は良くない。

したがって長い時間が経つと、古い個体にのみ影響する悪い突然変異ばかりが集団に数多くたまっていくことになる。そうした突然変異の中には多くの個体に広がるものと、しだいに失われていくものがあるだろうが、そのどちらになるかは、ほぼ偶然で決まる。なかには集団内に非常にはびこるものもある程度出てきてしまうから、長く生きた時のみ顕在化する悪い突然変異をいずれほぼすべての個体が抱えることは間違いない。捕食されることもなく、自然の災害に遭うこともなく、異常に長生きした幸運な個体は、いずれ、悪い突然変異が顕在化することで身体の不調に見舞われる。そういう個体を多く観察していると、「時間が経つと身体が不調になるようにプログラムされている」ように見える可能性がある。本当は長い間潜伏していた悪い突然変異がスケジュールどおりに顕在化しただけだ。この不調を一種の「老化」とみなすことはできるだろう。この集団では、老化が進化することになる。これが、ピーター・メダワーの主張である。

一九五七年にジョージ・ウィリアムズが唱え始めた意見は、メダワーの主張と矛盾するものではなく、それを補足するようなものだ。ウィリアムズの言いたいことは、「老後に備えた貯金」にたとえるとわかりやすくなる。一二〇歳になった時に暮らしに困らないようにと貯金をすることに意味はあるだろうか。まったくないとは言えない。収入が際限なくあるのなら、そういう貯金をしてもいいだろう。一二〇歳まで生きる可能性もゼロではないからだ。だが、収入に限りがある場合は、老後のためにと貯金した分、今使えるお金は減ることになる。一二〇歳まで生きない可能性は高いのだから、そんな無意味かもしれない貯金をするよりは、今、使ったほうが有意義だろう。

突然変異に関しても同様のことが言える。一つの突然変異の影響は、通常は一つではなく、複数になる。そして、なかには、一生のうちの早い時期に出る影響と、遅い時期に出る影響の両方がある、という突然変異も珍しくない。両方ともが悪い影響であれば、何が起きるかは簡単にわかる。その突然変異はすぐに淘汰されるのだ。若い時に悪い影響が出れば、突然変異を抱えた個体がすぐにいなくなってしまうからだ。また、どちらもが良い影響であった場合に何が起きるかもよくわかる。問題は、先に出るのが良い影響で、後に出るのが悪い影響だった場合だ。悪い影響が出るのが遠い未来であれば、生涯出ない可能性もある。他の一般的な原因で先に命を落とす危険性のほうが高いだろう。つまり、この悪影響はあまり重要でないということになる。それよりも早い段階で顕在化する良い影響のほうが重要だ。だから、この突然変異は集団内の多くの個体に広がっていく。自然選択はこのたぐいの変異を選好するということだ。集団の多数、そしてほぼすべてと言っていいほどに広がれば、もう、一生の終わりのほうで身体が衰えることがあらかじめプログラムされているように見えるだろう。もちろん突然変異の影響の出方には個体ごとに違いはあるだろうが、各個体がまるでスケジュールにしたがって衰えているように見える。衰えること自体に何か隠れた進化的利益があるわけではなく、衰えることは、いわば一生の早い時期で得られる良い影響に対する「コスト」ということだ。

すでに書いたとおり、メダワーの主張とウィリアムズの主張は矛盾せず、両立するものである。両方のメカニズムが働き始めれば、それぞれの効果が徐々に強まるだけでなく、両者が相乗効果で強め合うだろう。二つの間で「正のフィードバック」が生じれば、老化はますます多くの個体へと広がることになる。ある年齢までできた時に身体を衰えさせる突然変異が集団内に定着すれば、その突然変異が機能する年齢まで生きる個体はさらに少なくなる。だとすれば、高齢になってはじめて悪影響を及ぼす突然変異が淘汰されにくくなる。一度、車輪が回転し始めれば、回転は速くなる一方である。

こう書くと、生物の寿命を短くする圧力は非常に強いようにも思える。だが、一方で、アメリカ、カリフォルニア州のブリスルコーンパインのように、何千年も生きている樹木もある。それはなぜなのか。高齢にもかかわらず、今もすぐに死ぬような兆しは見えない。ただ、樹木は生物の中でも特殊なものである。二つの点で特殊だと言える。まず、植物には、一生のうちの早い段階に関してここまでの話で前提にしてきたことが当てはまらない。すでに書いたとおり、動物の場合、老齢になってからの繁殖が成功するか否かは進化上、あまり重要ではない。そもそも老齢に達することのできる個体は非常に少ないからだ。しかし、仮に老齢に達することができてしかも繁殖に成功する個体が少数でも存在したとして、その個体が非常に多くの子孫を残せるならば、話は違ってくる。これは私たち動物には当てはまらないが、樹木には当てはまることだ。樹木の場合は、枝のすべてが繁殖に寄与し得る。普通は若い木よりも、古い木のほうが枝の数が多いので、全体としては古いほど繁殖力が高まることになる。そのため、樹木は、メダワーやウィリアムズの主張には合わないのだ。

樹木が動物と大きく違うもう一つの点は、樹木という生物の成り立ちにある。彼らには、メダワーやウィリアムズの主張を当てはめること自体が無理な面があるのだ。一本の樹木は、実は生物の「個体」とみなすべきではないかもしれない。よく見ると、樹木は数多くの生物の集合、生物の「コロニー」ともみなせることがわかる。そういう例は樹木の他にもある。たとえば、イソギンチャクの中には、小さな「ポリプ」が多数集まってコロニーを形成しているものがある。ポリプどうしは緊密に結びついているが、それぞれある程度、特に繁殖に関しては独立している。ポリプは自ら新たなポリプを生むことができる。生殖細胞も自らつくり出すことができる。このコロニーは理論的には、無限に生き続けることができる。それは、人間の社会が、その構成員である個人は死んでも、入れ替わりに新たな個人が加わっていくことで永続するのと同じだ。

コロニーや社会には、メダワーやウィリアムズの主張は当てはまらない。動物の個体とは繁殖の仕方が違うからだ。コロニーや社会の構成員（たとえば人間）は、それぞれに老化する。マツやオークなどの普通の樹木は、厳密にはイソギンチャクとまったく同じようなコロニーではない。しかし、人間の個人とまったく同じような生物の一個体とも言えない。樹木はいわば、両者の中間のような存在である。樹木は、小さな構成単位――つまり枝――を増やすことで成長していく。枝はそれぞれに独立で繁殖ができる。たとえば、枝を切り取って植えれば、新たに一本、樹木が増える。枝などの単位で繁殖し、成長できる生物に、メダワーやウィリアムズの主張が当てはまらないことは明白だろう。

老化の進化理論の背後に主に二つの考え方があることはすでに書いた。そして一九六〇年代には、イギリスの進化生物学者、ウィリアム・ハミルトンが、老化の進化に関する理論をより厳密で正確なものにした。ハミルトンは、そのきわめて優れた頭脳を最大限に駆使して、この問題の解明に取り組んだ。重要なのは、理論の中心になる部分を数式化したということだ。これにより、たとえば、私たち人間が今のような一生を送る理由もよくわかる。ただし、生物学者としてのハミルトンが最も愛しているのは昆虫やそれに類する生物たちだ。その中でも特に昆虫は複雑な一生を送る。昆虫に比べれば、人間やタコの一生は非常に単調なものだと言っていいだろう。たとえば、ハミルトンは、ダニを観察した。そしてダニの雌が卵から孵ったばかりの子供をたくさん抱えている時、その膨らんだ身体で宙吊りになることを発見した。母親の腹の中では、生まれたばかりの雄たちが、近くにいる雌たち（彼らにとっては姉や妹にあたる）を探してすぐに交尾をするとわかった。また、ある小さな甲虫を観察していて、その虫の雄たちが自分の体長より長い精細胞をつくり、自分の力で動かすことを発見したこともある。

ハミルトンは二〇〇〇年に亡くなった。ＨＩＶ（ヒト免疫不全ウィルス）の起源を探るためにアフリカに行き、そこでマラリアに罹って亡くなったのだ。死の一〇年以上前に、彼は自分が死んだ時にどこにどのように葬って欲しいかを書き残していた。自分の遺体はブラジルの森へと運び、そこで土に埋めて欲しいというのだ。巨大なダイコククコガネに身体の中から食べられたい、彼らが子孫を養うための栄養として利用されたいと望んだ。ダイコククコガネたちはやがてハミルトンの身体を食い尽くし、外へ出て、飛び去って行くだろう。

ウジムシも、不潔なハエもたかることはない。夕闇につつまれて、私は巨大なマルハナバチの羽音のように低いざわめきをたてる。私は無数の部分に分かれていき、ほとんどオートバイの一群のような大きな音をたてる。体は次々と空に舞い上がり、星々の下に広がるブラジルの大原野へ飛んで行く。その背には皆、美しい翅鞘をそなえ、それを広げて空高く飛翔する。そしてついに私は、石の下で見たあのダイコクコガネのように、紫色に輝くのだ。(2)（参考「虫との日々」大平裕司訳、『虫を愛し、虫に愛された人』所収）

長い一生、短い一生

老化はなぜ起きるのか、その根本的な理由は一応、進化論によって説明できる。(3)なぜ、個体が生まれてからある程度の時間が経つと、あらかじめ定められていたように老化が始まるのか、その理由が説明できるのだ。ただ、生物ごとに事情は異なるので、個別に理由を説明するには全般的な理論だけでは不十分になるだろう。先に示した思考実験では、生物の繁殖が生涯のどの時期でも変わらずに行われるということを前提にしていた。しかし、頭足類もそうだが、多くの種で現実に起きていることはこれとは似ても似つかない。

　生物学者は、一回繁殖性の生物と、多回繁殖性の生物とを区別する。一回繁殖性の生物とは、読んで字のごとく、生涯で一回だけ、あるいは短い一回の期間だけ繁殖する生物のことである。この種の繁殖のことを「ビッグバン繁殖」と呼ぶことがある。多回繁殖性の生物とは、生涯のうち何度も、またかなり長い期間にわたって繁殖をする生物のことだ。人間もこの中に含まれる。雌のタコは、一般に一回繁殖性である。しかもその極端な例であると言える[4]。たった一度、産卵し、卵が孵化した後には死んでしまうからだ。雌のタコは多数の雄と交尾をするが、産卵の時期になると、巣穴に入ったまま動かなくなる。やがて雌のタコは卵を産むが、卵が孵化するまでの間は抱いている。一度に産む卵は何千という数になる。卵を抱いている期間は、種によっても、条件によっても違う（水温が低ければ長くなる）が、一ヶ月から数ヶ月間におよぶこともある。卵が孵化すると、幼生たちは水の中へと出て行く。その直後、雌のタコは死ぬ。

　もちろん、すべてのタコがそうだというわけではない。たとえば、パナマで見つかったある希少種のタコは例外だということがわかっている[5]。第5章で、イカの信号生成を研究したマーティン・モイニハン、アルカディオ・ロダニチェのチームについて触れたが、このタコも同じチームが発見した。このタコの雌は、長い期間にわたって繁殖ができる。なぜこのタコが例外になったのか、その理由はまだ誰にもわからない。

　コウイカはタコとは少し違っているが、それでもやはり「ビッグバン繁殖」をする生物に分類できる。

コウイカは、一度の産卵期にだけ活発に繁殖をする。雄も雌も何度も相手を替えて交尾を繰り返し、雌は産卵期の間に何度かまとめて産卵する。タコとは違い、雌は産んだ卵を抱いて守ることはしない。適切な岩を探してそこに産みつけると、すぐにその場を去り、また交尾をし、産卵をする。やがて、この章の冒頭でも書いたとおり、急速に崩壊するようにして死んでいく。

なぜ、一度の産卵、あるいは産卵期にのみ全資源を注ぎ込むような生物がいるのだろうか。考えられるのは、被食の危険性などの外部的な要因である。特に、その危険性が一生の間にどのように変化するか、ということが繁殖の仕方に大きく影響する。たとえば、まだ幼い、若いうちは食べられる危険性が非常に高いけれど、大人になってしまえば食べられる心配なくしばらく生きていくことができる、という生物がいたとする。その生物の場合は、大人になってから複数回、繁殖するのが理に適っていることになるだろう。このことは魚や多くの哺乳類に当てはまる。しかし、大人になってからの危険性が非常に高い場合は、繁殖が可能になったら一気に多数の子供を産む、という方法が理に適う。一度の繁殖にすべてを懸けるのである。

季節も大きな要因になり得る。特定の季節だけが産卵、あるいは孵化に向いている、ということはある。つまり、一年のうちどの時期に産卵、孵化をするかはある程度、季節に関連して決まるということだ。春に交尾をすべき生物もいれば、冬に交尾すべき生物もいる。さらに、一生のうちどのくらいの期間、繁殖すべきかも重要な問題だ。一見、生きている限り、いつでも、いつまでも繁殖可能になっているほうがいいようにも思える。それで何も害はないのでは、と思えるのだ。少なくとも、一年、二年ほどしか生きない生物であれば、その期間すべて、繁殖可能で良いのではと考えてしまう。繁殖期が終わると、すぐに死んでしまう理由も謎である。しかしこれにもジョージ・ウィリアムズの主張が関わってくるかもしれない。また、この種の進化に関係する問題は、個体だけを見ていては答えが得られない。多数の個体、多数の世代を考慮する必要がある。理想を言えば、どの生物も、永遠に生き、永遠にいつでも繁殖できれば何よりいいはずだ。少なくとも進化という観点からはそうなる。だが、一時の繁殖期に集中し、その時にすべての資源を費やして一気に子供を産む生物もいるし、一時に産む子供の数は少ないが、資源を残しておいて何度も繁殖をする生物もいる。果たして、結果的にどちらが多くの子孫を残すのか。将来のために資源を節約しておいても、次の繁殖期まで生き延びられる可能性が低い生物の場合にはほとんど意味がない。その場合は、すべての資源を一度の繁殖期につぎ込むほうが得策ということになる。今、この時に少しでも多くの子供を産むためにあらゆる努力をするのだ。その結果、繁殖期が終わった直後に個体が死ぬことも厭わない。

長年の進化の結果、生物の寿命には種ごとに大きな差が生じた。動物の中だけでも、メバルのように二〇〇年生きるものもいれば、タコやイカのように一、二年で死んでしまうものもいる。両者を極端な例だとすると、人間はちょうどその中間くらいの存在ということになる。人間とメバルに共通しているのは、成長がかなり遅いということ、それから長い年月にわたって繁殖をするということだ。ただし、メバルは人間よりも長く生きる。メバルには棘と毒があり、捕食者に狙われないこともその理由だと考えられる。イカは成長が非常に速く、繁殖できるようになるのも早い。そして、一度の繁殖期で一気に卵を大量に産み、すぐに死んでしまう。

動物の寿命には、外的要因によって死ぬ危険性の高さ、繁殖可能になるまでの時間、その他、生態、環境のさまざまな要素が影響する。私たちの寿命が長くて一〇〇年ほどなのも、メバルのような地味な魚がその二倍生きるのも、ブリスルコーンパインという木が洗礼者ヨハネの時代から現在まで生き延びているのも、鮮やかな色彩を放ち、私たちに友好的で好奇心も旺盛なジャイアント・カトルフィッシュが二回夏を過ごしただけで死んでしまうのも、皆、そうなる理由があってのことのはずだ。

こうしたあらゆる要素について考えてみると、頭足類は非常に特殊な条件下に置かれているのだとわかる。初期の頭足類は、身を守るための殻を持ち、その殻を引きずるようにして海の中を徘徊していた。しかし、その殻を後に捨てることになる[6]。殻の喪失は、必然的に互いに関係し合ういくつもの影響をもたらした。まず、拘束物がなくなったことで、自由自在に身体の形を変えられるようになった。中でも極端なのは、硬い部分がないに等しいタコだ。タコの柔軟な身体には、骨はないが、ニューロンが全体に分布している。第3章でも書いたとおり、この制約の少なさ、動きの可能性の豊かさが頭足類の複雑な神経系の進化にとって重要だったと考えられる。殻の喪失という出来事が、単独で神経系を進化させる強い圧力になったというわけではない。重要なのは、その出来事により進化のフィードバックが起きたことだ。身体の形態、動きに無限の可能性が生じたことで、それを細かく制御するための機能が進化することになった。大規模な神経系が生じると、身体の持つ可能性はさらに広がることになる。頭足類の腕にはあらゆる感覚器が備わることになった。また皮膚には、色を自在に変化させ、光を感じることもできる機構が備わった。

殻の喪失は同時に別の効果ももたらした。捕食者の攻撃に対し無防備になったのである。特に、素早く動く魚は彼らの天敵となった。硬い骨と歯を持ち、優れた視力も持った魚だ。それに対抗するため、頭足類は、相手を惑わす能力や擬態の能力を身に付けた。

だが、実際にそうした能力が役に立ち、頭足類の命が救われることばかりではない。無防備な身体ではそう長くは生きられそうにないが、自らも捕食者として活発に動く必要がある場合はなおさらだ。彼らは穴の中にじっと隠れ、食べ物が向こうからやってくるのを待っているわけにはいかない。どうしても外へ出て、動き回る必要がある。当然、動き回るときには、無防備な身体をさらすことになる。こういう動物は、メダワーやウィリアムズが主張したような、自然の寿命を圧縮する淘汰圧がはたらくのに理想的な候補となる。この淘汰圧があるために、頭足類は、「すべきことをなるべく明日に延ばさない」という性質を身に付けるに至った。常に危険にさらされ、明日はどうなるかわからないからだ。その結果、頭足類は、非常に大規模な神経系を持ち、同時に非常に寿命が短い、という珍しい組み合わせの動物になった。神経系が大規模になったのは、制約の少ない身体を持っていたからでもあるし、また自分が被食者になる危険にさらされながら、捕食者としても活動する必要があったからだろう。そして、常に危険にさらされる環境が原因で、寿命は短くなった。深く考察していくと、一見、矛盾しているように思えても、実は理に適っているとわかる。

近年になって、頭足類の中に例外的な種が発見され、そのせいでさらにこの理論の信憑性が高まっている。例外のおかげで、法則の正しさが浮き彫りになったのだ。本書で取りあげてきたタコは、ほとんどが岩礁の間や海岸線近くの浅い海などに生息している種である。タコの中には非常に深い海に生きるものもいるが、そうした種については今のところよくわかっていない。アメリカ、カリフォルニア州のモントレー湾水族館研究所（MBARI）の海洋研究チームは、ビデオカメラを装備したリモートコントロールの潜水艇を使って、深海の環境を調査している。二〇〇七年、彼らは中部カリフォルニア沖の、岩の多い深海を調査した。[7] 深さ一五〇〇メートルのあたりだが、そこで深海性のタコであるホクヨウイボダコに遭遇した。その一ヶ月ほどあとにも、同じタコを見つけている。その時は大量の卵を抱えていた。研究チームは何度も同じ場所に戻り、卵の状況がどう変化したかを確かめた。彼らがいつ戻っても、タコは同じ場所にいた。結局、彼らのチームは同じタコを四年半にわたり観察し続けることになった。

このタコは、それまで知られていたどのタコの一生よりも長い期間、卵を抱いていた。なんと五三ヶ月間である。動物が同じ場所でそれほど長く卵を抱いていたという例は、報告されている限り他にない（たとえば、魚類の中には、産んだ卵を守るものがいるが、その期間は長くても四、五ヶ月間である）。このタコの寿命が果たしてどのくらいなのかはまだわからない。しかし、ブルース・ロビソンらは、卵を抱いている期間から寿命を推測している。卵を抱いている期間の一生に占める割合が他のタコと同程度であれば、寿命は一六年くらいと推測できる。

この長寿タコの存在は、タコの身体には長生きを阻む生理学上の制約があるという説の強力な反証のようにも見える。ただ、ここで考えるべきなのは、他のタコは皆、短い期間で死んでしまうのに、なぜこのタコだけがこれほど長く生きられるのかということだ。ロビソンの論文では、海水温と生物学的過程の速度の関係に注目している。海水温が低いと、生物学的過程の速度が下がる可能性が高い。深海の水温は一般に非常に低い（私自身、モントレー湾でのスキューバダイビングの経験があるが、その時には人生で他に経験したことがないほど寒かったのを思い出さずにはいられない）。冷たい水の中では、生物のあらゆる動きが遅くなるのだ。ロビソンらは、タコの母親が異常に長い期間、おそらく何も食べることなく同じ場所で卵を抱いていたのは、一つには水温が異常に低いせいだという。論文では、その環境では母親が卵を長く抱いていることが、幼生にも利益になると書かれている。卵から孵るまでに大きく成長でき、能力もかなり発達した状態になるからだ。つまり、タコの幼生は、競争力の高い状態で生まれてくることができるということになる。また、メダワー、ウィリアムズの理論も、この長寿ダコの存在に一役買っていると私は考えている。深海に生息するタコは、浅い海のタコに比べて、被食のリスクがはるかに低くなる。メダワー、ウィリアムズの理論からすれば、被食のリスクが低いことは、その生物の自然寿命に影響する。これが大きなヒントになるのではないだろうか。MBARIの調査で撮影された画像を見ると、長寿タコは隠れることもなく、卵を抱いたまま何年も生きている。母親ダコは巣穴に入ることもしなかったのだ。浅い海のタコだとそうはいかない。私の知る限り、浅い海でこれほど無防備な場所で卵を抱いているタコはいない。母ダコは、いつ捕食者に襲われても不思議はない状態でずっと動かずにいるのだ。ただ浅い海とは違い、深海では魚の存在は稀になる。モントレー湾の深海で、無防備なタコが無事に卵を孵している事実を見ると、このタコは、他のタコたちに比べて、危険にさらされることがずっと少ないのだとわかる。このせいで、進化は彼らに、他のタコとは違う長い寿命を与えることになったのだと思われる(8)。

総合して考えると、頭足類の特徴、特にタコに顕著に見られる特徴の多くが、はるかな昔に彼らが殻を捨てたことに起因して生じたということがわかる(9)。殻を捨てたことで、頭足類は形態を自在に変え、機敏に動けるようにもなった。そして、複雑な神経系も持つようになった。また、同時に生き急いで若くして死ぬという生き方をするようにもなった。絶えず、鋭い歯を持つ捕食者に狙われる危険にさらされることから、そういう生き方をせざるをえなくなったのだ。

幽　霊

ある日、私はシドニーの海に潜っていた。いつもとは少し違う場所だ。突然、目の前が真っ暗になった。その瞬間は何が起きたのかわからなかったが、やがて、どうやら、大きな墨の雲の中に入ってしまったらしいと気づいた。そこは大きな岩が数多く散らばっている場所だった。どの岩も皆、隣の岩と接近していて、隙間は細く深くなっている。墨の雲は一つの広い部屋くらいの大きさにまで広がっていた。その中は、どちらを見ても火薬のように真っ黒な糸状の物体が漂っている状態だ。墨があまりに多すぎて何が起きているのかは見えない。特に、岩と岩の隙間は、長く墨が消えないままで何も見えなかった。

翌日、私はふたたび同じ場所に来てみた。もう墨はない。しかし、岩と岩の隙間を見ると、砂の上に何十という数のコウイカの卵が散らばっていた。すぐそばには、ジャイアント・カトルフィッシュが一匹いた。そのイカはひどい姿をしていた。身体は大部分が白く、腕は大きく損傷していた。イカは私のほうを見ながら漂っていた。よくみると、ジャイアント・カトルフィッシュは他にも三匹いた。いずれも非常に大きな身体で、ストーンヘンジのようになった自然の構造物の下に集まっている。ストーンヘンジの「屋根」は、海底から数メートルのところにある。三匹のうち一匹は明らかに雄で、他は雌のようだった。ただ、絶対にそうだとは言えない。何しろどのイカも程度は違うが、衰えがひどかったからだ。特に状態の悪い個体は、皮膚の大半をすでに失っていて、その下の真珠色の身体がむき出しになっていた。わずかに皮膚が残っている部分にも、割れたガラスのような亀裂が縦横に走っている。皮膚が多く残っている個体の色は薄いグレーだった。すでに目の形が大きく崩れてしまっている個体も何匹かいた。さらに五匹目のイカもそこへ泳いできた。このイカの皮膚にはまだ鮮やかな黄色を発する部分が残っている。しかし、雌であろうそのイカはすでに五本の腕が大部分、失われていた。まだ残っている身体も損傷しているらしく黒ずんでいるところがあった。この個体はすぐに泳ぎ去ってしまった。

四匹のイカたちは離れることなく、岩の間でわずかな流れに身を任せて浮かんでいた。わからないのは、海底に散らばっていた卵のことである。ジャイアント・カトルフィッシュは、通常、産んだ卵を岩棚の天井に付着させる。チューリップの球根のような形の卵が、天井からぶら下がることになる。散らばってい
た卵は、本来あるべき場所から流されてきたのか、それとも、普通とは違う場所に産みつけられてしまっ

たのか、私には判断ができなかった。前日に墨を見ているので、何かイカにとって良くないことが起きたのだとは思った。ただ、それが何かはまったくわからない。イカたちは卵には一切、注意を向けていない。ただじっと動かずに何かを待っているように見えた。私のほうを見ているようではあったが、普段のような「ディスプレイ」はほとんどない。イカたちに私の姿が本当に見えていたかどうかは怪しい。色が褪せ、動きもなくなった彼らは、イカの幽霊のようにも見えた。

その場所には数日間、何匹かのジャイアント・カトルフィッシュの姿が見られた。来る者もいれば、去る者もいた。卵はやはり、岩の隙間の海底にそのまま散らばり、漏れてくる弱い光に照らされていた。そしてついに、私は一匹の雌のイカが臨終の時を迎えるのを見た。私が見た時、イカは、岩の隙間のすぐ外で漂っていた。皮膚の大半は失われ、斑点のように残っている部分も茶色くなっている。腕は二本が完全になくなり、触腕のうち一本は、ただぶら下がっているだけで動かない。

イカはまだ、ゆっくりとヒレを動かして泳いではいた。見ているうち、私は自分もイカも少しずつ上昇していることに気づいた。岩の隙間からは少し距離ができている。しばらくすると、二匹の魚がイカに興味を持ち始めたようだった。そのうちの一匹、ピンク色の魚がイカの周りを回り始めたが、襲ってくることはなかった。問題はもう一匹、大きなカワハギだった。カワハギは近づいてきて、イカを見つけると、その周りを回り、何度も攻撃を仕掛けてきた。イカのほうが何倍も大きいのだが、ものともせず、正面から襲いかかり、身体を食いちぎる。私は魚を追い払ったが、どうしてもある程度以上、遠くへは行かない。そして、隙があればすぐに攻撃を再開する。

攻撃が始まった時、イカは少し身を引き、何本かの腕を振ったが、まったく意味はなかった。魚は引き続き襲ってくる。私がイカを守ろうとしたことが、魚の攻撃よりもさらに恐怖を与えてしまったようだ。

私のように大きい生き物が極端に接近してくれば怖いのは当たり前だろう。

カワハギは攻撃を続け、さらに大きくイカの身体を食いちぎっていく。イカは墨を吐いた。魚は墨にもほとんどひるむことなく、そのまま攻撃を繰り返す。イカはさらに多く墨を吐いたが、同時にゆっくりと回転し始めた。そして、徐々に水の中で上昇していく。私もそれにつれて少しずつ上昇した。自分の意思ではなく、勝手にそうなってしまう。漏斗から墨を吐きながらゆっくりと回転しているイカは、まるで事故に遭って火がついた飛行機のように見えた——飛行機ならば地面に落ちていくのだが、イカは上昇していくのだ。墨のせいなのか、それとも上昇して浅い場所に移動したせいなのかはわからないが、魚はやがて攻撃をやめた。だが、イカはそこで力尽きた。上昇は続いたが、回転は止まった。水面まであと一メートルというところで動きが完全に止まり、止まった状態で水面に浮かんだ。いろいろな方向から小さな波が来て混沌とする水面で、イカの身体は行きつ戻りつした。私はその場を去った。

海の底の静かな世界を泳いでいた彼女が、ゆっくりと回転しながら上昇し、ついには私たちの住む地上に近い、騒がしい水面にまで到達して、そこで一生を終えた。私が見たジャイアント・カトルフィッシュの死とは、そのようなものだった。

8　オクトポリス

タコが集住する場所

近ごろ私は主に、「オクトポリス」と呼んでいる場所でタコを観察している。[1] オーストラリアの東の海、海面から五メートルほど下だ。潜って行くと、晴れた日には、『オズの魔法使い』に出てくる「エメラルドの都」のようなエメラルドグリーンに見えるが、天気が良くない日には、グレーのスープの中に入ったような気分になる。二〇〇九年にマシュー・ローレンスが発見した場所だが、私も彼が発見したすぐあとから訪れるようになった。数の増減はあるが、行けば必ずそこにはタコがいる。多い日には十数匹にもなる。それだけの数のタコたちが、うろうろと泳ぎ回ったり、取っ組み合いの喧嘩をしたりしている。なかにはただ、じっと座っているだけのものもいる。皆が幅三メートルほどの範囲にいて、それ以上、遠くへ行こうとはしない。

タコが集まっている場所があるという話は以前から時々、耳にすることがあった。[2] しかし、何年にもわたって、いつ訪れてもタコに会うことができ、タコどうしの交流もよく見られる、という場所はオクトポリスがはじめてだった。一匹のタコが多少の権力を持っているように見えることもあったが、その権力も一部のタコにしか及ばないことが多かった。何しろタコの個体数が多すぎて、一匹のタコですべてに対応することは不可能なのだ。始めのうちは、一匹の雄に雌が多数いる「ハーレム」のような状態なのかと思っていたが、しばらくするとそうではないことがわかった。複数の雄がいることが多いからだ。ただし雄どうしが接近することはない。タコの性別を、行動を妨げることなく見分けることは難しい。タコの場合、多くの種で、雄と雌の主な違いは、雄の右第三腕下の溝である。この溝が交尾の際に使用される。雄は、右第三腕を雌に向かって伸ばす。至近距離から腕を伸ばすこともあれば、用心深く距離を置く時もある。雌が雄を受け入れた時には、腕の下の溝を伝って、精子の入った袋が雄から雌へと渡される。雌は、卵をすぐに受精させるのではなく、受け取った袋をしばらくそのまま持っていることが多い。

観察を始めた当初から、私たちはできる限りタコたちの行動を妨げないと決めていた。タコと交流をするのは、向こうがそれを求めてきた時だけだ。タコを巣穴から引っ張り出すこともしないし、ひっくり返して下側を観察することもしない。だから、雌雄の区別をしようとすれば、とにかく注意深く行動を観察するしかない。腕を伸ばすほうが雄で、伸ばされるほうが雌である。この方法で、オクトポリスにいる個体の一部については、雌雄を見分けることができた。どうしても見分けがつかない個体は残ったが、わかっている範囲だけでも、オクトポリスに複数の雄、複数の雌がおり、ハーレム状態ではないことは確かだと言える。

マシュー・ローレンスも私も、始めはただ、自分で潜ってタコを観察するというだけだった。海から上がってしまえば、そのあとタコがどこで何をしているのかはまったくわからない。しばらくの間、自分たちが見ていない間のことは推測するだけだった。だが、水中でも使えるGoPro（ビデオカメラ）が出たことで状況が変わった。私たちはGoProを何台か購入し、三脚を使って海の中で固定した。このカメラで

自分たちのいない間のタコの様子を撮るのだ。

最初にカメラを回収した時には、撮影した映像を実際に見るまで、いったい何が映っているのか予想もつかなかった。ダイバーも潜水艇も近くにいない時にタコが何をしているのか、それをとらえた映像は今までほとんどなかった。人間が近くにおらず、小さなカメラだけが置かれた状況では、行動はまったく変化するのだろうか。私たちが今まで見たことのない行動を取るのだろうか。確かめた限りでは、私たちがいようがいまいがタコたちの行動はほとんど同じだった。[3] 私たちがいない時のほうが、ほんの少し、周囲を動き回ることが増え、タコどうしの交流が増えるかな、という程度だ。この結果は、ある意味では期待外れのものだった――集団で何か私たちの見たことのない曲芸をしているなどの驚きの事実はなかった――が、これで安心したのも確かだ。私たちの存在がタコたちにとってさほど邪魔にはなっていないということだからである。

ここに載せた画像は、GoProで撮影した動画から抜き出したものである。三匹のタコたちが、貝殻のベッドをうろついている。中央に映るタコは遠くにいるが、「ジェット推進」でどこかに行こうとするところだ。右側のタコも同じように、ジェット推進で移動中である。

オクトポリスでの観察を始めたすぐあと、アラスカで研究活動をする生物学者、デイヴィッド・シールが私に連絡をしてきた。シールはかつてアフリカで、研修のためにライオンの調査をしたことがあった。(4) ランドローバーで何週間も、昼夜を問わずゆっくりとライオンの小集団のあとを追うのだ。その間、ライオンがどう移動し、またどのように狩りをしたかを記録していく。その後、シールは研究対象とする動物を変えた。今では、タコの中でも最大の種であるミズダコのエキスパートの一人となっている。ミズダコは体重が五〇キログラムほどにもなる大きなタコだが、シールは凍るように冷たいアラスカの海で、何度かその大きなタコと格闘もしている。格闘の末、彼はタコを水面まで運び、船に載せた。研究室へと連れて行くためである。ただし、彼の研究室では普段、タコを海から連れて帰って解剖するようなことはしない。シールは捕獲したタコの身体に小さな発信機を取りつけて海に放し、その後の動きを追跡することが多い。ただ、彼は以前からミズダコ以外のタコについても調査をしてみたいと考えていた（できればもっと暖かい海のタコが良いと思っていた）。間もなく、シールはオーストラリアへとやってきた。それからは、オクトポリス行きの小さなボートに乗り組む人間が一人増えることになった。

シールが加わってから、私たちのオクトポリス調査作業はより体系的なものになっていった。以前に比べて計測や計数に費やす時間が増えた。その頃にはGoProで撮影した映像データは膨大なものになっていたが、シールは映像データの整理に関しても私より優秀だ。何しろタコを映しているので、画面は無数の腕で埋め尽くされ、混沌としている。しかし、シールはすぐにその混沌の中に一定のパターンを見出すコツをつかんだ。また彼は、答えの得られる可能性が高い適切な問いを立てるのもうまい。二〇一五年の夏、私たちはオーストラリアで、ステファン・リンキストもチームに加え、オクトポリスのそばに停めたいつもより大きなボートの上で数日を過ごした。そこで、海中に据えた無人ビデオカメラの映像を日中、見続けることにしたのだ。今まではできなかったことだった。私たちのカメラにとっての敵はまず、タコ自身だった。三脚の上に生き物の頭に似た淡い色の小さなカメラが載っている様は、怪しい侵入者に見えるかもしれない。常に直立し、一切動かないが、彼らの縄張りに侵入してきた、三本腕のタコに見えても不思議はない。撮影中、タコは時々、カメラに興味を持ち、じっくり見たり、攻撃を加えたりしていた。おかげで、吸盤だけのアップが映ることも多かったし、タコが噛みつくところが大写しになったりもした。また、巨大なアカエイが来て、三脚が倒れてしまったこともあった。

二〇一五年の一月にはすでに、こうした調査ができる準備は整っていた。ビデオカメラで海中の様子を長時間、撮影し続けることは十分可能だったのだが、実行に移すタイミングがなかなか見つからなかったのだ。実際に長時間、観察をしたことで、これまでほとんど誰も見たことのないようなタコの行動が見られた。また、以前から断片的に目にしていた行動の中に新たにいくつものパターンを発見できた。たとえば、ある大きな雄は、観察するうちに、オクトポリスの門番のようなことをしているとわかった。日中はずっとオクトポリスに出入りしようとするタコを見張っている。そして、近づいてくるタコがいると追い払うことがある。追い払おうとしても引き下がらないタコがいると激しく闘う（本書の中ほどの口絵に、その様子をとらえたカラー写真を何枚か載せた）。追い払わずに中に入るのを許すこともある——おそらく雌の場合は許すのだと思われる。反対に、外にさまよい出た雌を、巣穴へと戻すこともある。

貝殻のベッドの上をさまようタコたちは、巣穴の中にいる別のタコたちとお互いに探り合いになることもある。時には互いに向かって素早く腕を伸ばすこともある。このお互いに腕を伸ばし合う動作は、オクトポリスですでに何年も前から繰り返し目にしている。私はタコどうしが闘っているのだろうとずっと思

っていた――最初の論文でも、私はこの動作を表現するのに「ボクシング」という言葉を使っている。しかし、ステファン・リンキスト（いつも人当たりが良く優しい人だ）は、この動作がボクシングなどではなく、「ハイタッチ」に近いことを発見した。腕を伸ばし、ぶつけ合うことで、お互いの存在を確認しているらしい。どちらもが、少なくともオクトポリスにいることを許された存在だと認め合っている。二匹のタコが互いに腕を伸ばし、ぶつけ合ったあとに、すぐリラックスした姿勢に戻ることも多い。ただし、腕をぶつけ合った後に、闘いを始めることも珍しくはない。ここに載せた写真では、一匹のタコが右側から接近し、左側の二匹がそのタコに向かって腕を伸ばしている。接近者と「ハイタッチ」をしようとしているのだ。

こうした行動には常に絶え間ない色の変化が伴っている。オクトポリスで見られたタコの色変化には、規則性や一貫性がないことも多い。第5章で私は、タコの色変化を、声ではなく色を使った「つぶや

き」のようなものなのかもしれないと書いたが、その考えにもよく当てはまるように思えた。無人カメラもそういうタコの様子を何度かとらえている[5]。独り静かに、他のタコともその他の生物とも関わることなく座っていながら、次々に身体の色や模様を変えていくタコが実際にいるのだ。私の目には何の理由もなく、色や模様を変えているように見える。もちろん色変化が意味を持つこともある。雄のタコが他の雄に攻撃を加える時には、暗い色に変わることが多い。そんな時のタコは海底で立ち上がり、自分をできるだけ大きく見せようと腕を精一杯伸ばす。時に、上の写真のように、頭より後ろの、外套膜と呼ばれる胴体の部分を高く持ち上げることもある[6]。

私たちはこれを「ネスフェラトゥ」のポーズと呼んでいる。サイレント時代の映画『吸血鬼ネスフェラトゥ』にちなんでつけた名前だ。この時のタコの姿は、黒マントを羽織った恐ろしい吸血鬼を思わせる。私たちはこのポーズを以前も目にしていたが、二〇一五年には、オクトポリスを支配しようとした雄のタコが何度もこのポーズを取るのを見ることになった。その雄は、他のタコを力で威圧しなくてはならなかった。そのために取ったポーズだ。そのポーズを見た相手が逃げることもあったが、相手が一歩も引かないために闘いが始まったこともある。「ネスフェラトゥ」のポーズを取る雄は、相手のタコに比べて大きいとは限らないが、闘いに負けることはほとんどなかった（映像に残っている限りでは、負けたのはたった一度だった）。

デイヴィッド・シールは、このようにタコが威圧し、威圧される時の色変化に関心を持ち、その観点で、私たちが撮った過去の映像を見返した。そして、何百というケースについて、威圧する側、される側の色変化がどうだったかを表にまとめた。その結果、シールがまず発見したのは、タコがどの程度、攻撃的になるかは、皮膚の色の「暗さ」でかなり予測できるということだ[7]。他のタコと対峙した時に、皮膚の色が暗くなれば、一歩も引かず闘いに挑むのだろうと予測できる。反対に、何種類かの薄色が出た場合には、闘う意思がないとみなしてまず間違いない。たとえば、穏やかな薄いグレーになった時、地味なまだら模様が出た時などはそれにあたる。ただし、まだら模様は、捕食者の脅威を感じている時に出ることも多い。それはタコ以外の多くの頭足類でも共通している。これは「威嚇のディスプレイ」と呼ばれる。一般には、捕食者に追い詰められた頭足類が、最後の手段として敵を驚かせる、あるいは混乱させるために使うディスプレイだとされている。つまり、まだら模様は、自分より強そうな者に出会い、打ち負かされる脅威を感じた時に意思とは関係なく自動的に出てしまう模様だという可能性もある。もしそうだとすれば、オクトポリスでわれわれが見た模様は少なくとも他のタコへの信号として出ているものではないかもしれない。ただしオクトポリスでは、自分より攻撃性の高い個体が見ている中、巣穴へ戻る時に「威嚇のディスプレイ」をするタコが時々いる。逃げようとしているわけではなく、他のタコを驚かせたりする意図もない。

もしかすると、オクトポリスでは「服従しています」「攻撃するつもりはありません」ということを伝えるために、このディスプレイが使われるようになったのかもしれない。一方で、暗い色や、ネスフェラトゥのポーズは、常に攻撃の意図が非常に強いことを示していると考えて間違いなさそうだ。

私はあるアーティストにイラストを依頼して、タコの皮膚の色や模様の変化がよくわかるイラストを描いてもらった。(8) ここに載せたのは、GoPro で撮影した映像の一シーンをイラストにしたものである。左側のタコは、色が非常に暗くなっていて、右側のタコを威圧する姿勢を取っている。右側のタコは薄い色で、身体の半分で「威嚇のディスプレイ」をしているが、間もなく逃げるところだ。

オクトポリスの起源

マシュー・ローレンスは、オクトポリスを発見した時からそこが特殊な場所だとは思っていた。しかし、どのくらい特殊かはよくわかっていなかった。オクトポリスに最も似ていると思える事例が報告されているのは、三〇年以上前にパナマの熱帯の海で見つかったとされる場所だ。ただ、その論文はいろいろと論議の的になっていた。

一九八二年、マーティン・モイニハン、アルカディオ・ロダニチェは、過去に記録のない異常な外見をしたタコを発見したと報告した[9]。鮮やかな縞模様を持つそのタコは、何十もの個体で集団をなしており、中には巣穴を複数で共有している個体もいたという。モイニハンとロダニチェの二人は、第5章で書いたとおり、アメリカアオリイカの調査をしている。この異常なタコについての報告は、アメリカアオリイカについての調査報告の一環としてなされた。二人はこの時、アメリカアオリイカには、皮膚の色と模様を使った一種の視覚的言語があると主張した。二人は、自分たちの観察した動物の写真や動画をまったく撮影していない（一九八二年当時、水中での撮影は今ほど容易ではなかった）。そして、生物学者たちを完全に納得させるだけの豊富なデータもなかった。モイニハンとロダニチェは、タコについても詳しい論文を書き、学術誌での発表を試みたが、拒否されてしまった。パナマで彼らが発見した派手な縞模様を持つ社交的なタコに関するすべてのことに対して、長年の間、他の多くの生物学者から懐疑の目を向けられ、二人は辛い思いをすることになった。

そういうわけで、二人の発見は魅力的だが逸話の域を出ないものとして科学的には認められずにいたのだが、ついに二〇一二年、二人が発見したものと同じと思われるタコが、民間の水族館向けの市場で売りに出されたのを機に情勢が変わった。生きた標本のうちの一部は、アメリカ、カリフォルニア州へと送られ、スタインハート水族館のリチャード・ロス、ロイ・カルドウェルによって飼育されることになった。拘束された環境下でも、モイニハンとロダニチェが報告したとおりの行動を取ることが確認され、さらにそれ以外の異常な行動も発見された。研究室内の狭い場所で、タコたちは互いに対して寛容で、巣穴も共有する。雌は交尾のあと、比較的長い期間にわたって抱卵を続ける——第7章でも書いたとおり、通常、タコは一度、産卵するとそれをしばらく抱き、孵化が終わると間もなく死んでしまう。カルドウェル、ロスらによる論文には、自然界での観察結果は含まれていない(10)。ただ、この種のタコが集まる場所を、海洋生物を収集するニカラグアの企業が把握しているとの記述はある。そこでのフィールド調査も準備中ということらしい。

一方、すでに私たちにはオクトポリスがある。オクトポリスも特殊な場所であることは間違いない。タコは通常、単独行動を取る動物である。単独で巣穴をつくり、短い間だけそこに滞在する。一つの巣穴にいるのはだいたい数週間だ。すぐにそこを離れて、また別の場所に巣穴をつくる。雄のタコは雌と出会って交尾する際、一定の距離を置くことが多い。腕をいっぱいに伸ばして精子の入った袋を渡すのだ。そのあと、卵を抱く雌のそばにいて何か手助けをするわけではない。一般には、大人のタコの間には、あまり互いの交流はないものとされている。オクトポリスにいるコモンシドニーオクトパスという種類のタコも他の場所ではさほど社交的ではない。

ではいったい、オクトポリスという場所はなぜ、どのようにして生まれたのか。私たちの見解をまとめると、推測にすぎない部分も多いが、概ねこのようになる。ある時、おそらく海上を走っていた船から何か物体が落ち、砂地の海底にまで到達した。金属製の物体だろう。今では、海の生物にすっかり覆われてしまって見えない。この物体の大きさはせいぜい、長さ、高さともに三〇センチメートルというところだろう。大きくはないが、その程度のものでも、海底においては、貴重な「不動産」になり得る。オクトポリスのタコの中でも最大のものは、この物体の下にいることが多い。また、魚の中にも、同じ場所にいたがるものが少なくない。彼らの存在を見て見ぬふりをするタコのそばにいる。この正体のわからない物体が、後にオクトポリスを生む「種子」となった。ほんの小さな物が核になって大きな結晶が育つのと同じだ。

基になる物体のそばに、まず一匹、あるいは数匹のタコが巣穴をつくったのだろうと私たちは考えている。そして、食物となるホタテ貝をそこに持ち込むようになった。身を食べてあとに残った貝殻が蓄積していく。大量の貝殻が積もったことで、その場所の物理特性は変化した。積もった貝殻は円盤状で、大きさは直径五、六センチメートルといったところだ。細かい砂に比べると、巣穴をつくるための「建材」としては優れている。おかげで、最初にできた巣穴の周囲には、さらに別のタコたちによって多くの巣穴がつくられるようになる。新たに加わったタコたちも食物としてホタテ貝を持ち込むため、貝殻はさらに多く蓄積されるようになる。つまり「正のフィードバック」が起きるわけだ。そこに棲むタコの数が増えるほど、蓄積される貝殻は増え、それを利用してさらに多くのタコによって多くの巣穴がつくられる。タコが増えるとさらに貝殻も多く蓄積され……と続いていく。

他の可能性としては、金属製の物体が落下した時、ほぼ同時にある程度の量、最初の貝殻が捨てられたということも考えられる。それはおそらく、湾での底引き網によるホタテ貝漁が禁止された一九八四年以前に遡ると思われる。あるいは、ダイバーによるホタテ貝の採取が禁止された一九九〇年近辺の可能性もある。金属製の物体が落下すると同時に、一定以上の量の貝殻がその場に捨てられたとしたら、オクトポリス建設にとってはより大きな弾みになったと考えられる。ただし、ほとんどの貝殻はタコたちが何年かにわたって少しずつ持ち込んだものだと思われる。タコたちはどこかでホタテ貝を捕まえ、食物として持ち帰った。それが積もることで、居住環境はしだいに変化していった。

最初の小さなきっかけが特定の場所にこれほど大きな影響を与えたのはなぜか。金属製の物体が落下した場所の周辺はもともと、貝殻のベッドができるくらいなので、タコにとって食物にとても恵まれたところだった。ホタテ貝は単独か小さな群れで生きる。タコにとっては良い獲物となる。しかし、いくら食物に恵まれていても、その周辺は巣穴をつくるのにとても良い場所とは言えない。海底は細かい砂で、崩れない穴を掘るのが難しい。しかも、捕食者は多く、命を落とす危険性がきわめて高い。実際、タコの巣穴のすぐそばまで、イルカやアザラシが獲物を求めてやってくるのを私たちは目にしている。サメも何種類か生息している。平らな海底近くに棲む大型のテンジクザメなどもいる。昔の爆撃機を思わせる外見のサメだ。オクトポリス付近にも、時々やってきて、タコが巣穴の中にいる時に、長い間、そばの海底に留まっている。何年か前、マシュー・ローレンスが、オクトポリスのすぐそばで衝撃的な映像を撮影したことがあった。一匹のタコが、開けた場所で、小さいが攻撃的な魚の群れに捕らえられていたのだ。カワハギだ。カワハギはピラニアに似ていて、何百という数が集まる。私に噛みついてきたことも何度かある。なぜそのタコが標的になったのかはわからない。魚たちはわずかな間、用心深く、フェイントのような動きを見せていたが、ある時、一斉に攻撃を仕掛け、タコをずたずたに引き裂いてしまった。タコは最初のうち、身を守ろうとする動作をしていたが、やがて必死でその場から逃げようとした。何とか海面に向かって移動しようとしたのだ。わずか数分でタコは死んでしまった。それ以降、私は、タコがこのあたりで生き延びていること自体を不思議に思うようになった。カワハギのような魚は常に周りにいるし、タコは食物の確保のため、頻繁に巣穴を離れる。今のところ考えているのは、タコは巣穴からある程度の距離までなら安全に移動できるのではないかということだ。たとえ魚が近くで見ていても巣穴から遠く離れなければ大丈夫なのかもしれない。魚が攻撃を仕掛けてきたとしても、即座に巣穴に戻ってしまえば被害を受けずに済むからだ。ところが、タコが少しでも巣穴を離れすぎると、まったく状況は変わってしまう。小さいタコは大きいタコよりも危険が大きく、警戒の必要があるとは言えるが、何百というカワハギが一斉に攻撃をしてきたら、たとえどのようなタコでも為す術はないだろう。

カワハギはうろついているし、アザラシもやってくる。サメも見回りにくるし、しばらく近くで動かずにいることもある。オクトポリスへの侵入者の中でも特に大きく、印象的なのは、タコにとって直接の脅威にはならない動物である。時々、あたりが急に暗くなったかと思うと、すぐそばに巨大な黒いエイが迫ってきている。横幅は車くらいある。胸ビレをゆっくり大きく動かして移動していく。タコは身をかわす。カメラがてんでになぎ倒されてしまうこともよくある。

貝殻でつくった深い巣穴がいくつもあるオクトポリスは、危険なその地域においては、例外的に安全な小島のような場所なのだろう。だからタコたちがそこに多く集まっていると考えれば納得できる。だが、そこでまた新たな疑問が湧いてくる。オクトポリスのタコたちは共食いをしないが、それはなぜなのか。オクトポリスには実にさまざまな大きさのタコがいる。マッチ箱くらいの大きさしかない小さなタコから、伸ばした腕の端から端までが一メートルにもなる大きなタコまでいるのだ。大きいタコが互いを食い合うことがないのは、どちらが食われるにしろ激しい闘いになり、危険が大きいからだ。ただ、大きいタコが小さいタコを食べることがないのはなぜだろう。タコは多くが共食いをする動物だ。オクトポリスにいるタコの近縁種の中にも共食いをするものがいくつかいる。だがオクトポリスでは共食いがないのはなぜか。それはおそらく、この地域が食物に恵まれているからだろう。まずホタテ貝が多いのは間違いない。だからわざわざ闘ってまで共食いをする必要はないということだ。

ここで少しホタテ貝の話もしておこう。ホタテ貝にも目がある。ただ、この目の設計は他の多くの動物とは違い、網膜の裏に鏡がある。ホタテ貝は、殻を開閉することで推進力を得て泳ぐ。はじめて見た時には驚いた。泳ぐカスタネットのようだった。ただ、タコに追い駆けられた時には、ホタテ貝の目や、泳ぐ能力はあまり役立たないらしい。タコに狙われると、ホタテ貝はまず助からない。

すでに書いてきたとおり、ここでは非常に珍しいことが起きている。基になった異物の侵入のおかげで、タコにとって安全な場所ができ上がったのだ。ここに最初にホタテ貝を持ち込んだタコは、あくまで自分が食べるために持ち込んだ。そして、食べたあとは殻を捨てた。やがて殻は大量に蓄積し、この場所は貝殻に覆われるようになった。貝殻の破片が多く積もったことで、タコたちが安全に暮らせる巣穴を数多くつくることが可能になった。今では、貝殻のベッドは大きく広がっており、新しい巣穴を、初期の頃につくられた巣穴からはかなり遠く離れたところにつくることができる。貝殻のベッドがオクトポリスにおいて正確にどのような役割を果たしているのかはまだわかっていない。巣穴の中には非常に深いものもある。少なくとも深さ四〇センチメートルにも達する巣穴があるのだ。貝殻にすっぽりと全身を覆われ、外から見えない状態で時を過ごしているタコも何匹かいるのは間違いない。外から見えないところでタコどうしの交流が行われている可能性もある。時には交尾もしているかもしれない。タコの姿が一匹も見えないのに、貝殻が動いていることがあるので、その下でタコが動いていることはほぼ確実だ。オクトポリスに棲みつくタコが増えれば増えるほど、持ち込まれる貝殻の数も増え、環境はますます安定していくことになる。

私たちは二つ目の論文で、オクトポリスを「エコシステム・エンジニアリング」の実例が見られる場所だとしている[11]。エコシステム・エンジニアリングとは、環境が、そこに生息する生物の行動によって変えられることを意味する。また、論文作成の作業を進める過程で、この環境変化に影響を受けるのはタコだけではないことにも気づいた。まず、オクトポリスに惹きつけられる生物はタコだけではない、他にも多くの生物がここに惹きつけられ集まってくる。何種類もの魚の群れが、貝殻のベッドの上を行き来している。撮影している動画に魚が多く映り込んで肝心のタコが見えにくくなることもあった。イカもよく出入りして、互いに信号を送り合っている。巨大なテンジクザメがしばらく居座っていることもあるが、彼らはタコを食べることを主目的としてそこにいるわけではないようだ。テンジクザメは動画にもよく映っている。待ち伏せし、上方の魚の群れに一気に襲いかかる姿は圧巻だ。一年のうちの特定の時期だけだが、まだ幼いサメ（テンジクザメとはまた違った種類だ）が貝殻のベッドの上にいるのを見ることもある。小さく、派手な装飾を施された「バンジョー・レイ」と呼ばれるエイもいる。また、エイの身体の上には、ヤドカリが這っていることも多い。

オクトポリスの生物の密度は、そのすぐ外の場所に比べて異常に高い。タコたちは、貝殻を集めるという行動により、自分たちの手で「人工的な」岩礁をつくったと言える。そして、この自らつくり上げた環境のおかげで、数多くのタコが一箇所に集中し、絶えず互いに交流しながら生きるという、通常よりも「社交的」な生活を送り始めたらしい。

オクトポリスを観察していると、タコという生物は、一般に思われているよりも社交的なのかもしれないという解釈も浮かんでくる。私たちが観察している種についてもそうだし、他の種もそうである可能性がある。皮膚の色変化やディスプレイなど、信号を送るような行動からして、そう考えるのが自然なのかもしれない。実際、そうした見方を後押しする研究報告は近年、増加している。それらの研究では以前に考えられていたよりも、タコが仲間と活発に交流していることを示唆する結果が出ているのだ。二〇一一年には、私たちの観察するオクトポリスも密接に関わる種についての研究の結果、タコたちが仲間を一匹一匹識別しているらしいと報告されている。[12]　一九九二年から続くある研究では、タコは仲間の行動を見て学習することができるという報告もなされ、論議の的になっている。[13]　ただ、オクトポリスは特殊な場所で、どこのタコでも同じような性質を持つわけではない、という解釈も成り立つ。私たちがオクトポリスで観察したタコの性質の少なくとも一部は、他の場所のタコには見られない可能性もある。タコの持つ知性全般と、特殊な環境が結びつくことで、特殊な行動を取るようになったのかもしれない。タコたちはこの環境で生きていくにはどのような行動を取るべきか自らを判断している。結果として取る行動が臨機応変で、新奇なものになることはある。いずれにせよ、この場に合う行動を自分の判断で見つけ出したのだ。

私は、オクトポリスのタコの行動にも古いものと新しいものがあると思っている。長く変わらない行動もあれば、各個体が状況に応じて取る一時的なその場限りの行動もあるわけだ。

タコの通常の生活には欠けているいくつかの要素が、オクトポリスでの生活にはある。そうした要素は、脳と心の進化に大きな影響を与えるものである可能性がある。まず、タコの個体どうしの活発な交流、社交は、通常のタコの生活にはない要素だ。また、その場でなされているタコたちの動きや行動と、タコたちの知覚していることとの間にさまざまなフィードバックが生じている点でも、オクトポリスの生活は特別だ。タコたちは、通常とは大きく異なる複雑な環境下に置かれている。他と最も大きく異なっているのは、生活していくうえで、常に他のタコたちが大事な要素になるという点である。貝殻のベッドを操作し、改造するということも絶えず行われる。周囲には貝殻の破片や、その他いろいろな物が散らばっているが、タコたちがそれを投げることもある。投げられた物が他のタコに当たることも珍しくない。物を投げるのは、単に巣穴を掃除するためかもしれないが、多数のタコが狭いところに集まって暮らしている環境ならではの結果をもたらすこともある。物を当てられた個体が行動を改める可能性もある。ただそれを狙って投げたのかどうか、現在のところは調査中なので何とも言えない。

私たちの知る限り、そうしたことのすべてが、タコたちの通常の短い生涯の間に起きていることになる。

すでに書いてきたとおり、タコの一生は非常に短く、卵を産んでも、孵化したあとの子供たちの世話をすることはできない。おおむね、タコたちが二歳になる頃まで生きるとしよう。そうすると、二〇〇九年から今までの間に、オクトポリスにはすでに何世代かのタコが生きたことになる。私たちがそこを訪れるようになってから、多くのタコが生まれ、死んでいったはずなのだが、新たな世代も、前の世代と同じように、通常のタコにはない、複雑な「社会性に近いもの」を改めてつくる。このような状況が長く続くのだとすれば、いずれ進化がさらに一歩進むとも考えられる。タコどうしの交流が複雑度を増し、発する信号はより洗練されたものになり、タコの密集度がより高まったとしよう。そうなると、タコの個体の一生が、周囲の他の個体たちの一生により大きく関わることになる。その影響が、脳の進化を促すことはあるだろう。第7章で、生物の寿命はそのライフスタイルによって変わり得るということを書いた。特に寿命への影響が大きいのは、捕食者の脅威がどの程度あるかということだ。オクトポリスに棲むタコたちは、他の場所にいる同種のタコに比べて捕食される危険は少ないと思われる。だとすれば、ここにいる種のタコに寿命が長くなる進化が起きない理由はない。

ただ、オクトポリスという場所から確実にそういう進化が起きると私は言いたいわけではない。それはおそらく不可能だ。オクトポリスはあまりに小さい。同じ種のタコはもっと広い地域に分布している。オクトポリスがその中に占める割合はごくわずかだろう。タコの卵が孵化すると、幼生は生まれた場所に留まるのではなく、遠くへと流されることが多い。仮に生き延びることができたとしても、定住するのは別の場所ということになるだろう。つまり、現在のオクトポリスにいるタコたちも、前にここにいたタコたちの子供、孫であるかどうかはわからないことになる。オクトポリス一箇所だけの、数年という時間は、進化的にはゼロにも等しい。進化が生じるには、かなりの広い範囲で、少なくとも何千年という長い時間にわたって何かが持続しなくてはいけない。だが、オクトポリスを観察していると、タコがこれから先、今とは違った生物に進化し得る道筋の一つが垣間見えるのは事実である。

平行する進化

本書の最後に、身体と心の進化についてもう一度、振り返っておきたい。すでに第2章で、最初期における身体と心の進化の歴史についてごくおおまかにまとめている。非常に古い時代の感覚器らしきものや、行動を起こす能力について、単細胞生物からの動物の進化、また、最初の神経系についても書いた。さらに、左右相称の身体の進化についても触れた。人間も、ミツバチも、頭足類も、同様に左右相称の身体を持っている。左右相称動物が現れてすぐ後、進化の木に一つの大きな分岐があった。一方の枝は脊椎動物へとつながり、もう一方の枝は、昆虫、蠕虫、軟体動物などを含む多様な無脊椎動物へとつながった。

感覚器は外から内へ情報を取り入れるためのもので、運動能力は、自分の外の世界にはたらきかけをするためのものである。それはあらゆる既知の生物で共通だろう。単細胞生物ですら同じである。感覚情報を取り入れる機構、信号を発する機構は、元はすべて外向きだったのだが、神経系を持った最初の動物が現れる頃に内向きの機構が生まれ、大きな多細胞生物を構成する各部分の動きを調整することに貢献するようになった。最初期の神経系が何をしていたにせよ、エディアカラ紀からカンブリア紀にかけての時代には、動物の行動と、それを可能にする身体に新たな体制《レジーム》が生じた。生物どうしの関係もそれまでの時代とは大きく変化した。特に重要なのは、食う、食われるの関係である。進化の木はその後も分岐を繰り返し、次々に新たな生物が現れたが、その中に一部、脳を大きく発達させるものがいた。そのような大規模な神経系に関する「進化の実験」は、脊椎動物の側と、無脊椎動物の側で独立して行われた。無脊椎動物の側で神経系を高度に発達させたのが頭足類というわけだ。

これが進化の概要だが、私はここでふたたび進化の木について触れたいと思う。本書を読んでくれた読者にいくつか是非とも知っておいてもらいたいことがあるからだ。ここで注目する部分は進化の木を細部までよく見なければ見えない。該当する分岐はとても小さいので、本書のこれまでの章のように、遠くからぼんやりと眺めていてもまったく見えないのだ。まず、脊椎動物の側を見てみよう。まず、そこに見つかるのは、私たち人間を含む哺乳類の枝である。しかし、ある程度以上の知性を進化させた脊椎動物は、何も哺乳類だけではない。魚類や爬虫類の中にも驚くべき知性を備えたものがいる。特に注目すべきなのはオウムやカラスなどの鳥類だ。脊椎動物の脳はすべて、「一つの主題の変奏曲」のようなものと言っていい。そのくらい共通点が多いのだが、それでも枝分かれは非常に古くから何度も起きている。鳥類と人類の共通祖先は、トカゲのような動物だったと思われるが、生きていたのはおそらく三億二〇〇〇万年前頃だ(14)。恐竜の時代の少し前ということになる。その時点から、大きな脳は、いくつもの道筋をたどり、それぞれ独立に進化してきた。第3章では、大きな脳の進化の歴史は、おおまかには「Y」の字で表せると書いた。脊椎動物につながる枝で起きた進化と、頭足類につながる枝で起きた進化の二つがあるからだ。ただ、これは実は話を単純化しすぎている。進化の木をもっと詳しく見ていくと、脊椎動物へとつながる枝は、その後、何度も重要な枝分かれをしていることがわかる。

頭足類の初期の進化については第3章で書いた。そして、タコやイカがどのような動物なのかを、その他の複数の章を使って書いてきた。タコとイカはどちらも頭足類だが、いくつも違っている点がある。どのような歴史を経て、今のタコとイカが生まれたのだろうか。頭足類の進化の過程に大きな分岐が存在することは間違いない。では、枝分かれが起きたのはいつ頃のことか。

長らく、化石の記録を根拠に、頭足類の中でもタコ、コウイカ、ツツイカなどを含むグループ（鞘形亜綱と呼ばれる）がはじめて地球に現れたのは、恐竜の時代、一億七〇〇〇万年前頃だと信じられてきた。そして、恐竜時代の後半以降、何度かの分岐を経て、現在のようなさまざまな種類のタコ、イカが生まれたのだと考えられた。

アンドリュー・パッカードは、一九七二年の有名な論文で、タコ、イカの進化は、ある種の魚類の進化と平行して起きたと主張した[15]。一億七〇〇〇万年前以降、一部の魚類が現代の「見慣れた」魚たちになる進化を始めたという。初期の頭足類は、海に古くから存在する捕食者だった。魚類は、頭足類と競争する中で新たな形態を進化させていった。また、頭足類も、魚類の進化に対抗すべく進化した。頭足類の複雑な行動の進化もそれに含まれる。

つまり現代のような頭足類は、比較的最近の時代の一度の爆発的進化によって生じたとする考えだ。この考えは、頭足類が大規模な神経系を持つようになったのは基本的には一種の進化上の「偶然」によるもので、その後、さらに多様化が加わって現在のようになったという見方とも相性がいい。頭足類の知性は偶然の産物だという仮説は以前から何度も真剣に検討されていた。特にタコのような大きな脳は、短く、非社交的な一生を送る動物には「過剰」ではないかと考えたがる傾向が、生物学者の間に長くあったのは間違いない。偶然かどうかはさておき、頭足類の知性の進化がしばらくの間、パッカードらの主張の影響で、基本的には「一本道」だと見られがちだったのは確かだ。この見方によれば、すべての頭足類の雛型とも言うべき生物がいて、それが大きな脳を進化させた。細かい枝分かれはあったものの、後の歴史は基本的にその延長線上にあるということだ。

だが、この見方は覆された。パッカードは化石の証拠を基に歴史を推測していた。しかし、頭足類のように柔らかい身体の動物の場合、化石のみに頼るとどうしても情報の欠落が多くなり、推測も不正確なものになってしまう。その後、遺伝子を調べることで、まったく違った進化の歴史が見えてきた。[16]タコ、コウイカ、ツツイカの共通祖先が生きた時代は、一億七〇〇〇万年前ではなく、二億七〇〇〇万年前頃であるとわかったのだ。この時点で共通祖先から、タコ類と深海に棲むコウモリダコ類を含む八腕目と、ツツイカ、コウイカを含む十腕目とが分岐した。

分岐の時期が従来信じられていたより一億年も前だとすれば、分岐のシナリオも従来のものとはまったく違ってくる。二億七〇〇〇万年前はペルム紀にあたり、恐竜時代よりも前である。当時の海の生物は現在とは大きく異なっていた。頭足類と魚類の競争はその頃にもあったと思われる。[17]ただ、分岐の時期が一億年古いとなると、複雑な神経系の進化は、一度ではなく少なくとも二度起きた可能性が高くなる。つまり、現在のタコへとつながる系統と、現在のコウイカ、ツツイカへとつながる系統で一度ずつ起きたというわけだ。

もちろん、すべての頭足類の共通祖先の段階ですでに行動の複雑さをかなり身に付けていて、ペルム紀の海で最も賢い動物になっていたのではないか、と考える人もいるかもしれない。分岐の時期からすると、この考えは確かに成り立つ。だが、それを否定する新たな証拠がすでに見つかっている。二〇一五年、はじめてタコのゲノムが解読された。[18]遺伝子を調べることで、タコの個体発生における神経系の形成に関して新たに重要な情報を得ることができた。神経系を形成するには、神経細胞どうしを正しく接着する必要がある。人間の場合は、プロトカドヘリンという物質がこの接着に利用される。タコの神経系の形成においても、やはり同様の物質が利用されることがわかった。

これは興味深い事実だ。人間とタコで同じ道具が利用されていたのである。しかし、別の発見も同時にあった。神経系の形成に利用されるプロトカドヘリンは、ツツイカとタコ、どちらの系統でも多様化していた。タコとイカが分岐したあとに、個別に多様化したらしい。プロトカドヘリンは、タコの進化の過程で一度、ツツイカの進化の過程でも一度、多様化したわけだ。つまり、脳を形成するこの物質は、進化の歴史の中で少なくとも三回、多様化をしていることになる。頭足類で一度、私たち人間のような動物で一度、合計二度、ではなかったのだ。

この事実がどの程度重要かは、コウイカやツツイカが果たして真に「賢い」動物と言えるかどうかで変わってくる（ここでは、コウイカとツツイカをひとまとめに扱ってもいいだろう）。タコに比べると、コウイカの認知能力についてはまだ十分な知識があるとは言えない。ツツイカに関してはさらに証拠が少ない。まだ謎の多いコウイカだが、コウイカがかなり高い知力を備えていることを示す証拠が新たに見つかっているのは確かだ。

たとえば、フランス、ノルマンディーのクリステル・ジョゼ＝アルヴラの研究グループは近年、コウイカの記憶について調査をした(19)。対象となったのは、私たちが観察したジャイアント・カトルフィッシュなどよりも小さい種類のコウイカだ。動物の記憶にはいくつかの種類がある。人間の経験にとって重要なのは、「エピソード記憶」と呼ばれる記憶だ。エピソード記憶とは、特定の出来事についての記憶のことである。事実や、技能に関する記憶とは違う（去年の誕生日に何があったかを覚えているのは、エピソード記憶だ。泳ぎ方を覚えているのは技能に関する記憶で、これは手続き記憶と呼ばれる。そして、フランスがどこにあるのかを覚えているのが事実に関する記憶で、これは意味記憶と呼ばれる）。ジョゼ＝アルヴラがコウイカを対象に行った実験は、鳥類のエピソード記憶に関する有名な一連の実験を参考にしたものだった。しかも、その研究チームには、著名な鳥類研究家、ニコラ・クレイトンも加わっていた。鳥類の研究でもコウイカの研究でも、研究者たちは「エピソード様の（episodic-like）」記憶という言い方をしている。これは、人間においてはエピソード記憶は主観的経験を形作る大切な要素だが、他の動物においても同じことが言えるかどうか、定かでないからだ。

実験でエピソード様の記憶として扱われたのは、具体的には、ある種類の食物がどこで、いつ入手できたか、という記憶である。これをＷＷＷ（What-Where-When＝いつどこで何が）記憶と呼ぶこともある。コウイカを対象とした実験はこのように行われた。まず、二種類の食物（カニとエビ）を用意し、被験者となるイカがそれぞれどちらを好むかを確かめる。次に、カニ、エビをそれぞれ水槽内の特定の場所でイカに与える。イカは視角的な手がかりによってその場所がわかるようになっている。カニは食べたあと一時間で補充されるが、エビは三時間待たなければ補充されない。その環境下で学習をさせたイカにエビを食べさせたあと、いったん水槽から出し、一時間後に再び水槽に戻したとする。イカはエビを食べた場所に行っても無駄だとわかっている。そこには何もないからだ。水槽に戻されたのが一時間後なら、イカはカニを食べた場所に行く。戻されたのが三時間後ならば、エビを食べた場所に行く。

私たち人間を含む哺乳類、鳥類、そしてコウイカという三種類の動物すべてにエピソード記憶があるとすると、それぞれに独立した三つの系統で同じような進化が起きていたことになる。これは驚くべきことだろう。同じ実験をタコを対象に行った人がいるのか、私は知らない。だから、タコが同じ状況でどう反応するのかはわからない。ジョゼ＝アルヴの研究でわかったのは、十腕目の系統に非常に複雑な認知能力が見られるということだ。ある時点からタコの脳とは分かれて進化した脳にその能力があるわけだ。言い換えれば、頭足類の中でも知性が複数、平行して進化した証拠があるということだ。この事実は、頭足類が複雑な神経系を持つよう進化したのは単なる「偶然」ではないことを示唆する。単なる偶然であれば、何度も起きる可能性は低いからだ。単にどこかで一度だけ始まった進化が、後に枝分かれによって生じた複数の系統で多様化しつつ継続したというわけではない。タコの系統とイカの系統で、同じような神経系の進化が平行して起きたのだ。

進化的に見れば、タコとコウイカの関係は、実は哺乳類と鳥類との関係に近いと言える。脊椎動物の系統中で、哺乳類と鳥類が分岐したのは、三億二〇〇〇万年前頃と見られる。両者の身体の構造は現在、かなり違ったものになっているが、どちらも大きな脳を進化させた。タコとイカはどちらも軟体動物、頭足類で、身体の構造は哺乳類と鳥類ほどは違わない。ただ、分岐したのは、同じくらいの時期と見られる。そしてその両方で大きな脳が平行して進化した。

これを表す進化の木は次ページの図のようになる。

頭足類は遠い昔から大きな捕食者だった。約二億七〇〇〇万年前に、頭足類の一グループが他と枝分かれした。おそらくそれは、殻を捨てるという重大な出来事が始まったあとだ。そして、少なくとも二つの系統で、大規模な神経系が独立して進化した。頭足類と賢い脊椎動物は、心の進化の歴史における、互いに無関係な実験だということができる。哺乳類と鳥類のように、本書で取りあげたタコとコウイカも、こうした大きな実験の中の小さな実験だと考えられる。

海

心は海の中で進化した。海の水が進化を可能にした。ごく初期には、何もかもが海の中で起きたのだ。

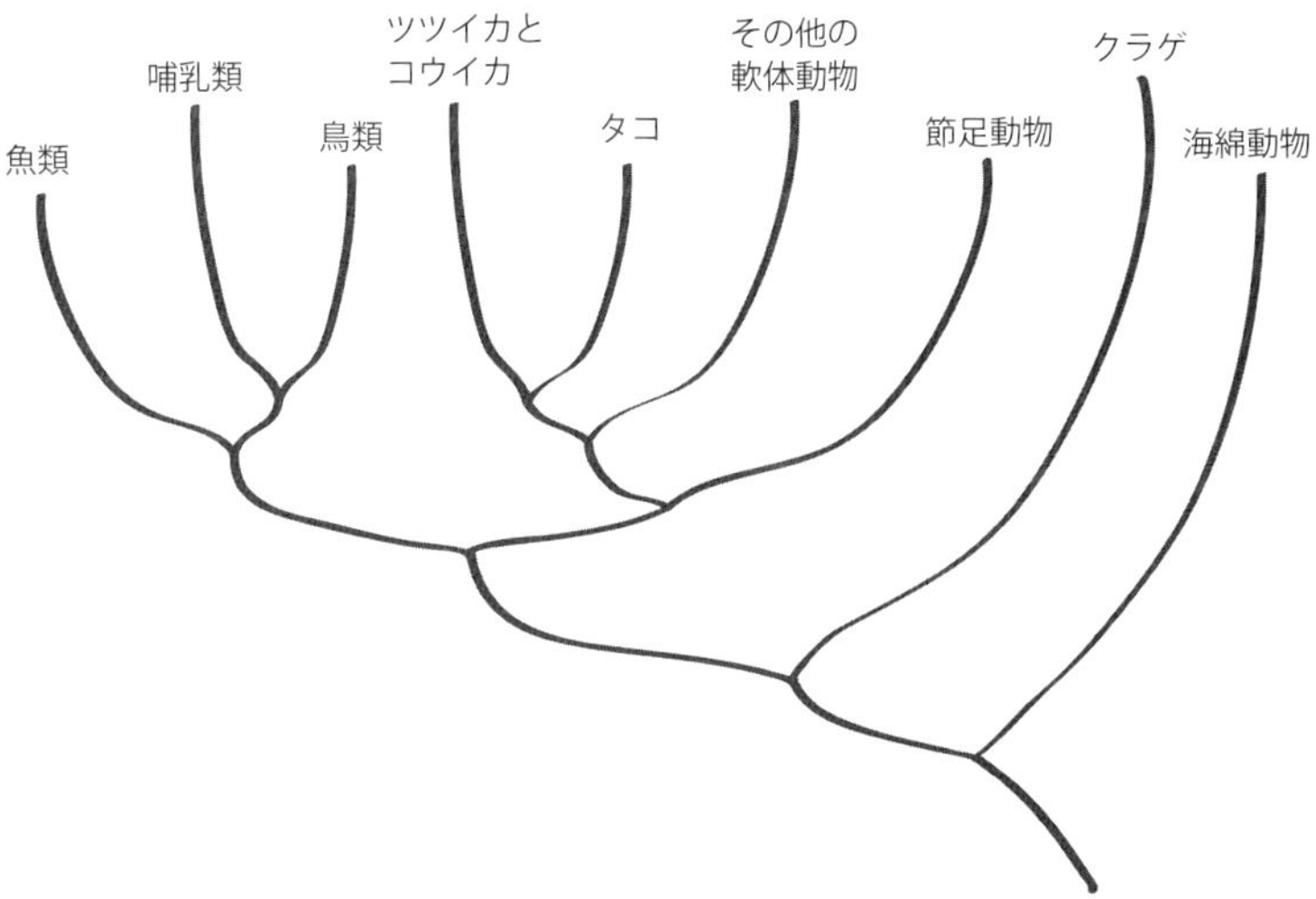

タコとイカの進化上の関係：この図は，進化の木のうち，本書に関係の深い部分だけを抜き出したものである．この図の中で近い位置にある枝分かれの箇所や生物が必ずしも進化的に近いわけではない点に注意．また，非常に大きいグループ（分類群）も小さいグループもこの図の中では同じように扱っている．哺乳類，鳥類は属する生物種の多いグループと言えるだろう．しかし，いずれも頭足類に属するタコとイカは，属する生物種の数から言って，哺乳類や鳥類に比べてはるかに小さいグループである（哺乳類，鳥類は，どちらも生物分類の階級で言うと「綱」となる．一方，イカ，タコの属する頭足類は，すべて合わせて一つの綱だ）．図の中では右側に配置した節足動物は，生物分類の階級で言うと「門」にあたるので，「綱」より上の階級ということになる．ここには，昆虫，カニ，クモ，ムカデなど，多種多様な生物が属する．この図から省いたグループも数多くある．ミミズなどの環形動物を入れるとしたら，「その他の軟体動物」と「節足動物」の間あたりということになるだろう．節足動物の枝と分かれ，軟体動物へと至る短い幹があるが，環形動物への枝は，その幹のどこかから伸びている．ヒトデなどの棘皮動物は，左側に配置した脊椎動物のそばである．「魚類」は正確には一本の枝にはならない．大半の魚は，左端の枝に属するが，シーラカンスなど一部の魚は，哺乳類や鳥類へとつながる枝に属する．

生命が誕生したのも海で、動物が誕生したのも海だ。神経系、脳の進化が始まったのも海の中だった。また、脳が価値を持つには、複雑な身体が必要になるが、その複雑な身体が進化したのも始めは海の中だった。生物が陸へと進出したのは、本書のはじめのほうの章で触れたエディアカラ紀やカンブリア紀よりも少しあとのことだ。四億二〇〇〇万年前、あるいはそれよりも前かもしれない。いずれにしても、その歴史のはじめ、動物がすべて海の中にいたことは確かである。動物は自分の身体の中に海を抱えて乾いた陸に上がった。基本的な生命活動はすべて、膜に囲まれ、水で満たされた細胞内で営まれる。細胞は、海の切れ端を中に抱えた小さな容器だと言ってもいい。私は第1章で、タコとの出会いは、いろいろな意味で地球外の知的生命体との出会いに近いと書いた。だが、もちろん、タコは地球外の生命体などではない。タコも人間も、地球と海によって生まれた点では同じである。

海は生命と心を生んだ場所であり、海にはそれを可能にする特性があるのだが、私たちは普段、それをほとんど意識しない。そうした特性はとてもミクロなスケールで働いているものだからだ。私たち人間がどのような活動をしても、海が目に見えて変化をすることはない。たとえば、森林の木を伐採すれば、その変化はすぐに目に見えて否定しようがないのだが、海に起きる変化はそうではない。廃棄物を海に流したとしても、それはすぐに広く拡散し、薄まってしまう。海の環境に何か問題があっても、緊急に対策が必要だと感じられることは少ない。仮に何か対策が講じられたとしても、すぐに目に見えるような成果が得られることは稀である。

しかし、海面よりも下を少し見てみるだけでも、私たちの行動の影響が明らかにわかることは多い。私がこの本を書こうと考え始めたのは二〇〇八年のことだった。その前には、シドニーの海岸近くに小さな住まいを買っていた。北半球が夏になる時期に私はいつもシドニーに行っていたのだ。シドニー付近の海岸ではどこもそうだが、私の住むアパートのそばでも、長く漁業資源の乱獲が続き、二一世紀になる頃には海に潜っても魚の姿がほとんど見当たらないというほどになってしまった。しかし、二〇〇二年に、一つの小さな湾が禁漁区に指定され、野生生物が完全に保護されることになった[20]。おかげで数年の間に、魚類をはじめとする数多くの動物が戻ってきた。私が頭足類と出会ったのは保護された湾で、その出会いによって本書が生まれることになった。

禁漁区の指定で成果が得られたことは喜ばしいし、希望が感じられる。だが、海が現在、大きな危機に直面しているという状況に変わりはない。漁業資源の乱獲が続いていることも明らかだ。海を泳いでいるものは何もかも無差別に捕らえ、船に引っ張り上げて冷凍してしまう、というような乱暴な漁業が横行しているのだ。資源を適切に管理することが必要なのだが、うまくいっていない。人間が強欲で、皆で競って利益を追求しているから、ということもあるが、それだけではない。まず問題を正しく理解することが難しい。また何より、人間の持つ破壊能力の大きさを認識することも容易ではない。船がすべて去ったあとも、残った海は元と変わっていないように見えてしまう。

一九世紀の後半、『種の起源』が刊行された後、トマス・ハクスリーは、チャールズ・ダーウィンにとって科学の世界で最も重要な協力者であり、彼自身も著名な生物学者だった。一九世紀の中頃、北海の漁師たちは、このままでは自分たちは近いうちに魚を取り尽くしてしまうのではないかと心配し始めた[21]。そこでハクスリーに意見を求めた。ハクスリーは「まず心配は必要ない」と彼らに答えている。彼は、海でどのくらいの魚が生まれ、漁師がそのうちのどのくらいの割合を捕らえているかを簡単に計算した。計算の結果がどうだったかは、一八八三年の発言からわかる。「われわれが現在のままの漁業を続けるのだとすれば、最も重要とされるいくつかの漁業、つまりタラ漁、ニシン漁、サバ漁で獲物が尽きることは決してないと私は確信できる」。

ハクスリーの考えは大きな間違いだった。彼はあまりに楽観的すぎた。この発言からわずか数十年で、こうした漁業資源の多く、特にタラが深刻な危機に陥った。[22] まったく心配はいらないと自信たっぷりに断言してしまったために、ハクスリーはまるで悪役のようになってしまった。仕方がないことも言えるが、ハクスリーを悪者にしたい人は、どうやら、先に示した彼の悪名高い言葉の一部を見過ごしている（時には始めからなかったかのようにしている）からだ。「現在のままの漁業を続けるのだとすれば」という部分だ。

多少の擁護はできるとしても、ハクスリーの予測は結局、誤っていたとしか言いようがない。だが、多くの人が正しい予測はできなかった。その理由の一つは間違いなく、漁業の技術の急速な発展を事前に予測することが難しかったからだ。一度の漁、一隻の船で取ることのできる魚の量がある時から急激に増えたのである。用具の機械化が進み、冷凍の技術も発達した。そして、魚を追跡するハイテク機器もつくられるようになった。ハクスリーが楽観的な予測を立てた頃の「現在のままの漁業」が変わらず続いた期間はごく短かったのだ。そして魚はごく短い期間で減少することになってしまった。

魚の乱獲は一九世紀に始まり、現在に至るまで続いている。近年、多少状況は改善されつつあるとはいえ、乱獲が止まったとはとても言えない。他に重要な問題としては、海の化学的性質の変化があげられる。これは乱獲よりもさらに目に見えにくく、しかも原因はよりグローバルである。解決はさらに困難だろう。

その一つは海水の酸性化である。[23] 化石燃料の使用により大気中の二酸化炭素濃度が高まると、増えた二酸化炭素の一部が海水に溶けるのだ。すると、海水のpHバランスが変化することになる。通常は弱アルカリ性の海が酸性化していく。海水が酸性化すると、頭足類を含めた多数の海洋生物の生理と代謝に影響が及ぶ。特にカルシウムで硬い部分をつくるサンゴなどの生物に深刻な影響がある。硬い部分は柔らかくなり、海水へと溶け出す。

本書の執筆作業が終わりに差しかかった頃、ミツバチの研究者、アンドリュー・バロンと昼食を共にする機会があった。そこには、私と同じ哲学者のコリン・クラインも同席していた。私たちは、主観的経験の進化的起源をどうすれば解明できるかを話し合った。また、バロンがミツバチの研究者なので、世界中で大きな問題になっているミツバチのコロニー崩壊についてどう考えているかも聞きたいと思っていた。

この問題の存在が明らかになったのは二〇〇七年頃のことである。世界の多くの国で、ミツバチのコロニーが突然、崩壊してしまうという現象が起きたのだ。そのせいで、リンゴ、イチゴなど多数の農作物の授粉ができないという事態になった。授粉媒介者としての役割を持つミツバチの異変は経済に与える影響が大きかったことから、その原因がすぐに詳しく調査された。これはどこかの地域に限定的な現象ではなく、全世界的に同時に起きている現象だった。しかし、それにしては発生があまりに急だ。寄生虫だろうか。菌類だろうか。それとも有害な化学物質による汚染なのか。その点をバロンに尋ねると、「今、調査中で、何が起きているのかはかなりわかってきている」という答えが返ってきた[24]。私が「結局、原因は何なのか」と尋ねると、「今わかっている限り原因は一つではない」とバロンは答えた。ミツバチの生活には常にいくつもの小さなストレスがかかっている。長年にわたりその数はしだいに増え、ストレスも少しずつだが強くなる一方だった。汚染物質は増えていく。有害な微生物の数、種類も増える。生息できる場所は減っていく。ストレスは蓄積されていくが、それでもしばらくの間、ミツバチは対処することができた。コロニーは、より努力することでストレスを吸収し、元のままの生活を維持していた。私たちには何も変わらずに生きているように見えたし、何か苦しんでいるようには見えなかった。だが、ストレスを吸収する余力はゆっくりと失われつつあったのだ。やがて臨界点に達し、ミツバチのコロニーは崩壊を始めた。表面上は突然、一気に崩壊したように見える。だが、実際には何か一時的な問題により急に崩れたわけではない。ストレスを吸収する能力が限界に達しただけである。現在は、多数の果樹農家が、何千キロメートルも旅をして、果樹園から果樹園へと訪ね歩き、授粉がまだ可能な健康なミツバチを必死に探している。

これはミツバチの話だが、私は海でも同様のことが起きるのではないかと考えている。地球の生物の創造力はとても大きく、私たちが何世紀にもわたってしたい放題のことをし続けても、たいした影響はなかった。しかし、現在、人間の力は強大になり、生態系にかけるストレスもそれだけ強く、大きくなった。地球は今もストレスを吸収している。その影響はまったく目に見えないわけではないが、見えにくいことが多く、経済活動を優先させるため、簡単に見過ごされてしまうこともある。場所によっては、すでに影響が大きくなりすぎているところもある。世界の海の中には、酸素の欠乏などの理由により、動物はまったくおらずその他の生物もほとんど生きられない「死の海域」となってしまっているところもある。[25] 人間が海にストレスをかけるようになる前から、死の海域が自然にできることが時折あったのは間違いない。だが、現代の死の海域の問題は、自然のものとは比較にならないほど規模が大きいということだ。その中には、決まった季節にだけ、近くの地上の農地から肥料が流出した直後に死の海域になる場所もあるが、永続的に生物がいない場所もある。海は元来、生命にあふれているところのはずだが、それとは正反対の場所がいくつもできてしまっている。

私たちはこれからも海を大切に守っていかなくてはならない。その理由はたくさんあるが、本書を読んできた読者には、その一つが何か、もうわかっているだろう。海に潜ることは、私たちすべての起源を探ることでもある。

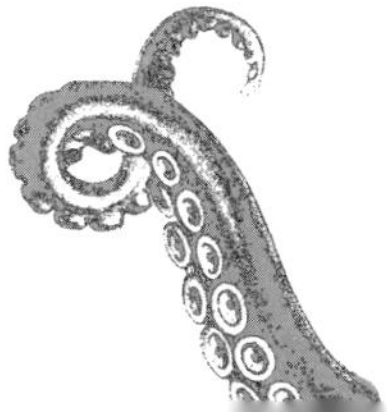

謝辞

本書をつくるにあたっては、海洋生物学者、進化理論学者、神経科学者、古生物学者など、数多くの科学者に協力をしてもらった。そのすべてに感謝している。まず名前をあげるべきなのは、クリスティン・ハファードとカリーナ・ホールだろう。頭足類について理解する上で、特に初期の段階で大いに力になってくれた。本書に重要な貢献をしてくれた生物学者としては他に、ジム・ゲーリング、ガスパール・イェケリー、アレクサンドラ・シュネル、マイケル・キューバ、ジーン・アルペイ、ロジャー・ハンロン、ジーン・ボール、ベンヤミン・ホフナー、ジェニファー・マザー、アンドリュー・バロン、シェリー・アダモ、ジーン・マキノン、デイヴィッド・エデルマン、ジェニファー・ベイジル、フランク・グラッソ、グラハム・バッド、ロイ・カルドウェル、スーザン・ケアリー、ニコラス・ストラウスフェルド、ロジャー・ビュイックなどがいる。オクトポリスにおいて、マシュー・ローレンスやデイヴィッド・シール、ステファン・リンキストなどがどれだけ活躍してくれたかは、本文からもよくわかるだろう。共同で撮影した動画から切り取った画像の掲載を許可してくれたことにも感謝している。

哲学の側にも感謝したい人は大勢いる。まず、私がダニエル・デネットに大変な影響を受けていることは、彼の著書の愛読者ならすぐにわかると思う。また私は、フレッド・カイザー、オム・ステレルニー、デレク・スキリングス、オースティン・ブース、ローラ・フランクリン＝ホール、ロン・プラナー、ローザ・カオ、コリン・クライン、ロバート・ラーズ、フィオナ・シュイック、マイケル・トレストマン、ジョー・ヴィッティにも感謝している。ダイビングに関しては、ダイブ・センター・マンリーと、レッツ・ゴー・アドベンチャーズ（ネルソン湾）の大きな協力を得た。エリザ・ジュエットは五七ページ、二二四ページのイラストを、エインズリー・シーゴーは五四ページのイラストを描いてくれた。カラー口絵の最初のページの写真は、アニマル・ビヘイビア誌（第一〇六号、二〇一五年八月発行、一四五－一四七ページ）に掲載された『頭足類の知性（*Cephalopod Cognition*）』の書評にも出てくる。デニス・ワットリー、トニー・ブラムリー、シンシア・クリス、デニス・ロダニチェ、ミック・サリウォン、リン・クリアリーにも感謝しなくてはならない。ニューヨーク市立大学大学院センターにも感謝する。知的な空気の中、自由に思索、執筆ができる、研究活動を進めるには素晴らしい場所だ。キャベッジ・ツリー・ベイ水生生物保護区、ブーダリー国立公園、ジャーヴィス・ベイ・マリン・パーク、ポート・スティーブンス＆グレート・レイクス・マリン・パークなどの保護官たちにも感謝する。生態系を守るための彼らの努力は本書にとって不可欠だった。

編集者アレックス・スターの役割は非常に重要だった。彼の貢献は、通常の編集者のそれをはるかに超えていたと思う。最後に、ジェーン・シェルダンにも感謝の言葉を述べておきたい。彼女は本書の草稿を読み、鋭い指摘をしてくれた上、海の中では注目すべき動物を多く見つけだしてくれた。また、多数の有用なアイデアも提供してくれた。そして何よりありがたかったのは、本書が生まれた沿岸の小さなアパートの部屋で、私とともに、次第に量が増える海水やネオプレンと辛抱強く闘ってくれたことである。

訳者あとがき

H・G・ウェルズに『宇宙戦争』という有名な作品がある。火星人が地球を侵略する、というSF小説だ。オーソン・ウェルズの翻案によりラジオドラマ化された時は、あまりに真に迫った内容のため、本当に火星人が攻めてきたと勘違いする人が続出し、全米がパニック状態に陥ったとも言われる。何度か映画化もされており、最近では二〇〇五年、スティーブン・スピルバーグ監督、トム・クルーズ主演で映画になった。

ご存知の方も多いと思うが、この『宇宙戦争』、原題は *The War of the Worlds* である。重要なのは、world（世界）という言葉が複数形になっていることだ。直訳では「世界と世界の戦争」ということになる。普段、私たちは世界が一つだと思っているが、実はそうではないということだ。この小説の中では、少なくとも世界は二つ、つまり、地球人の世界と火星人の世界があり、その二つの世界が戦争をするわけだ。単に地球人と火星人の戦争ではないというところが面白い。どちらにも世界、世界観というものがあって、どちらもそれぞれにとっては唯一の現実であり、その二つが衝突をすることになった。

人間はとても自己中心的なもので、自分自身でもそうとは気づかずに、ごく自然に自分たちを唯一無二の存在だと思っているところがある。だが、少し考えると、そうとは限らないことがわかる。自分とまったく同じではないが、「同等」と言ってもいいような存在がどこかにいても不思議はない。だが、ついそんな可能性をまったく想定せずに生きてしまうところがある。

本書の原題は*Other Minds*である。これもmindという言葉が複数形になっているのがポイントだ。mindを日本語にどう訳すべきかは、状況によっても変わり、いつも迷うところだが、ここでは、「心」もしくは「知性」というような意味で使われていると考えて間違いない。だから"other minds"は、「(人間とは)別の心、あるいは知性たち」という意味だ。本書は、まさに原題どおり、人間とは違う別のmindを持った生物について書いた本になっている。そして、その生物とはタコ、イカなどの頭足類である。人間以外の生物に「心」があるかどうかは、尽きない議論の的になるテーマなので、ここではmindを「心」と言い切ることはしない。

ここで意外に思う人がいるかもしれない。人間以外に心や知性らしきものを持っていそうな生物として取りあげられるのは、類人猿を含めたサル、あるいはイヌやネコ、ということが多いからだ。ほとんどが哺乳類ということになるだろう。

だが、本書では、仮にサルやイヌなど人間以外の哺乳類に心があったとしても、それを"other minds"とは呼ばない。彼らの心はどちらかといえば、私たちのものと同種のものとみなす。区別する基準は何かといえば、「進化」だ。たとえば、サルは人間に進化上、非常に近い生物だ。歴史でいうと、つい最近、枝分かれしたばかりである。だからおそらく、人間の心は、サルとの共通祖先が持っていた何らかの能力が洗練され、高度になったものと考えることができる。つまり、両者の心(あるいは知性のようなもの)は、本質的に同じということだ。歴史のどこかで一度、生まれた能力が、時を経て、高度に発達、洗練されたものというわけだ。だが頭足類はまったく違う。人間と頭足類の共通祖先が生きていた時期は本書によれば、今から五億〜六億年前のエディアカラ紀ということになる。そのすぐ後、枝分かれをし、以後、両者の祖先はまったく無関係に別の進化を遂げた。共通祖先には、後の知性につながるような能力はなかったと考えられる。だから頭足類に心や知性のようなものが生まれたのは枝分かれ後ということだ。

要するに、この地球上では、少なくとも二回、同じような能力が、まったく別のところで無関係に生まれ、進化したということである。これは果たして偶然なのか。実は、一定の条件が整えば、同じような進化は何度でも起きるのではないか。進化には方向性はないとよく言われるが、方向性はなくても、傾向のようなものはあるのではないか。頭足類はそう考えさせる存在である。

人間にとってタコ、イカなどの頭足類は、独立して進化を遂げたにもかかわらず、同じようなmindを持った非常に不思議な生物だ。この点だけを見れば、ほとんど「異星人」と同じということになる。地球以外に知的生命体（つまりmindを持った生命体）がいたとしたら、それは私たち地球人とはまったく別の場所で、独立して進化を遂げた存在ということになるからだ。人間と頭足類との接触は、“other minds”との接触という点では、異星人との接触と同じだ。昔から、異星人の想像図はタコに似た姿になっていることが多かった。最初に描いた人がなぜ、そういう姿にしようと考えたのかはわからないが、的を射ていたのかもしれない。偶然にしてはできすぎている。

本書では、頭足類にmindが備わっていることを示唆するエピソードがいくつも紹介されている。たとえば、研究用に飼育されているタコが人の顔を一人ずつ記憶しており、嫌いな人が近づくと水をかける、水槽の中の電球をわざと壊して遊ぶ、ショートして停電が起きるのを楽しんでいるように見える、など。いずれも非常に興味深い。なかでも「人間に近いのでは」と思わされるのは、食べ物でないものにも純粋な好奇心だけで近づいて来る（ように見える）という話である。著者をはじめ、海に潜った研究者たちに、タコの方から近づいてくることがあるというのだ。時には、探るように腕を伸ばしてくることさえある。人間がタコの餌にならないことは明らかなのに、興味を示す。これは人間に似た「心」を持っている証拠かもしれない、とは感じる。

もちろん、頭足類と人間には大きな違いがあるので、簡単に両者が似ているなどということはできない。たとえば、人間の場合は、神経細胞が脳に集中しており、その知性は「中央集権的」なものになっている。だが、頭足類の場合は、脳の他、腕にも多数の神経細胞が集まっている。その構造からして、人間のように脳で常に一つの世界を経験しているとは考えにくい。脳と腕では別の世界を経験していて、脳とは無関係に、腕だけで世界に対して何かはたらきかけをすることもあり得る。もしそういう生物になったらどういう気分で生きることになるのか、想像するのは非常に難しい。また、私たちはつい、心と身体を切り離して考えがちだが、実際にはどういう身体を持つかで心のありようは変わる、身体あっての心であり、二つは不可分だということに気づかされる。本書では、この「頭足類になったらどういう気分か」ということについても詳しく考察している。そして、そもそもこの「～になった時の気分」、つまり「主観的経験」とは何で、どういうふうにして生まれ、進化してきたのか、ということについても深く掘り下げている。

本書を読んでいると、私たち人間という存在、そして人間の持つ心や知性を「相対化」できる。私たちとはまったく別の進化を遂げ、まったく異質な mind を持つ生物について知ると、生物には、また mind には自分たちとは別の可能性があり得るのだとよくわかる。そして相対化することで、自分のことがより深く理解できる。また、本書を読むと、私たちが海という広大な世界についてあまりにも無知だということも痛感させられる。宇宙を探検しなくても、異星人に遭遇しなくても私たちの身近にはたくさんの驚異がある。本書を通じ、頭足類という生物について深く知るだけでなく、自分たち人間を見る読者の目が大きく啓かれることになれば、訳者としてこれほどの喜びはない。

最後になったが、翻訳にあたっては、みすず書房の市原加奈子氏に大変お世話になった。この場を借りてお礼を言いたい。

二〇一八年一〇月

夏目 大

索　引

カ

知覚の恒常性　102；タコの　120–123
知性　頭足類の　9–1, 58–71, 191, 236–240；カラスやオウムの　7, 59, 235；評価の問題　59–61；タコの　59–71, 77–79, 88, 120–123, 133–134, 194, 231–232；他の機能との関連　60–62；タコの腕と　81–83；ギブソンの「採餌」説　84–86；社会生活と　84, 90；捕食・被食の関係と　86, 209, 210, 212；身体のつくりと　90–93；身体の制御の必要と　87–88；ジャイアント・カトルフィッシュの　133–134；「偶然」説　236
チャールズ（タコ）　Charles　63–65
中央実行系　180
チンパンジー　chimpanzee　6, 7, 77, 85, 173, 194
ツツイカ　squid　4, 55, 57, 86, 152, 154, 236–238, 241
ディクソン, ローランド　Dixon, Roland　1, 14
ディッキンソニア　*Dickinsonia*　33, 35, 45
デネット, ダニエル　Dennett, Daniel　179
デューイ, ジョン　Dewey, John　169, 174–175, 178
デューズ, ピーター　Dews, Peter　62–66, 69
てんかん　105
電気パルス　101
テンジクザメ　baby shark　228, 231
デントン, デレク　Denton, Derek　114
ドゥアンヌ, スタニスラス　Dehaene, Stanislas　110–113, 119–120, 183–184
統合　経験の　103–106, 182–184；感覚の　108–110, 113
頭足類　進化の経路　5–10, 46, 49, 51–57, 77–84, 89–90, 209, 233–240；知性　10, 65–71, 190, 191, 237–240, 242　→知性；二つの系統　55；交尾と繁殖　56, 58, 90, 206–207；哺乳類との比較　60–61, 80；腕　80–83, 125–130, 138–139；脊椎動物との共通点　89–90, 122；色変化　131–166, 190；色を発する仕組み　132–136；色を識別する仕組み　146–150；色変化の意義　150–157；短く圧縮された寿命　192–195, 205–212；「偶然」説　236；複雑な神経系の平行進化　237；→個別の種名の項も参照
『頭足類の行動』（ハンロンとメッセンジャー）　*Cephalopod Behaviour*　62–63, 181
動物虐待　70
動物心理学　7, 61–62, 84, 194
動物の誕生　15, 39, 49, 56, 240
ドーキンス, マリアン　Dawkins, Marian　106
突然変異　200–203
ドナルド, マーリン　Donald, Merlin　173
トマセロ, マイケル　Tomasello, Michael　170
トランザクションズ・オブ・ザ・ロイヤル・ソサイエティ・オブ・サウスオーストラリア誌　*Transactions of the Royal Society of South Australia*　32
トレストマン, マイケル　Trestman, Michael　45–46, 78

ナ

内面化　信号伝達の　185–186；言語の　169, 173, 185–187
ナカーシュ, リオネル　Naccache, Lionel　183
ナネイ, ベンス　Nanay, Bence　128–129
軟体動物　9, 34, 49, 52–53, 57, 79；CABsと　46, 78；主観的経験と　119；寿命　194；平行進化　234, 240–241
虹色素胞　135–136
ニュートン, アイザック　Newton, Isaac　169
ニューロン　25–31, 48–49, 79–82；タコの腕の　51, 61, 81–82, 87–88；タコの——の多さ　59, 84, 209；→神経系
ニワトリ（雌）　hen　視覚の統合の実験　104–106；主観的経験と　115, 123
『人間の進化と性淘汰』（ダーウィン）　*The Descent of Man*　171
『人間本性論』（ヒューム）　*A Treatise of Human Nature*　167
ネーゲル, トマス　Nagel, Thomas　95
脳　進化　6, 12, 25–26, 80, 233, 237–240；大きな　7, 13, 59, 78–79, 83–89, 193, 235–236, 239–240；頭足類の　11, 13, 80–82, 133–134, 239–240；コスト　26；脳を持つ意義　26–27；タコの　59–61, 80–92, 126–129, 233；複雑な　112–114；中央集権型と分散型　81–84, 87–88, 91–93, 126–129, 148–149, 155–157
脳の能力, 動物の　59–61

ハ

ハエトリグサ venus flytrap 25
パーカー，アンドリュー Parker, Andrew 43
『白鯨』 *Moby-Dick* 14
白色素胞 136
ハクスリー，トマス Huxley, Thomas 243–244
ハコクラゲ box jellyfish (*Cubozoa*) 41–42
はしご状神経系 80
バーズ，バーナード Baars, Bernard 112, 119, 182–183
ハチドリ hummingbird 194, 198
パッカード，アンドリュー Packard, Andrew 236–237
バッド，グラハム Budd, Graham 44
発話（スピーチ） 内面化 169–171；→内なる声
バデリー，アラン Baddeley, Alan 180
ハト pigeon 65, 70；視覚の統合と 102–105
バートラム（タコ） Bertram 63
ハファード，クリスティン Huffard, Christine 73
ハミルトン，ウィリアム Hamilton, William 199, 204–205
バロルティガラ，ジョルジョ Vallortigara, Giorgio 104
バロン，アンドリュー Barron, Andrew 245
ハワイの創世神話 14, 54
ハワイヒカリダンゴイカ hawaiian bobtail squid 19–20
バーン，ルース Byrne, Ruth 82
「バンジョー・レイ」（エイ） stingray (banjo ray) 231
繁殖期 192, 206–208
パンティン，クリス Pantin, Chris 30
ハンロン，ロジャー Hanlon, Roger 67, 69, 81, 147–148
ビア，ランドール Beer, Randall 91, 129
光 生物にとっての重要性 18–20；生物発光 19–20；行動の制御と 47–48；光受容体による色識別 146；――への反応 37, 148–149, 156；→光受容体
光受容体 146–150, 156
光反射細胞 136, 147
ビッグバン繁殖 206
ヒッチ，グラハム Hitch, Graham 180
ヒヒ baboon イカとの比較 157–163；言語を使わないコミュニケーション 172
『ヒヒの形而上学』（チェイニーとセイファース） *Baboon Metaphysics* 158
ヒューム，デイヴィッド Hume, David 167–169, 174–175, 178
複雑で活発な身体（CABs） 46, 78
負の強化 70
ブラザー・ジョン（失語症の患者） Brother John 173–174
ブランクーシ（ジャイアント・カトルフィッシュ） Brâncuçi 155–156
ブリスルコーンパイン bristlecone pine 198, 203, 208
プリンツ，ジェシー Prinz, Jesse 112
プレクトロノセラス *Plectronoceras* 57
『ブレードランナー』（映画） *Blade Runner* 195
プロトカドヘリン 237–238
ブロードキャスト（意識の機能としての） 183–184, 190
プロトニック，ロイ Plotnick, Roy 43
分離脳 105
鞭毛 16
放射相称動物 40
ホクヨウイボダコ *Graneledone boreopacifica* 210
ホタテ貝 scallop 2, 9, 73, 227–230
ホフナー，ベンヤミン Hochner, Binyamin 82, 91
ポリプ 203
ボール，ジーン Boal, Jean 67–68
「ポール・リビアの提灯」の譬え 28–29, 46, 189
ホルスト，エーリッヒ・フォン Holst, Erich von 187
「ホワイト・クリスマス」実験 179–180

マ

マクメナミン，マーク McMenamin, Mark 37

マザー，ジェニファー　Mather, Jennifer　71, 123
マダラカワハギ　leatherjacket　124
マティス（ジャイアント・カトルフィッシュ） Matisse　140–141
ミズダコ　giant Pacific octopus　56, 67, 85, 192, 219
ミッテルシュテット，ホルスト　Mittelstaedt, Horst　187
ミツバチ　bee　9, 78–79, 122, 234；コロニー崩壊　245–246
ミルナー，デイヴィッド　Milner, David　107–110, 119
無脊椎動物　70, 122；進化の木と　9, 49, 234；脊椎動物との分岐　48；神経系と　59
無文字文化　173
目　タコの　3, 50–51, 56, 121–122；原初の左右相称動物の　5；クラゲの　41–42；進化 42–48, 89；進化史における重要性　43；オウムガイの　55；哺乳類と頭足類の違い　60, 89；位置と機能の関連　103–106；機能の専門化　104；コウイカの　138, 156；色の識別と 146, 147；ホタテ貝の　229
メースガー，リディア　Mäthger, Lydia　147–149
メダワー，ピーター　Medawar, Peter　199, 201–204, 210–211
メッセンジャー，ジョン　Messenger, John　62, 69, 81
メバル　rockfish　198, 208
メルケル，ビヨルン　Merker, Björn　102
モイニハン，マーティン　Moynihan, Martin 160–162, 206, 225
モデル，世界の　108, 110, 114
モントレー湾水族館研究所（MBARI）　Monterey Bay, California　210

ヤ

ヤブロンカ，エヴァ　Jablonka, Eva　117–118
有櫛動物　23

ラ

ラミレス，デズモンド　Ramirez, Desmond　148–149
乱獲　242–245
リンキスト，ステファン　Linquist, Stefan　67, 219, 221
ルクール，アンドレ・ロシュ　Lecours, André Roch　173
老化（加齢）　身体の　137, 192–195；寿命と 192–215；細胞生理と　196–198；プログラム説　198, 201–202；進化理論　199–207；コロニーと　203
ロス，リチャード　Ross, Richard　225–226
ロダニチェ，アルカディオ　Rodaniche, Arcadio 160–162, 206, 225
ロバーツ，スティーヴン　Roberts, Steven　147–148
ロビソン，ブルース　Robison, Bruce　211
ローレンス，マシュー　Lawrence, Matthew　2–3, 71–74, 120, 216–217, 227–228

ワ

ワーキングメモリ　112–113, 180
ワークスペース　→グローバルワークスペース理論

原　注

1　違う道筋で進化した「心」との出会い

1）ダーウィンは，『種の起源』の中で，進化の木の概念に繰り返し触れている．彼自身も認めているとおり，種どうしの関係を木のかたちで表すことを考えたのはダーウィンが最初というわけではない．ただ，ダーウィンが新しかったのは，生物の歴史，系統を木に結びつけたことだ．『種の起源』の中の「同じ綱に属する生物の類似性は，時に大きな樹木のかたちで表すことができる．私はこの表現がほぼ真実に近いと信じている」という有名な一節で明快に書いたとおり，ダーウィンは彼以前の誰よりも，この木という比喩を文字通りの意味で捉えていたらしい．Charles Darwin, *On the Origin of Species by Means of Natural Selection, or the Preservation of Favoured Races in the Struggle for Life*（London: John Murray, 1859），129〔『種の起源』渡辺政隆訳，光文社，2009年，ほか複数の邦訳がある〕．

生物学において，「木の比喩」がどのように使われてきたか，その歴史については，Robert O'Hara, "Representations of the Natural System in the Nineteenth Century," *Biology and Philosophy* 6（1991）: 255–74を参照．木の形状をとらない例外もある．特に対象が動物以外の場合には木のかたちにならないことが多い．拙著 *Philosophy of Biology*（Princeton, NJ: Princeton University Press, 2014）を参照．Richard Dawkins, *The Ancestor's Tale: A Pilgrimage to the Dawn of Evolution*（New York: Houghton Mifflin, 2004）〔『祖先の物語――ドーキンスの生命史』垂水雄二訳，小学館，2006年〕では，動物の歴史が活き活きと，わかりやすく説明されているが，その中でもやはり木のような構造が強調されている．

2）この「無脊椎動物」という言葉は不適切であると考える生物学者もいる．この言葉は，進化の木の特定の枝に対応するわけではないというのだ．無脊椎動物と呼べる動物は，進化の木の複数の枝に存在する．本書では他にも，一部の生物学者が異議を唱えている言葉をいくつか使用している．たとえば，原核生物や魚（魚類）などがそうだ．私があえて使用したのは，そうした言葉は，異論はあってもやはり有用だと考えるからだ．

3）最初のエピグラフは，William James, *Principles of Psychology*, vol. I（New York: Henry Holt, 1890），148からの引用．ジェームズは，特に晩年になってからは，心の世界と物質の世界との「連続性」を，さらに強く追い求めるようになった．

本書で私がしているよりもさらに徹底してそれを追究しようとしたと言えるかもしれない．“A World of Pure Experience,” *The Journal of Philosophy, Psychology and Scientific Methods* 1, nos. 20–21（1904）: 533–43, 561–70を参照．

4）「中は真っ暗で（all is dark inside）」という言葉は，David Chalmers, *The Conscious Mind: In Search of a Fundamental Theory*（Oxford and New York: Oxford University Press, 1996）, 96〔『意識する心——脳と精神の根本理論を求めて』林一訳，白揚社，2001年〕からの引用．もちろん，脳の中は真っ暗である（外科手術で外に取り出せば別だが）．だからといって，その脳の持ち主である動物に世界が真っ暗に見えているわけではないが，動物が光と出会うのは，脳の外を見るからだ．「中は真っ暗」という表現は比喩的なものだが，誤解を生みやすい．しかし，この言葉が重要な何かを表現していることは確かだ．

5）この言葉は，Roland Dixon, *Oceanic Mythology*, vol. 9 of *The Mythology of All Races*, ed. Louis Herbert Gray（Boston: Marshall Jones, 1916）, 15からの引用である．ディクソンと，この文章を私に教えてくれた作家のチャイナ・ミエヴィルに感謝している．ミエヴィルは，ダイオウイカも登場する小説，*Kraken*（New York: Del Rey/Random House, 2010）〔『クラーケン』日暮雅通訳，早川書房，2013年〕の著者だ．

2　動物の歴史

1）正確には，地球の歴史は，45億6700万年前に始まるとされる．生命の起源，そして初期の生命の歴史については，John Maynard Smith and Eörs Szathmáry, *The Origins of Life: From the Birth of Life to the Origin of Language*（Oxford and New York: Oxford University Press, 1999）〔『生命進化８つの謎』長野敬訳，朝日新聞社，2001年〕を参照．より専門的に近年の研究成果を知りたい読者は，Eugene Koonin and William Martin, “On the Origin of Genomes and Cells Within Inorganic Compartments,” *Trends in Genetics* 21, no. 12（2005）: 647–54を参照．最近では，生命の起源を探るのに，海そのもの，特に深海に注目している研究者も多い．一方で，浅い海の，水たまりに注目している研究もある．生命が34億9000万年前にすでに存在したことは間違いないと思われる．したがって，生命の進化が始まったのは，それより前と考えるべきだ．最初の生命が細胞を持っていたとは限らないが，細胞自体の起源も相当に古いことは確かだ．

2）Bettina Schirrmeister et al., “The Origin of Multicellularity in Cyanobacteria,” *BMC Evolutionary Biology* 11（2011）: 45を参照．

3）Howard Berg, “Marvels of Bacterial Behavior,” in *Proceedings of the American Philosophical Society* 150, no. 3（2006）: 428–42; Pamela Lyon, “The Cognitive Cell: Bacterial Behavior Reconsidered,” *Frontiers in Microbiology* 6（2015）: 264; Jeffry Stock and Sherry Zhang, “The Biochemistry of Memory,” *Current Biology* 23, no. 17（2013）:

R741–45を参照.

4）そうした複雑な細胞の進化について，また，はるか昔に「小さな細胞が，他の種類の細胞を飲み込んで自らの一部にした」といったことについて詳しくは，John Archibald, *One Plus One Equals One: Symbiosis and the Evolution of Complex Life*（Oxford and New York: Oxford University Press, 2014）を参照．飲み込む側の細胞は，（本文中にも書いたとおり）細菌のような生物だが，正確には細菌ではない可能性が高い．おそらく，それは古細菌だったと思われる．

5）光と生物の関係について概観するには，Gáspár Jékely, "Evolution of Phototaxis," *Philosophical Transactions of the Royal Society B* 364（2009）: 2795–808を参照．2016年には，ある種のシアノバクテリアが，細胞全体を極小の眼球のようにすることで像を結んでいる可能性がある，という驚くべき研究結果が報告された．細胞内部の，光源から最も遠い端の部分に像をつくり出しているというのだ．Nils Schuergers et al., "Cyanobacteria Use Micro-Optics to Sense Light Direction," *eLife* 5（2016）: e12620を参照.

6）Melinda Baker, Peter Wolanin, and Jeffry Stock, "Signal Transduction in Bacterial Chemotaxis," *BioEssays* 28（2005）: 9–22を参照.

7）Spencer Nyholm and Margaret McFall-Ngai, "The Winnowing: Establishing the Squid-Vibrio Symbiosis," *Nature Reviews Microbiology* 2（2004）: 632–42を参照.

8）このテーマについて詳細を知るには，Peter Godfrey-Smith, "Mind, Matter, and Metabolism," *The Journal of Philosophy* 113（10）: 481–506（2016）を参照.

9）こうした関係については，John Tyler Bonner, *First Signals: The Evolution of Multicellular Development*（Princeton, NJ: Princeton University Press, 2000）で非常に詳しく考察されている．私は，生物の行動の変化，多細胞生物の生態について考える上で，この本に大きな影響を受けた．

10）初期の進化生物学者の中でも特に偉大な存在であるJ.B.S. ホールデンは1954年に，ホルモンや神経伝達物質――私たちのような生物の内部での事象を制御，調整するために利用される物質――の多くは，単純な海の生物にも作用すると指摘している．海の生物は，海中でそうした物質に出会うと，その影響を受ける．現在，私たち人間が体内の信号に利用している物質は，単純な生物にとっては外部から受け取るもので，それは生物にとって信号，合図となっている．ホールデンは，ホルモンや神経伝達物質は元来，単細胞の祖先が個体間で情報を伝え合うのに利用していた物質だっただろう，という仮説を立てた．J.B.S. Haldane, "La Signalisation Animale," *Année Biologique* 58（1954）: 89–98を参照．本文では，ホルモン系については触れていない．ホルモン系は，神経系とともに働き，動物の行動をリアルタイムで調整できるシステムである．こちらも，体内での信号伝達のシステムとして興味深い．

11）ジョン・メイナード・スミスとエオルシュ・サトマーリの傑作，*The Major Tran-*

sitions in Evolution（Oxford and New York: Oxford University Press, 1995）〔『進化する階層』長野敬訳，シュプリンガー・フェアラーク東京，1997年〕，そしてブレット・キャルコットとキム・ステレルニーが編集した続編的な本，*The Major Transitions in Evolution Revisited*（Cambridge, MA: MIT Press, 2011）も参照．さまざまな生物グループにおいて多細胞への移行がどのように起きたかについては，Richard Grosberg and Richard Strathman, "The Evolution of Multicellularity: A Minor Major Transition?" *Annual Review of Ecology, Evolution, and Systematics* 38（2007）: 621–54を参照．原核生物でも，多細胞への進化は起きている．多細胞への移行について私は，*Darwinian Populations and Natural Selection*（Oxford University Press, 2009）でも論じている．

12）本書執筆の時点では，この問題に関しては活発な議論がまだ続いている．本書で私が「有力」とした説に関しては，Claus Nielsen, "Six Major Steps in Animal Evolution: Are We Derived Sponge Larvae?" *Evolution and Development* 10, no. 2（2008）: 241–57を読むとよくわかる．この説に対し，遺伝学的データを根拠に，有櫛動物は海綿動物よりも前に他の動物から枝分かれしたはず，と異議を唱える論文もある．特に参考になる論文は，Joseph Ryan et al.（17名の共著論文），"The Genome of the Ctenophore *Mnemiopsis leidyi* and Its Implications for Cell Type Evolution," *Science* 342（2013）: 1242592だろう．

海綿動物（あるいは有櫛動物）と私たちが非常に遠い親戚関係にあるからといって，必ずしも私たちに海綿動物（あるいは有櫛動物）に姿の似た祖先がいた，ということにはならない．現在の海綿動物もやはり，私たちと同様，長い時間をかけた進化の産物である．祖先の外見が私たちよりも彼らに似ているべき理由はない．ただ，ここでもう一つの事実に注目しておかねばならない．現在の海綿動物をよく観察すると，この類の動物につながった少なくとも二系統の祖先がいることがわかるからだ．だとすれば，海綿動物は「側系統群」である可能性もある．側系統群とは，すべてが単一の共通祖先を持つのではなく，それぞれに祖先の異なった生物をまとめた群である．だとすれば私たちの祖先がどこかの時点で海綿動物のような形態をしていた可能性を支持する材料ではある（もちろん，絶対にそうだったとも言い切れない）．そのような進化の早い段階に存在していた複数の系統が，のちに海綿に類する現生の動物を生じたことになるからだ．

海綿動物の知られざる生態については，Sally Leys and Robert Meech, "Physiology of Coordination in Sponges," *Canadian Journal of Zoology* 84, no. 2（2006）: 288–306; 同じく Leys, "Elements of a 'Nervous System' in Sponges," *Journal of Experimental Biology* 218（2015）: 581–91; Leys et al., "Spectral Sensitivity in a Sponge Larva," *Journal of Comparative Physiology* A 188（2002）: 199–202; Onur Sakarya et al., "A Post-Synaptic Scaffold at the Origin of the Animal Kingdom," *PLoS ONE* 2, no. 6（2007）: e506などを参照.

13) 生物には常に例外がある．ニューロンの中には，信号を化学物質に変換することなく，互いの間で直接，電気信号をやりとりするものもある．また，中には活動電位を持たないニューロンもある．たとえば，本書執筆の時点では，生物学の世界で重要な「モデル生物」となっている小さな線虫，カエノラブディティス・エレガンスが，神経系において活動電位を利用しているか否かは明確になっていない．この神経系は，ニューロンの電気特性のより滑らかな，デジタル的でない変化を利用して機能している可能性がある．

ニューロンの進化をめぐる議論については，Leonid Moroz, "Convergent Evolution of Neural Systems in Ctenophores," *Journal of Experimental Biology* 218 (2015): 598–611; Michael Nickel, "Evolutionary Emergence of Synaptic Nervous Systems: What Can We Learn from the Non-Synaptic, Nerveless Porifera?" *Invertebrate Biology* 129, no. 1 (2010): 1–16; および Tomás Ryan and Seth Grant, "The Origin and Evolution of Synapses," *Nature Reviews Neuroscience* 10 (2009): 701–12を参照．現在も進行中の議論について振り返るには，Benjamin Liebeskind et al., "Complex Homology and the Evolution of Nervous Systems," *Trends in Ecology and Evolution* 31, no. 2 (2016): 127–35を参照．植物も神経系を持つと主張する生物学者もいる．Michael Pollan, "The Intelligent Plant," *New Yorker*, December 23, 2013: 93–105を参照．

14) この議論の歴史，またその重要性を知るうえでは，フレッド・カイザーの業績，そしてカイザー自身との対話が役に立った．

私がここで提示した二つの見方はどちらも，神経系は主に行動を制御するためのもの，ということが前提になっている．ただ，これは現実を単純化しすぎとも言える．神経系は実際には，それ以外にも多くのことをするからだ．神経系はたとえば，多くの生理学的過程を制御する．睡眠と覚醒のサイクルを制御するのも神経系の仕事だし，多くの生物に起きる「変態」という大幅な形態の変化も制御する．しかし，本書ではあえて，行動の制御という側面に焦点を当てた．一つ目の見方である「感覚-運動観」は，哲学の世界に古くからある見方が自然に発展したものと言える．ただ，今のように明確なかたちになったのは，おそらくジョージ・パーカーの著書，*The Elementary Nervous System* (Philadelphia and London: J. B. Lippincott, 1919) からではないかと思われる．ジョージ・マッキーはパーカーのあとを引き継ぐように，非常に興味深い論文を何本も書いた．Mackie, "The Elementary Nervous System Revisited," *American Zoologist* (現在は *Integrative and Comparative Biology*) 30, no. 4 (1990): 907–20; Meech and Mackie, "Evolution of Excitability in Lower Metazoans," in *Invertebrate Neurobiology*, ed. Geoffrey North and Ralph Greenspan, 581–615 (Cold Spring Harbor, NY: Cold Spring Harbor Laboratory Press, 2007) を参照．さらにそのあとを引き継いだ論文が，Gáspár Jékely, "Origin and Early Evolution of Neural Circuits for the Control of Ciliary Locomotion,"

Proceedings of the Royal Society B 278（2011）: 914–22である．イェケリー，カイザー，私は共同で，神経系の機能について，またその初期の進化についての論文を書いた．Jékely, Keijzer, and Godfrey-Smith, "An Option Space for Early Neural Evolution," *Philosophical Transactions of the Royal Society B* 370（2015）: 20150181を参照．

15）Fred Keijzer, Marc van Duijn, and Pamela Lyon, "What Nervous Systems Do: Early Evolution, Input-Output, and the Skin Brain Thesis," *Adaptive Behavior* 21, no. 2（2013）: 67–85を参照．そして，その興味深い続編とも言うべき，Keijzer, "Moving and Sensing Without Input and Output: Early Nervous Systems and the Origins of the Animal Sensorimotor Organization," *Biology and Philosophy* 30, no. 3（2015）: 311–31も参照．

16）ここでの記述の原型は David Lewis, *Convention: A Philosophical Study*（Cambridge, MA: Harvard University Press, 1969）にある．また，彼のモデルをより今日的なかたちにしたのが，Brian Skyrms, *Signals: Evolution, Learning, and Information*（Oxford and New York: Oxford University Press, 2010）である．私の論文 "Sender-Receiver Systems Within and Between Organisms," *Philosophy of Science* 81, no. 5（2014）: 866–78では，この情報伝達のモデルが，一つの生物の内部での相互作用にも適用できることを示している．

17）C. F. Pantin, "The Origin of the Nervous System," *Pubblicazioni della Stazione Zoologica di Napoli* 28（1956）: 171–81; L. M. Passano, "Primitive Nervous Systems," *Proceedings of the National Academy of Sciences of the USA* 50, no. 2（1963）: 306–13，そして注15に挙げたフレッド・カイザーの論文を参照．

18）スプリッグの伝記がある．Kristin Weidenbach, *Rock Star: The Story of Reg Sprigg—An Outback Legend*（Hindmarsh, South Australia: East Street Publications, 2008; Kindle ed., Adelaide, SA: MidnightSun Publications, 2014）．スプリッグは，地質学研究者，起業家として得た収入を，アーカルーラの自然保護区，エコツーリズムリゾートの設立のために使った．自らの手で深海に潜るためのダイビングベルを作り，また一時，スキューバダイビングでの深度記録を持っていた（90メートル．その深さだと，近くに人がいてもその姿が見えない）．

19）アデレードのサウスオーストラリア博物館の展示である．ゲーリングは，その博物館の上級科学研究員だ．エディアカラ紀について，あるいは，動物の歴史上でのさまざまな出来事の時期について知るうえでは，Kevin Peterson et al（ゲーリングも共著者），"The Ediacaran Emergence of Bilaterians: Congruence Between the Genetic and the Geological Fossil Records," *Philosophical Transactions of the Royal Society B* 363（2008）: 1435–43が大いに参考になった．Shuhai Xiao and Marc Laflamme, "On the Eve of Animal Radiation: Phylogeny, Ecology and Evolution of the Ediacara Biota," *Trends in Ecology and Evolution* 24, no. 1（2009）: 31–40，および Adolf

Seilacher, Dmitri Grazhdankin, and Anton Legouta, "Ediacaran Biota: The Dawn of Animal Life in the Shadow of Giant Protists," *Paleontological Research* 7, no. 1 (2003): 43–54も参照.

20) この生物に関してはさまざまな解釈がある．クラゲの仲間だという人もいれば，軟体動物の一種だという人もいる．M. Fedonkin, A. Simonetta, and A. Ivantsov, "New Data on Kimberella, the Vendian Mollusc-like Organism (White Sea Region, Russia): Palaeoecological and Evolutionary Implications," in *The Rise and Fall of the Ediacaran Biota*, ed. Patricia Vickers-Rich and Patricia Komarower (London: Geological Society, 2007), 157–79を参照．さらに最近では，Graham Budd, "Early Animal Evolution and the Origins of Nervous Systems," *Philosophical Transactions of the Royal Society B* 370 (2015): 20150037などもある．軟体動物だとする主張については，Jakob Vinther, "The Origins of Molluscs," *Palaeontology* 58, Part 1 (2015): 19–34を参照．本書執筆中，キンベレラはそれまでにも増して重要な，そして議論を呼ぶ生物化石となった．この本の原稿を読んでくれた知人の中には，私の記述はキンベレラが軟体動物であるという定かでない知識を既成事実化してしまうのではないかと懸念を表明した人もいた（この知人は，上にあげた論文の著者の一人ではない）．読者が本書を読む頃には，もう少し理解が進んでいる可能性もある．

21) Mark McMenamin, *The Garden of Ediacara: Discovering the First Complex Life* (New York: Columbia University Press, 1998) を参照．

22) この会合を基に書かれた論文は，*Philosophical Transactions of the Royal Society B* 370, December, 2015にまとめて掲載されている．「神経系の起源と進化（Origin and Evolution of the Nervous System)」と題されたこの会合のまとめ役となったのは，フランク・ハースとニコラス・ストラウスフェルドだった．クラゲの針に関する議論については，その時のダグ・アーウィンの論文，"Early Metazoan Life: Divergence, Environment and Ecology"を参照．また，グラハム・バッドの論文，"Early Animal Evolution and the Origins of Nervous Systems"も参照．次の2016年1月の371号には，フォローアップ会合「相同と収斂進化（Homology and Convergence)」を基にした論文が掲載された．この論集も，本書にとって非常に有用だった．

23) ここで私は，Charles Marshall, "Explaining the Cambrian 'Explosion' of Animals," *Annual Review of Earth and Planetary Sciences* 34 (2006): 355–84と Roy Plotnick, Stephen Dornbos, and Junyuan Chen, "Information Landscapes and Sensory Ecology of the Cambrian Radiation," *Paleobiology* 36, no. 2 (2010): 303–17を参考にしている．

24) Graham Budd and Sören Jensen, "The Origin of the Animals and a 'Savannah' Hypothesis for Early Bilaterian Evolution," *Biological Reviews*, published online November 20, 2015; Linda Holland et al.（7名の共著論文), "Evolution of Bilaterian Central Nervous Systems: A Single Origin?" *EvoDevo* 4 (2013): 27を参照．また，先

に触れた2015年の *Philosophical Transactions of the Royal Society* も参照．最初の左右相称動物，そして現存するすべての左右相称動物の最後の共通祖先に関しては，ここに書いた以外にも議論の余地がある．たとえば，眼点は，後者にはあっても，前者にはなかった可能性もある．現存するすべての左右相称動物の共通祖先に眼点があったとすれば，キンベレラやスプリッギナなどのエディアカラ紀の左右相称動物（これらが左右相称動物だったとすれば）にも，眼点があったと思われる．また少なくともこれらの動物の祖先には眼点があっただろう．しかし，繰り返しになるが，こうしたことは現在のところ，すべて議論の最中である．

なお，ヒトデは成体では放射相称の身体を持つが，公式には左右相称動物に分類されている．このあたりの分類に関しても議論がある．刺胞動物に関しても，実は左右相称動物である，あるいは左右相称動物の祖先がいる，という主張が古くからある．John Finnerty, "The Origins of Axial Patterning in the Metazoa: How Old Is Bilateral Symmetry?" *International Journal of Developmental Biology* 47（2003）: 523–29を参照．

25）Anders Garm, Magnus Oskarsson, and Dan-Eric Nilsson, "Box Jellyfish Use Terrestrial Visual Cues for Navigation," *Current Biology* 21, no. 9（2011）: 798–803を参照．

26）Andrew Parker, *In the Blink of an Eye: How Vision Sparked the Big Bang of Evolution*（New York: Basic Books, 2003）〔『眼の誕生――カンブリア紀大進化の謎を解く』渡辺正隆，今西康子訳，草思社，2006年〕を参照．

27）先にもあげた Budd and Jensen, "The Origin of the Animals and a 'Savannah' Hypothesis..." を参照．ゲーリングはアデレードの博物館を案内してくれた際，私にこの考えを図を描きながら話してくれた．

28）トレストマンの論文，"The Cambrian Explosion and the Origins of Embodied Cognition," *Biological Theory* 8, no. 1（2013）: 80–92を参照．

29）Maria Antonietta Tosches and Detlev Arendt, "The Bilaterian Forebrain: An Evolutionary Chimaera," *Current Opinion in Neurobiology* 23, no. 6（2013）: 1080–89; Arendt, Tosches, and Heather Marlow, "From Nerve Net to Nerve Ring, Nerve Cord and Brain—Evolution of the Nervous System," *Nature Reviews Neuroscience* 17（2016）: 61–72を参照．

30）この図では，今も意見の分かれている部分に関し，いずれかの意見に賛成していると見られないよう注意した．有櫛動物はすべて省いてある．神経系がどこから進化したかが今のところ明確でないのには，有櫛動物が進化の木のどこに入るかが明確にわからないことも理由の一つとしてある．ヒトデなどの棘皮動物は，その他の左右相称の無脊椎動物とともに，有櫛動物に比べれば，私たち人間とは近い関係にあると思われる．図には，「動物」に分類されない生物，たとえば植物や菌類なども入れていない．植物，菌類，そしてその他，多数の単細胞生物たちを入れるとすれば，図のはるか右の方に描くことになるだろう．

3　いたずらと創意工夫

1）*On the Characteristics of Animals*, Book 13, translated by A. F. Schofield, Loeb Classical Library（Cambridge, MA: Heinemann, 1959）, 87–88からの引用.

2）頭足類という生物の基本的な構造，生態などについては，Roger Hanlon and John Messenger, *Cephalopod Behaviour*, 2nd edition（Cambridge, U.K.: Cambridge University Press, 2018）; 論集 *Cephalopod Cognition*, edited by Anne-Sophie Darmaillacq, Ludovic Dickel, and Jennifer Mather（Cambridge University Press, 2014）を参照．より一般向けのものとしては，Jennifer Mather, Roland Anderson, and James Wood, *Octopus: The Ocean's Intelligent Invertebrate*（Portland, OR: Timber Press, 2010）; Sy Montgomery, *The Soul of an Octopus: A Surprising Exploration into the Wonder of Consciousness*（New York: Atria/Simon and Schuster, 2015）〔『愛しのオクトパス』小林由香利訳，亜紀書房，2017年〕などがある.

3）この章に書いた歴史は大半が Björn Kröger, Jakob Vinther, and Dirk Fuchs, "Cephalopod Origin and Evolution: A Congruent Picture Emerging from Fossils, Development and Molecules," *BioEssays* 33, no. 8（2011）: 602–13を参考にしたものである．概要を知るには，James Valentine の *On the Origin of Phyla*（Chicago: University of Chicago Press, 2004）が役に立つ.

4）大気がもっと海に似たものなら，地上から空へ進出する動物は進化史上にもっとたびたび現れたと考えられる．それを考えてみるのも面白い．Robert Dudley, "Atmospheric Oxygen, Giant Paleozoic Insects and the Evolution of Aerial Locomotor Performance," *Journal of Experimental Biology* 201（1998）: 1043–50を参照.

5）オウムガイについて詳しくは，Jennifer Basil and Robyn Crook, "Evolution of Behavioral and Neural Complexity: Learning and Memory in Chambered *Nautilus*," in *Cephalopod Cognition*, ed. Darmaillacq, Dickel, and Mather, 31–56を参照.

6）詳しくは，Joanne Kluessendorf and Peter Doyle, "*Pohlsepia mazonensis*, an Early 'Octopus' from the Carboniferous of Illinois, USA," *Palaeontology* 43, no. 5（2000）: 919–26を参照．その中では，最古のタコの化石を２億9000万年前のものとしているが，生物学者の中には，それに納得しない人もいる．遅くとも１億6400万年前に「プロテロクトプス」というタコがいたということには，現在，ほぼすべての生物学者が賛成している．J.-C. Fischer and Bernard Riou, "Le plus ancien octopode connu（Cephalopoda, Dibranchiata）: *Proteroctopus ribeti* nov. gen., nov. sp., du Callovien de l'Ardèche（France）," *Comptes Rendus de l'Académie des Sciences de Paris* 295, no. 2（1982）: 277–80を参照．ウェブサイト，TONMO.com（www.tonmo.com/）では，タコの化石について良質な議論が交わされている.

7）この問題に関する良い論文としては，Frank Grasso and Jennifer Basil, "The Evolution of Flexible Behavioral Repertoires in Cephalopod Molluscs," *Brain, Behavior and Evolution* 74, no. 3（2009）: 231–45があげられる.

8）Binyamin Hochner,“Octopuses,” *Current Biology* 18, no. 19（2008）: R897–98にだいたいの数字が示されている.「その種のタコの神経系には，約５億個の神経細胞がある．他の軟体動物に比べ，４桁は多く（たとえば，カタツムリの神経細胞はせいぜい１万個程度である），高度に進化した昆虫に比べても２桁は多い（たとえば，ゴキブリやハナバチの神経細胞は100万個程度だ）．そうした昆虫は無脊椎動物の中では，頭足類の次くらいに行動が複雑だと言えるだろう．タコの神経細胞の数は，カエルなどの両生類（最高で1600万個ほど），ハツカネズミ（最高で5000万個ほど）やクマネズミ（最高で１億個ほど）などの小型の哺乳類よりも多い．また，犬（６億個程度）や猫（10億個程度），アカゲザル（20億個程度）に比べてもそう少ないわけではない」

ニューロンを数えるのは難しいので，ここに示した数はすべて概算である．リオデジャネイロ連邦大学のスザーナ・エルクラーノ＝アウゼルは，ニューロンの数を知るための新たな手法を考案し，実際にその手法で何種類かの動物のニューロンを数えている．彼女が次に調べる予定の生物の中にタコも含まれているそうだ．

9）Irene Maxine Pepperberg, *The Alex Studies: Cognitive and Communicative Abilities of Grey Parrots*（Cambridge, MA: Harvard University Press, 2000）〔『アレックス・スタディ――オウムは人間の言葉を理解するか』渡辺茂，山崎由美子，遠藤清香訳，共立出版，2003年〕; Nathan Emery and Nicola Clayton,“The Mentality of Crows: Convergent Evolution of Intelligence in Corvids and Apes,” *Science* 306（2004）: 1903–907; Alex Taylor,“Corvid Cognition,” *WIREs Cognitive Science* 5, no. 3（2014）: 361–72を参照.

10）David Edelman, Bernard Baars, and Anil Seth,“Identifying Hallmarks of Consciousness in Non-Mammalian Species,” *Consciousness and Cognition* 14, no. 1（2005）: 169–87を参照.

11）Hanlon and Messenger, *Cephalopod Behaviour*, および, *Cephalopod Cognition*, ed. Darmaillacq, Dickel, and Mather を参照.

12）彼の論文は，Peter Dews,“Some Observations on an Operant in the Octopus,” *Journal of the Experimental Analysis of Behavior* 2, no. 1（1959）: 57–63である．報酬と罰による学習についての考察，その歴史については，Edward Thorndike,“Animal Intelligence: An Experimental Study of the Associative Processes in Animals,” *The Psychological Review*, Series of Monograph Supplements 2, no. 4（1898）: 1–109; B. F. Skinner, *The Behavior of Organisms: An Experimental Analysis*（Oxford, U.K.: Appleton-Century, 1938）を参照.

13）二つの話のうち一つは，イギリスの新聞，ザ・テレグラフ紙によって伝えられた．ドイツ，コーブルクのシー・スター水族館は，不思議な停電に悩まされていた．水族館では，それについて次のようにコメントした．「その停電を引き起こしたのが，タコのオットーだとわかったのは三日目の夜のことでした……冬の間，水

族館が閉館になっていたことで，オットーは確かに退屈していました．体高80センチメートルほどのオットーは，自分の大きさなら，水槽の端まで歩いて行って，注意深く狙って水を噴射すれば，2000ワットのスポットライトに命中させられるとわかったようです」(www.telegraph.co.uk/news/newstopics/howaboutthat/3328480/Otto-the-octopus-wrecks-havoc.html)．もう一つの，ニュージーランドのオタゴ大学での話は，ジーン・マッキノンから（直接）聞くことができた．彼女はこうも言っていた．「防水のライトに替えたので，もうこういうことは二度と起きません！」

14）この話も直接，本人から聞くことができた．

15）Roland Anderson, Jennifer Mather, Mathieu Monette, and Stephanie Zimsen, "Octopuses（*Enteroctopus dofleini*）Recognize Individual Humans," *Journal of Applied Animal Welfare Science* 13, no. 3（2010）: 261–72を参照．

16）ジーン・ボール本人から話を聞いた．

17）初期の神経生物学の研究の多くはそういうものだった．そうした例は，Marion Nixon and John Z. Young, *The Brains and Lives of Cephalopods*（Oxford and New York: Oxford University Press, 2003）で紹介されている．EU では新しい規則である，EU 指令2010/63/EU が定められている．

18）Mather and Anderson, "Exploration, Play and Habituation in *Octopus dofleini*," *Journal of Comparative Psychology* 113, no. 3（1999）: 333–38; Michael Kuba, Ruth Byrne, Daniela Meisel, and Jennifer Mather, "When Do Octopuses Play? Effects of Repeated Testing, Object Type, Age, and Food Deprivation on Object Play in *Octopus vulgaris*," *Journal of Comparative Psychology* 120, no. 3（2006）: 184–90を参照．遊びの専門家，ゴードン・バーグハート，マイケル・キューバが論集 *Cephalopod Cognition*（注 2 に前掲）にも関連の章を執筆している．

19）ローレンスがカメラの時計で時間を計った．彼がタコに手を引かれていったのはこの時だけではないが，時間はこの時が最も長かった．

20）あるウェブサイトとは，TONMO.com である．

21）この場所について私たちが最初に発表した論文は，Godfrey-Smith and Lawrence, "Long-Term High-Density Occupation of a Site by *Octopus tetricus* and Possible Site Modification Due to Foraging Behavior," *Marine and Freshwater Behaviour and Physiology* 45, no. 4（2012）: 1–8である．

22）これらの写真と，83，124，125，218，221，222ページに載せた写真は，現地に設置した無人カメラで撮影した映像から抜き出したもの．私の協力者，マシュー・ローレンス，デイヴィッド・シール，ステファン・リンキストの許諾を得て掲載した．

23）そのことに関しては，Julian Finn, Tom Tregenza, and Mark Norman, "Defensive Tool Use in a Coconut-Carrying Octopus," *Current Biology* 19, no. 23（2009）:

R1069–70に書かれている．このように，動物が二つ以上のものを組み合わせて道具に使った例としては，私の知っている範囲では，石を下敷きにして，もう一つの石で木の実を割ったチンパンジーが一番わかりやすいだろう．さらにもう一つの石を下に「楔」としてはさみ，下敷き石の上面を水平にして使いやすくした．William McGrew, "Chimpanzee Technology," *Science* 328（2010）: 579–80を参照．

24）これは一般化しすぎかもしれない．なにごとにも例外はある．クモや口脚類など，例外の方に注目した文献もある．クモに関しては，Robert Jackson and Fiona Cross, "Spider Cognition," *Advances in Insect Physiology* 41（2011）: 115–74を参照．カリフォルニア大学バークレー校でタコの研究の先頭に立つロイ・カルドウェルは，口脚類（シャコ類）の中には非常に複雑な行動を取るものがおり，感覚器の能力に大きな違いがあるので比較にはあまり意味がないが，それでもその行動の洗練度はタコにもひけをとらないと言えると主張した．Thomas Cronin, Roy Caldwell, and Justin Marshall, "Learning in Stomatopod Crustaceans," *International Journal of Comparative Psychology* 19（2006）: 297–317を参照．

25）この共通祖先，前口動物，新口動物の共通祖先がどの程度，複雑だったかについては今もまだ議論が続いている．Nicholas Holland, "Nervous Systems and Scenarios for the Invertebrate-to-Vertebrate Transition," *Philosophical Transactions of the Royal Society B* 371, no. 1685（2016）: 20150047; Gabriella Wolff and Nicholas Strausfeld, "Genealogical Correspondence of a Forebrain Centre Implies an Executive Brain in the Protostome-Deuterostome Bilaterian Ancestor," article 20150055（*Philosophical Transactions B* の同じ号に掲載）を参照．この号には，本書の第２章で触れた，ハースとストラウスフェルドがまとめ役となった2015年の学会の第二日の発表要旨が集められている．

私がここで使った「蠕虫のような動物」という表現は曖昧なものであり，現在，生息しているいわゆる蠕虫（扁形動物や環形動物など）との関係を示唆しているわけではない．ウォルフとストラウスフェルドは，論文のタイトルにもあるとおり，共通祖先には「Executive Brain（中央集権的な脳）」と呼べるものがあったと考えている．一方で，その脳の構造は，ほぼどのような基準に照らしても単純なものだったとも考えている．彼らは，この仮説的な共通祖先と，ニューロンの数が何百という程度の脳を持った扁形動物とを比較している．同じ学会の第一日のグレゴリー・レイの発表要旨を見れば，現在の動物と，より小さく単純な初期の左右相称動物がどう異なっているかがわかる．Gregory Wray, "Molecular Clocks and the Early Evolution of Metazoan Nervous Systems," article 20150046 in *Philosophical Transactions* B 370, no. 1684（2015）.

26）Bernhard Budelmann, "The Cephalopod Nervous System: What Evolution Has Made of the Molluscan Design," in O. Breidbach and W. Kutsch, eds., *The Nervous System of Invertebrates: An Evolutionary and Comparative Approach*, 115–38（Basel, Switzerland:

Birkhäuser, 1995）を参照.

27） Nixon and Young, *The Brains and Lives of Cephalopods* を参照.

28） Tamar Flash and Binyamin Hochner, "Motor Primitives in Vertebrates and Invertebrates," *Current Opinion in Neurobiology* 15, no. 6（2005）: 660–66を参照.

29） Frank Grasso, "The Octopus with Two Brains: How Are Distributed and Central Representations Integrated in the Octopus Central Nervous System?" in *Cephalopod Cognition*, 94–122を参照.

30） Tamar Gutnick, Ruth Byrne, Binyamin Hochner, and Michael Kuba, "*Octopus vulgaris* Uses Visual Information to Determine the Location of Its Arm," *Current Biology* 21, no. 6（2011）: 460–62を参照.

サイ・モンゴメリーの著書 *The Soul of an Octopus*〔『愛しのオクトパス』小林由香利訳, 亜紀書房, 2017年〕によれば, 食べ物の置かれた慣れない水槽の中にタコを入れた時, 腕の動きに不一致が見られた, という逸話を持つ研究者は多いという. 一部の腕は, タコの身体を食べ物に向かわせるように動くのだが, 反対に, 身体を水槽の隅にとどまらせるように動く腕もある. 私自身も, シドニーの研究室でタコを水槽に入れた時, まったくそのような状況になるのを見たことがある. 一つの状況に対し, まったく異なる複数の反応を示す腕にタコの身体が綱引きされているかのようだった. この出来事にどの程度の重要性があるか, 私には確信がない. ただ, 後になってわかったのは, その時の実験室はあまりに照明が明るすぎたということだ. そのせいでタコが混乱していたことは十分に考えられる.

31） ただし, タコの中でも深海に生息するものについては, 生態がまだよくわかっていない. 深海のタコについて知るには, 論集 *Cephalopod Cognition* に良い章がある.

32） Nicholas Humphrey, "The Social Function of Intellect," in P. P. G. Bateson and R. Hinde, eds., *Growing Points in Ethology*, 303–17（Cambridge, U. K.: Cambridge University Press, 1976）; Richard Byrne and Lucy Bates, "Sociality, Evolution and Cognition," *Current Biology* 17, no. 16（2007）: R714–23を参照.

33） ギブソンには, "Cognition, Brain Size and the Extraction of Embedded Food Resources," in J. G. Else and P. C. Lee, eds., *Primate Ontogeny, Cognition and Social Behaviour*, 93–103（Cambridge, U.K.: Cambridge University Press, 1986）という論文がある. 私は, この考察について, "Cephalopods and the Evolution of the Mind," *Pacific Conservation Biology* 19, no. 1（2013）: 4–9に書いている.

34） このことは, マイケル・トレストマン, ジェニファー・マザーの二人に指摘された.

35） Russell Fernald, "Evolution of Eyes," *Current Opinion in Neurobiology* 10（2000）: 444–50; Nadine Randel and Gáspár Jékely, "Phototaxis and the Origin of Visual Eyes," *Philosophical Transactions of the Royal Society B* 371（2016）: 20150042を参照.

36） Clint Perry, Andrew Barron, and Ken Cheng, "Invertebrate Learning and Cognition:

Relating Phenomena to Neural Substrate," *WIREs Cognitive Science* 4, no. 5 (2013): 561-82を参照.

37) Marcos Frank, Robert Waldrop, Michelle Dumoulin, Sara Aton, and Jean Boal, "A Preliminary Analysis of Sleep-Like States in the Cuttlefish *Sepia officinalis*," *PLoS One* 7, no. 6 (2012): e38125を参照.

38) この問題に関する典型的，一般的な議論については，Andy Clark の著書，*Being There: Putting Brain, Body, and World Together Again* (Cambridge, MA: MIT Press, 1997)〔『現れる存在――脳と身体と世界の再統合』池上高志，森本元太郎監訳，NTT 出版，2012年〕を参照．ロボット工学の研究については，Rodney Brooks, "New Approaches to Robotics," *Science* 253 (1991): 1227-32を参照．ヒレル・チエルとランドール・ビアの論文は "The Brain Has a Body: Adaptive Behavior Emerges from Interactions of Nervous System, Body and Environment," *Trends in Neurosciences* 23, no. 12 (1997): 553-57である．タコについての考察に「身体化」という概念を応用した興味深い論文は，Letizia Zullo and Binyamin Hochner, "A New Perspective on the Organization of an Invertebrate Brain," *Communicative and Integrative Biology* 4, no. 1 (2011): 26-29; Hochner "How Nervous Systems Evolve in Relation to Their Embodiment: What We Can Learn from Octopuses and Other Molluscs," *Brain, Behavior and Evolution* 82, no. 1 (2013): 19-30の二つ.

この章の最後に書いたことは，オーストラリア哲学協会の2014年の会合で，シドニー・ディアマンテの「世界に向かって手を伸ばす：タコと身体化された認知 (Reaching Out to the World: Octopuses and Embodied Cognition)」という講演を受け，参加者間で行われた議論に影響を受けている．現在のところ，タコについてのロボット工学的研究，特に腕についての研究を先導するのは，ピサのセシリア・ラスキである．www.octopus-project.eu/index.html を参照.

39) 専門的には，タコの身体には形状はないが，トポロジーだけはある，と言えるかもしれない．どの部分がどの部分と接続されているか，ということは決まっている．しかし，部分間の距離はすべて自在に調整が可能だ.

40) 目の後ろの視葉は，タコの認知にとっては重要なものだが，中心となる脳の一部とはみなされないこともある

4　ホワイトノイズから意識へ

1) Thomas Nagel "What Is It Like to Be a Bat?" *The Philosophical Review* 83, no. 4 (1974): 435-50を参照.

2) Peter Godfrey-Smith, "Mind, Matter, and Metabolism" *The Journal of Philosophy* 113 (10): 481-506 (2016)，そして近日刊行予定の "Evolving Across the Explanatory Gap" でさらに目標に近づくはずだ．解決のためには，新しい理論の構築も必要

だが，これまでの取り組み方を反省して，問題に対する見方を変えることも必要だと考えられる．本書では，これまでの見方を変えるということはあまりしていない．

3）私はこの点について，“Animal Evolution and the Origins of Experience,” in *How Biology Shapes Philosophy: New Foundations for Naturalism*, edited by David Livingstone Smith（Cambridge University Press, 2016）でさらに詳しく論じている．

4）Thomas Nagel, “Panpsychism,” in *Mortal Questions*（Cambridge, U. K.: Cambridge University Press, 1979), 181–95〔『コウモリであるとはどのようなことか』永井均訳，勁草書房，1989年〕; Galen Strawson et al., *Consciousness and Its Place in Nature: Does Physicalism Entail Panpsychism?*, ed. Anthony Freeman（Exeter, U.K., and Charlottesville, VA: Imprint Academic, 2006）を参照．

5）Paul Bach-y-Rita, “The Relationship Between Motor Processes and Cognition in Tactile Vision Substitution,” in *Cognition and Motor Processes*, ed. Wolfgang Prinz and Andries Sanders, 149–60（Berlin: Springer Verlag, 1984); Bach-y-Rita and Stephen Kercel, “Sensory Substitution and the Human-Machine Interface,” *Trends in Cognitive Sciences* 7, no. 12（2003): 541–46を参照．この技術についての批判的な意見は，Ophelia Deroy and Malika Auvray, “Reading the World through the Skin and Ears: A New Perspective on Sensory Substitution,” *Frontiers in Psychology* 3（2012): 457に見られる．

6）こう書くと，奇妙に思う人も多いはずだ．入力情報の重要性を否定するなどということがなぜできるのか，と思うのはごく普通の反応だろう．ただ，哲学者の中には，経験の生物による解釈にばかり重きを置き，そのあまりに，感覚からの入力情報だと思われているものも，実は生物が自ら作り上げたものにすぎないという見方に行き着く人がいる．また，生物学に強い関心を持つ哲学者の中には，それとは違った見方をする人もいる．本書の内容はその種の哲学者の見方のほうにより関連していると言えるだろう．彼らは，生物の境界をより外へと広げる．たとえ身体の外にあっても，生物の感覚と行動の行き来に重要な役割を果たすものはすべて生命体の内部であるとみなすのだ．この見方の支持者には，エヴァン・トンプソンがいる．トンプソンの著書，*Mind in Life: Biology, Phenomenology, and the Sciences of Mind*（Cambridge, MA: Belknap Press of Harvard University Press, 2007）を参照．生物は外からの情報をただ受け取るだけの受動的な存在であるという見方に対する反発から生まれたものだが，こちらもやはり少し行き過ぎとも感じられる．

7）Alva Noë, *Out of Our Heads: Why You Are Not Your Brain, and Other Lessons from the Biology of Consciousness*（New York: Hill and Wang, 2010），そして前掲 Thompson, *Mind in Life* を参照．

8）Ann Kennedy et al., “A Temporal Basis for Predicting the Sensory Consequences of Motor Commands in an Electric Fish,” *Nature Neuroscience* 17（2014): 416–22を参照．

9）彼の優れた論文，“The Liabilities of Mobility: A Selection Pressure for the Transition to Consciousness in Animal Evolution,” *Consciousness and Cognition* 14, no. 1（2005）: 89–114を参照．彼の論文は，この章の内容に大きな影響を与えた．

10）哲学的な諸問題における知覚の恒常性の重要さは，Tyler Burge, *Origins of Objectivity*（Oxford and New York: Oxford University Press, 2010）でも強調されている．

11）Laura Jiménez Ortega et al., “Limits of Intraocular and Interocular Transfer in Pigeons,” *Behavioural Brain Research* 193, no. 1（2008）: 69–78を参照．

12）W. R. A. Muntz, “Interocular Transfer in Octopus: Bilaterality of the Engram,” *Journal of Comparative and Physiological Psychology* 54, no. 2（1961）: 192–95を参照．

13）G. Vallortigara, L. Rogers, and A. Bisazza, “Possible Evolutionary Origins of Cognitive Brain Lateralization,” *Brain Research Reviews* 30, no. 2（1999）: 164–75を参照．

14）Roger Sperry, “Brain Bisection and Mechanisms of Consciousness,” in *Brain and Conscious Experience*, ed. John Eccles, 298–313（Berlin: Springer-Verlag, 1964）; Thomas Nagel, “Brain Bisection and the Unity of Consciousness,” *Synthese* 22（1971）: 396–413; Tim Bayne, *The Unity of Consciousness*（Oxford and New York: Oxford University Press, 2010）を参照．

15）Marian Dawkins, “What Are Birds Looking at? Head Movements and Eye Use in Chickens,” *Animal Behaviour* 63, no. 5（2002）: 991–98を参照．

16）個体の発達という，第三のタイムスケールもある．Alison Gopnik, *The Philosophical Baby: What Children's Minds Tell Us About Truth, Love, and the Meaning of Life*（New York: Farrar, Straus and Giroux, 2009）〔『哲学する赤ちゃん』青木玲訳，亜紀書房，2010年〕を参照．

17）二人の著書，*Sight Unseen: An Exploration of Conscious and Unconscious Vision*（Oxford and New York: Oxford University Press, 2005）〔『もうひとつの視覚――〈見えない視覚〉はどのように発見されたか』鈴木光太郎，工藤信雄訳，新曜社，2008年〕を参照．本書の参考にした二人の研究に対しては批判もあり，その批判も注目に値するということをここで書いておいた方がいいだろう．問題は，無意識の情報処理が行われていること，そしてそれが無意識であることをどう確認するのか，ということだ．また，カエルに主観的経験があるか否か，ということに関しては，単純に「あるかないか」で分けるべきではないのでは，という意見もある．結局，それは程度の問題ということではないだろうか．そう考えると，データの集め方や，また実験結果の報告の仕方も変わってくる．Morten Overgaard et al., “Is Conscious Perception Gradual or Dichotomous? A Comparison of Report Methodologies During a Visual Task,” *Consciousness and Cognition* 15（2006）: 700–708を参照．

18）イングルの論文は，“Two Visual Systems in the Frog,” *Science* 181（1973）: 1053–55である．ミルナーとグッデールのコメントは，先述の著書 *Sight Unseen* からの引用．

19）彼の著書，*Consciousness and the Brain: Deciphering How the Brain Codes Our Thoughts*（New York: Viking Penguin, 2014）〔『意識と脳』高橋洋訳，紀伊國屋書店，2015年〕を参照．次のパラグラフの瞬きに関する発見については，Robert Clark et al., “Classical Conditioning, Awareness, and Brain Systems,” *Trends in Cognitive Sciences* 6, no. 12（2002）: 524–31を参照．

20）Bernard Baars, *A Cognitive Theory of Consciousness*（Cambridge, U. K.: Cambridge University Press, 1988）を参照．

21）Jesse Prinz, *The Conscious Brain: How Attention Engenders Experience*（Oxford and New York: Oxford University Press, 2012）を参照．

22）詳細については拙論“Animal Evolution and the Origins of Experience”を参照．

23）プリンツはこの考え方のようだ．ドゥアンヌはどうなのか私は知らない．

24）ここで私は，魚類，鳥類，無脊椎動物に関するいくつかの最近の研究成果を利用している．主なものは，T. Danbury et al., “Self-Selection of the Analgesic Drug Carprofen by Lame Broiler Chickens,” *Veterinary Record* 146, no. 11（2000）: 307–11; Lynne Sneddon, “Pain Perception in Fish: Evidence and Implications for the Use of Fish,” *Journal of Consciousness Studies* 18, nos. 9–10（2011）: 209–29; C. H. Eisemann et al., “Do Insects Feel Pain?—A Biological View,” *Experientia* 40, no. 2（1984）: 164–67, R. W. Elwood, “Evidence for Pain in Decapod Crustaceans,” *Animal Welfare* 21, suppl. 2（2012）: 23–27を参照．デレク・デントンの「根源的感情」に関しての研究については，D. Denton et al., “The Role of Primordial Emotions in the Evolutionary Origin of Consciousness,” *Consciousness and Cognition* 18, no. 2（2009）: 500–514を参照．

25）その論文は，“The Transition to Experiencing: I. Limited Learning and Limited Experiencing,” *Biological Theory* 2, no. 3（2007）: 218–30である．

26）いろいろな可能性が考えられる．カンブリア紀の時点で主観的経験の始まりを見てとるのがそもそも間違いかもしれない．今と複雑さや性質が違うというだけの話かもしれない．私は“Mind, Matter, and Metabolis,” *The Journal of Philosophy* 113（10）: 481–506（2016）の中で，もっと過激な可能性について論じている．

27）ここで私は，前口動物，新口動物の共通祖先が単純な動物であり，エディアカラ紀に単純な生き方をしていたという前提で話をしている．しかし，すでに書いたとおり，この動物はもっと複雑で，行動の選択を制御する脳，ウォルフとストラウスフェルドが「Executive Brain（中央集権的な脳）」と呼ぶ脳を持っていたと考えている人もいる．彼らの論文，“Genealogical Correspondence of a Forebrain Centre Implies an Executive Brain in the Protostome-Deuterostome Bilaterian Ancestor,” *Philosophical Transactions of the Royal Society B* 371（2016）: 20150055を参照．彼らがそう主張するのは，現在の脊椎動物と，節足動物（昆虫など）の脳に類似性があるからだ．興味深いのは，彼らが，頭足類は独自に斬新な設計の神経系を進化さ

せたと考えている点である．人間と昆虫の脳は基本的には同じもので，それを個々に洗練させたにすぎないのだが，頭足類の神経系はそれとはまったく独立に進化したものだというのである．「軟体動物の中でも頭足類は，私たちとも比較し得るような複雑な行動を取ることが，これまでに数多く得られた証拠から明らかになっている．それを可能にしている情報処理ネットワークは，私たちとはまったく別の起源を持つものだ」ここで問題になるのは，タコと人間の最後の共通祖先と，タコと昆虫の共通祖先は，同じ動物なのか，ということだ．もし両者が同じだとすれば，軟体動物の中に，祖先から受け継いだ「中央集権的な脳」をいったん捨て去り，新たに独自の神経系を進化させたものがいた，ということになる．それが頭足類だというわけだ．

28) タコの意識の問題に関しては，画期的な論文が二つある．一つは，Jennifer Mather, "Cephalopod Consciousness: Behavioural Evidence," *Consciousness and Cognition* 17, no. 1 (2008): 37–48で，もう一つは，Edelman, Baars, and Seth, "Identifying Hallmarks of Consciousness in Non-Mammalian Species," *Consciousness and Cognition* 14 (2005): 169–87である．

29) B. B. Boycott and J. Z. Young, "Reactions to Shape in Octopus vulgaris Lamarck," *Proceedings of the Zoological Society of London* 126, no. 4 (1956): 491–547を参照．マイケル・キューバが私に話してくれたことによれば，驚くべきことに，彼の知る限り，この実験に関してはまだ誰も追跡調査をしていないという．

30) 彼女の論文，"Navigation by Spatial Memory and Use of Visual Landmarks in Octopuses," *Journal of Comparative Physiology A* 168, no. 4 (1991): 491–97を参照．

31) Jean Alupay, Stavros Hadjisolomou, and Robyn Crook, "Arm Injury Produces Long-Term Behavioral and Neural Hypersensitivity in Octopus," *Neuroscience Letters* 558 (2013): 137–42; Mather, "Do Cephalopods Have Pain and Suffering?" in *Animal Suffering: From Science to Law*, eds. Thierry Auffret van der Kemp and Martine Lachance (Toronto: Carswell, 2013) を参照．

ここで触れたアルペイらの調査では，脳の一部（頭頂葉や前頭葉），つまり通常は最も知的能力にとって重要とされている部分を取り除かれている場合も，タコの傷を気にするような動作は損なわれないことがわかった．つまり，調査を実施した研究者自身も認めているように，傷を気にするような動作をしたからといって，タコが私たちの思うような「痛み」を感じているとは限らないかもしれない．あるいは，神経系の，どこか脳以外の部分に，痛みに関連する部分がある可能性もあるが，それも明確ではない．私は後者の可能性も高いとは思っているが，今のところ真相は誰にもわからない．

32) これを書くにあたっては，エルサレムのベニー・ホフナーのタコ研究室を訪ねたあと，ローラ・フランクリン＝ホールと話し合い，数多くの興味深い提案をしてもらった．感謝している．

33) M. A. Goodale, D. Pelisson, and C. Prablanc, "Large Adjustments in Visually Guided Reaching Do Not Depend on Vision of the Hand or Perception of Target Displacement," *Nature* 320（1986）: 748-50を参照.

34) Hillel J. Chiel and Randall D. Beer, "The Brain Has a Body: Adaptive Behavior Emerges from Interactions of Nervous System, Body and Environment," *Trends in Neurosciences* 23（1997）: 553-57を参照.

5　色をつくる

1）Alexandra Schnell, Carolynn Smith, Roger Hanlon, and Robert Harcourt, "Giant Australian Cuttlefish Use Mutual Assessment to Resolve Male-Male Contests," *Animal Behavior* 107（2015）: 31-40を参照.

2）ハンロン，メッセンジャーの著書，*Cephalopod Behavior* の説明が参考になる．ウッズホール海洋生物学研究所のロジャー・ハンロンの研究室からは，そのあとを引き継いだ論文が多数出ている（www.mbl.edu /bell/current-faculty/hanlon）．色素胞の詳細については，Leila Deravi et al., "The Structure-Function Relationships of a Natural Nanoscale Photonic Device in Cuttlefish Chromatophores," *Journal of the Royal Society Interface* 11, no. 93（2014）: 201130942を参照．本書で皮膚の構造のスケッチを描く際には，この論文に掲載された図を参考にした．すべての頭足類が，ここで説明したような三層構造の皮膚で色を発しているわけではない．

3）Hanlon and Messenger, *Cephalopod Behaviour*, Box 2. 1, p. 19を参照.

4）Lydia Mäthger, Steven Roberts, and Roger Hanlon, "Evidence for Distributed Light Sensing in the Skin of Cuttlefish, *Sepia officinalis*," *Biology Letters* 6, no. 5（2010）: 20100223を参照.

5）最初の論文でわかったのは，これらの光受容体に対応する遺伝子が皮膚で発現しているということだけである.

6）*Cephalopod Cognition*, ed. Darmaillacq, Dickel, and Mather への書評を参照. *Animal Behavior* 106（2015）: 145-47.

7）M. Desmond Ramirez and Todd Oakley, "Eye-Independent, Light-Activated Chromatophore Expansion（LACE）and Expression of Phototransduction Genes in the Skin of *Octopus bimaculoides*," *Journal of Experimental Biology* 218（2015）: 1513-20を参照.

8）頭足類についての私の古いウェブサイトを参照（http://giantcuttlefish.com/?p=2274）.

9）この機構では，赤の色素胞が広がった場合の方が，黄色の色素胞が広がった場合より，入って来る光への影響が少なかったとしたら，それはその光に赤の成分が多く含まれていることを意味する.

10）頭足類の墨は，ただ物を黒く染めるだけのものではない．墨には，捕食者の神経

系にさまざまな影響を与える化合物が含まれている．Nixon and Young, *The Brains and Lives of Cephalopods*（New York: Oxford University Press, 2003), 288を参照．

11）擬態の機能と信号機能の関係については，Jennifer Mather, "Cephalopod Skin Displays: From Concealment to Communication," in *Evolution of Communication Systems: A Comparative Approach*, ed. D. Kimbrough Oller and Ulrike Griebel, 193–214（Cambridge, MA: MIT Press, 2004）で詳しく論じられている．

12）Karina Hall and Roger Hanlon, "Principal Features of the Mating System of a Large Spawning Aggregation of the Giant Australian Cuttlefish Sepia apama（Mollusca: Cephalopoda)," *Marine Biology* 140, no. 3（2002): 533–45を参照．この場所では複雑な行動が見られる．たとえば，身体が小さく，雌と交尾をするのが難しい雄は，雌になりすますことがある．そうすることで，別の雄の警戒をかいくぐり，雌に近づこうとするのだ．この試みは成功することが多い．

13）これを言い出したのはジェーン・シェルダンである．

14）Dorothy Cheney and Robert Seyfarth, *Baboon Metaphysics: The Evolution of a Social Mind*（Chicago: University of Chicago Press, 2007)．チェニーとセイファースの見解についてより詳しくは，私の論考 "Primates, Cephalopods, and the Evolution of Communication" を参照．これは，彼らの研究に関する新しい論集に収録される．ヒヒは，声を出す以外に，さまざまな種類の身ぶりでコミュニケーションを取る．

　頭足類のディスプレイにおける送り手と受け手の特異な関係については，ジェニファー・マザーの論文，"Cephalopod Skin Displays: From Concealment to Communication" でも論じられている．

15）その興味深い資料は，Martin Moynihan and Arcadio Rodaniche, "The Behavior and Natural History of the Caribbean Reef Squid (*Sepioteuthis sepioidea*). With a Consideration of Social, Signal and Defensive Patterns for Difficult and Dangerous Environments," *Advances in Ethology* 25（1982): 1–151である．アルカディオ・ロダニチェは，本書の完成を見ることなく亡くなってしまった．モイニハンとロダニチェの共同研究の歴史について調べるうえではデニス・ロダニチェに協力をしてもらった．感謝している．

16）ジャイアント・カトルフィッシュもワイアラに多く集まって来るが，これは繁殖のための一時的な現象なので少し意味が違う．アメリカアオリイカの場合は，常に大きな集団で生きている．このイカは，身体が大きく，性質が攻撃的なこともあり，まだ十分に調査が進んでいない．おそらく現在知られている頭足類の中でも最も攻撃的な種だと思われる．ジュリアン・フィンの最近の調査により，オウムガイも大きな集団になることがあるとわかった．

6　ヒトの心と他の動物の心

1）ここで引用した文章は，David Hume, *A Treatise of Human Nature*, Book I, Part IV, Section VI, "Of Personal Identity,"（first published in 1739）に出てくる〔訳文は『人間本性論〈第 1 巻〉知性について』（新装版）木曾好能訳，法政大学出版局，2011年に倣った〕.

2）クリストファー・ヘイヴィー，ラッセル・ハールバートが大学生を対象に調査をしたところ，覚醒時には全体の約26パーセントの時間，心の中で独白をしているとわかったという．ただし，個人差も非常に大きかったようだ．Christopher Heavey and Russell Hurlburt, "The Phenomena of Inner Experience," *Consciousness and Cognition* 17, no. 3（2008）: 798–810を参照.

3）この言葉は，彼の著書，*Experience and Nature*（Chicago: Open Court Publishing, 1925）の第 5 章にある〔訳文は『デューイ＝ミード著作集 4　経験と自然』河村望訳，人間の科学新社，2017年に倣った〕.

4）ヴィゴツキーの著書 *Thought and Language*（原題：Мышление и Речь）が出版されたのは1934年で，彼が死去した年のことである．英語版は，1962年に，ユージニア・ハンフマン，ガートルード・ヴァカールの翻訳により，MIT Press から出版された．ヴィゴツキーの元原稿を復元し，この翻訳を改訂，拡張した新たな英語版は，1986年，アレックス・コズリンの編集により刊行された〔日本ではロシア語原典からの訳書がある．『思考と言語』柴田義松訳，新読書社，2001年（新訳版）〕.

5）トマセロは，*The Cultural Origins of Human Cognition*（Cambridge, MA: Harvard University Press, 1999）〔『心とことばの起源を探る——文化と認知』大堀壽夫，中澤恒子，西村義樹，本多啓訳，勁草書房，2006年〕という有名な著書でヴィゴツキーの影響を認めている．アンディ・クラークも自身の革新的な著書，*Being There: Putting Brain, Body, and World Together Again*（Cambridge: MIT Press, 1997）〔『現れる存在——脳と身体と世界の再統合』池上高志，森本元太郎監訳，NTT 出版，2012年〕で，ヴィゴツキーの著作から多くの示唆を得た旨を特筆している.

6）発見の実例は，Joanna Dally, Nathan Emery, and Nicola Clayton, "Food-Caching Western Scrub-Jays Keep Track of Who Was Watching When," *Science* 312（2006）: 1662–65; Clayton and Anthony Dickinson, "Episodic-like Memory During Cache Recovery by Scrub Jays," *Nature* 395（2001）: 272–74などで知ることができる.

7）彼の著書，*The Mentality of Apes*, trans. Ella Winter（New York: Harcourt Brace, 1925）を参照.

8）マーリン・ドナルドの著書，*Origins of the Modern Mind: Three Stages in the Evolution of Culture and Cognition*（Cambridge, MA: Harvard University Press, 1991）は出版からかなりの時を経たとはいえ，いまだに興味深い本である．「ブラザー・ジョン」については，André Roch Lecours and Yves Joanette, "Linguistic and Other Psychological Aspects of Paroxysmal Aphasia," *Brain and Language* 10, no. 1（1980）: 1–23を参

照．本文中，ブラザー・ジョンについては過去形で記述したが，彼が今も存命かどうかは確認ができなかった．

9）Peter Carruthers, "The Cognitive Functions of Language," *Behavioral and Brain Sciences* 25, no. 6（2002）: 657–74は優れた研究成果であり，違った意見を持つ他の研究者たちからのコメントも少なからず寄せられている．

10）この調査の結果は，Shilpa Mody and Susan Carey, " The Emergence of Reasoning by the Disjunctive Syllogism in Early Childhood" *Cognition*, 154（2016）40–48にまとめられている．彼らの調査では，3歳未満の幼児には，選言三段論法の使用を必要とする仕事をこなせないが，3歳になるとそれができるようになるという結果が出た．彼らはまた，（他の研究を引用して）幼児は2歳になった直後から "and（そして）" という言葉を使えるのに，"or（または）" という言葉は3歳になる頃まで使えない，ということにも触れている．モディとケアリーは，自分たちの調査結果を解釈するにあたっては慎重な態度を取っている．決して，子供が選言三段論法に必要な言語を内面化できれば選言三段論法を使いこなせるようになる，と主張しているわけではない．

方向のよく似た有名な実験としては，Linda Hermer and Elizabeth Spelke, "A Geometric Process for Spatial Reorientation in Young Children," *Nature* 370（1994）: 57–59などがある．これに関連する追跡調査や，得られた結論については，Spelke, "What Makes Us Smart: Core Knowledge and Natural Language," in Dedre Gentner and Susan Goldin-Meadow, eds., *Language in Mind: Advances in the Investigation of Language and Thought*（Cambridge, MA: MIT Press, 2003）を参照．この実験の結果により，言語を使用できる人間だけが，部屋の中で行動を取る際，複数の異なる情報（位置の情報と色の手がかり）を組み合わせることができ，ラットや言語を習得する前の子供にはできないと示唆された．しかし，その後の研究により，この実験をどう解釈すべきかはそれほど明瞭でなくなったように見える．人間については，Kristin Ratliff and Nora Newcombe, "Is Language Necessary for Human Spatial Reorientation? Reconsidering Evidence from Dual Task Paradigms," *Cognitive Psychology* 56（2008）: 142–63を参照．ジョルジョ・バルロティガラによれば，ラットが非常に苦労する仕事を，ニワトリが難なくこなすことがあるという．Vallortigara et al., "Reorientation by Geometric and Landmark Information in Environments of Different Size," *Developmental Science* 8（2005）: 393–401を参照．

11）ダニエル・デネットの *Consciousness Explained*（New York. Little, Brown and Co., 1991）〔『解明される意識』山口泰司訳，青土社，1998年〕は，この見方の概要を知る上で重要な資料である．内なる声の起源は遠心性コピーの目的を変えた使用だったという考え方については，Simon Jones and Charles Fernyhough, "Thought as Action: Inner Speech, Self-Monitoring, and Auditory Verbal Hallucinations," *Consciousness and Cognition* 16, no. 2（2007）: 391–99を参照．ピーター・カラザースは，自身

の論文，“An Architecture for Dual Reasoning,” in Jonathan Evans and Keith Frankish, eds., *In Two Minds: Dual Processes and Beyond*（Oxford and New York: Oxford University Press, 2009）の中で，内なる声は，脳内の「ブロードキャスト」の手段である可能性を示唆している．それによって意図的，合理的な思考が容易にできるようになっているというのだ．ファーニーホウの内なる声についての著書は，*The Voices Within: The History and Science of How We Talk to Ourselves*, Basic Books（2016）．内なる声についての私の考え方は，クリティカ・イェグナシャンカランの博士論文，“Reasoning as Action,” Harvard University, 2010にも影響を受けている．

12）この概念を導入した理論については後でもう少し詳しく触れる．良い資料となるのは，すでに言及したメルケルの論文，“The Liabilities of Mobility: A Selection Pressure for the Transition to Consciousness in Animal Evolution,” *Consciousness and Cognition* 14（2005）: 89–114，そして Kalina Christoff et al.,“Specifying the Self for Cognitive Neuroscience,” *Trends in Cognitive Sciences* 15, no. 3（2011）: 104–12である．

13）私は，遠心性コピーが（おそらく）その説明にとって重要になる現象の一つ，「知覚の恒常性」についても後ほど論じる．たとえば，私たちが物を見る時，眼球が動き回っても（実際に常に動き回っている），物は静止しているように見える．これも，「恒常性」という現象の一種，その一側面である．別の側面には，照明の条件が変わってもそれを相殺できる能力などが含まれるが，これには，人間の行動や遠心性コピーは関わらない．こうした恒常現象に果たす遠心性コピーの役割については，まだ研究が進められている途中である．W. Pieter Medendorp,“Spatial Constancy Mechanisms in Motor Control,” *Philosophical Transactions of the Royal Society B* 366（2011）: 20100089を参照．

14）カーネマンの著書，*Thinking, Fast and Slow*（New York: Farrar, Straus and Giroux, 2011）〔『ファスト＆スロー――あなたの意思はどのように決まるか？』村井章子訳，早川書房，2014年〕は，すでに古典となっている．エヴァンズとフランキッシュの論集，*In Two Minds: Dual Processes and Beyond* も参照．デューイは，特に彼の道徳的行動についての理論の中で，想像上の行動のリハーサルを非常に重要なものと位置づけている．

15）デネットの *Consciousness Explained*（New York: Little, Brown and Co., 1991）〔『解明される意識』山口泰司訳，青土社，1998年〕を参照．デネットは，自身のモデルに遠心性コピーを利用してはいない．彼は，ジョイス的機械の起源を，リチャード・ドーキンスの言う「ミーム」の伝播と結びつけた．私は，このミームという考え方に対してデネットと違って懐疑的である（Dawkins, *The Selfish Gene*, Oxford and New York: Oxford University Press, 1976〔『利己的な遺伝子』日高敏隆，岸由二，羽田節子，垂水雄二訳，紀伊國屋書店，1991年〕を参照）．

16）Harald Merckelbach and Vincent van de Ven,“Another White Christmas: Fantasy

Proneness and Reports of 'Hallucinatory Experiences' in Undergraduate Students," *Journal of Behavior Therapy and Experimental Psychiatry* 32, no. 3 (2001): 137-44を参照.

17) Alan Baddeley and Graham Hitch, "Working Memory," in *The Psychology of Learning and Motivation*, Vol. VIII, ed. Gordon H. Bower, 47-89 (Cambridge, MA: Academic Press, 1974) を参照.

18) Stanislas Dehaene and Lionel Naccache, "Towards a Cognitive Neuroscience of Consciousness: Basic Evidence and a Workspace Framework," *Cognition* 79 (2001): 1-37を参照.

19) 特に，デイヴィッド・ローゼンタールの研究成果が参考になる．"Thinking That One Thinks," in Martin Davies and Glyn Humphreys, eds., *Consciousness: Psychological and Philosophical Essays*, 197-223 (Oxford: Blackwell Publishing, 1993) など.

20) W. Tecumseh Fitch, *The Evolution of Language* (Cambridge, U. K.: Cambridge University Press, 2010) を参照.

21) Von Holst and Mittelstaedt, "The Reafference Principle (Interaction Between the Central Nervous System and the Periphery," 1950, reprinted in *The Behavioural Physiology of Animals and Man: The Collected Papers of Erich von Holst*, vol. 1, trans. Robert Martin, 139-73 (Coral Gables, FL: University of Miami Press, 1973) を参照.

私がここで使用した用語は，ある面では最良のものとは言えない．再求心性情報を伝える内部信号は，必ずしも，通常の意味での，筋肉への出力信号のコピーである必要はない．私が「遠心性コピー (efference copy)」と呼んだものは，「随伴発射 (corollary discharge)」と呼ばれることもある.「発射 (discharge)」という言葉は,「コピー」に比べると，中立的だ．Trinity Crapse and Marc Sommer, "Corollary Discharge Across the Animal Kingdom," *Nature Reviews Neuroscience* 9 (2008): 587-600では，遠心性コピーは一種の随伴発射と見るべきだという主張がなされている．確かにそうするのが良いのかもしれない．しかし，私は本書では，フォン・ホルスとミッテルステットが導入した概念体系を全面的に利用したいと考えた．たとえば，求心性と遠心性，再求心性と外因求心性を区別するような体系である．この枠組みの中では,「コピー」という言葉が標準になっているので，私もそれに従った.

こうした現象が，視覚に関して最初に研究されたのは，また，知覚における曖昧さを解消するには再求心性情報を相殺する必要がある，という中心的なアイデアがいくつかの違ったかたちで最初に取り入れられたのは，17世紀である．Otto-Joachim Grüsser, "Early Concepts on Efference Copy and Reafference," *Behavioral and Brain Sciences* 17, no. 2 (1994): 262-65では歴史の概略が示されていて興味深い.

22) 私はこのことについて，"Sender-Receiver Systems Within and Between Organisms,"

Philosophy of Science 81 (2014): 866–78で論じている．

7　圧縮された経験

1）この章で寿命について論じるうえでは，いくつかの古典的な業績を参考にした．Peter Medawar, *An Unsolved Problem of Biology* (London: H. K. Lewis and Company, 1952); George Williams, "Pleiotropy, Natural Selection, and the Evolution of Senescence," *Evolution* 11, no. 4 (1957): 398–411; William Hamilton, "The Moulding of Senescence by Natural Selection," *Journal of Theoretical Biology* 12, no. 1 (1966): 12–45など．老化の進化論がどのようにして発展してきたか，その歴史を概観するには，Michael Rose et al., "Evolution of Ageing since Darwin," *Journal of Genetics* 87 (2008): 363–71が良い資料となる．私がここではっきりと言及しなかった老化の理論としては，「使い捨ての身体」理論というのがある．私はこれを，ウィリアムズの理論の変形と見ている．そのことについては，Thomas Kirkwood, "Understanding the Odd Science of Aging," *Cell* 120, no. 4 (2005): 437–47で論じられている．これも，この問題について概観するのに良い資料である．

2）彼の言葉は，"My Intended Burial and Why," *Ethology Ecology and Evolution* 12, no. 2 (2000): 111–22からの引用〔このエッセーの日本語訳「虫との日々——埋葬の計画」(大平裕司訳) は次の書籍に収録されている．『虫を愛し、虫に愛された人——理論生物学者ウィリアム・ハミルトン　人と思索』長谷川眞理子編，文一総合出版，2000年〕．この卓越した思想家の業績についてより詳しく知るには，*Narrow Roads of Gene Land: The Collected Papers of W. D. Hamilton*, Volume 1: *Evolution of Social Behaviour* (Oxford and New York: W. H. Freeman/ Spektrum, 1996) を参照．結局，彼はオックスフォード近郊に埋葬されたが，近くのベンチには，パートナーによる碑文が刻まれた．やがては，雨の粒に運ばれ，彼はアマゾンへとたどり着くだろう，という碑文である．

3）ただし，ウィリアムズも言うように，加齢に伴う肉体の衰えが具体的にどのようにして起きるのか，については進化論ではわからない．進化論では，生物の個体がある程度の長い期間生き続けるとさまざまな問題が生じるだろうと予測できる．生物学者たちは今も，哺乳類や，その他の多様な生物について，衰えが一般にどのようなメカニズムで生じるのかを探っている．衰えには，何か多くの生物が共通して持っている唯一の要因があるのではないか，とする仮説はいくつか提示されている．こうした仮説は，一面では，本書で示した進化論を基礎にした説とは対立するものと言えるだろう．どの理論とどの理論が対立するのか，または両立し得るのかを明確に見極めるのは難しいこともある．老化のメカニズムに関する最近の研究については，Darren Baker et al., "Naturally Occurring p16$^{\mathrm{Ink4a}}$-Positive Cells Shorten Healthy Lifespan," *Nature* 530 (2016): 184–89を参照．

4）Jennifer Mather, "Behaviour Development: A Cephalopod Perspective," *International Journal of Comparative Psychology* 19, no. 1（2006）: 98–115を参照.

5）Roy Caldwell, Richard Ross, Arcadio Rodaniche, and Christine Huffard, "Behavior and Body Patterns of the Larger Pacific Striped Octopus," *PLoS One* 10, no. 8（2015）: e0134152を参照．この論文では，それまでの研究のように，このタコを「多回繁殖性」と書いているわけではない．「LPSO［彼らが例にあげたタコ］は，『連続産卵性』と言う方がふさわしいように見える．短い産卵期が断続的に何度もあるのではなく，1回の非常に長い産卵期があるからだ」

6）これも先述の Kröger, Vinther, and Fuchs, "Cephalopod Origin and Evolution: A Congruent Picture Emerging from Fossils, Development and Molecules," *BioEssays* 33（2011）: 602–13を参照.

7）Bruce Robison, Brad Seibel, and Jeffrey Drazen, "Deep-Sea Octopus（*Graneledone boreopacifica*）Conducts the Longest-Known Egg-Brooding Period of Any Animal," *PLoS One* 9, no. 7（2014）: e103437を参照.

8）一般に寿命が短い頭足類の例外となりそうなものとしては，コウモリダコもあげられる．名前のように恐ろしい動物ではない．このタコについては，ほとんど何もわかっていなかったので，オランダの科学者ヘンク＝ヤン・ホーフィンは少しでも何か手がかりを得ようと，最近になって何人かの協力者とともに，何年もの間，壜で保存され，埃をかぶっていた古い研究室の標本について詳しく調べ始めた．それにより，コウモリダコの雌は，他の大半の頭足類とは違い，かなり間隔の空いた複数の繁殖サイクルを経験するという証拠が見つかった．そのサイクルは，20回以上繰り返されると思われた．もし，そうだとすれば，このタコの寿命は相当，長いことになる．やはり冷たい深海に生きる動物なので，代謝が遅くなっているのだと考えられる．このタコがどのくらいの被食リスクに直面しているのかについては，何も直接的な証拠はない．Henk-Jan Hoving, Vladimir Laptikhovsky, and Bruce Robison, "Vampire Squid Reproductive Strategy Is Unique among Coleoid Cephalopods," *Current Biology* 25, no. 8（2015）: R322–23を参照.

9）頭足類の加齢に対するこの章での私の態度は，ある面で正統からはかなり外れている．主流の理論や概念（メダワー，ウィリアムズなどのもの）を適用してはいるが，タコには以前から，こうした主流の理論，概念にとって厄介な存在と見られている面がある．それは，タコが，多くの人にはある段階で必ず死ぬべく「プログラム」されているように見えるからだ．彼らの衰えは秩序正しく，あらかじめ計画されたものに見える――「秩序正しい」，「計画された」という言葉は，タコの死に関する記述では頻繁に使用される．メダワー＝ウィリアムズの理論にとって問題になる生物のリストを作ると，タコは常に上の方に位置することになる．メダワー，ウィリアムズの見方では，加齢に伴う衰えは計画的に起きるものではないことになるのだが，タコはどうしてもそう見えてしまう．

この見方を支えるのは，タコの老化の生理学的基礎に関する1977年の研究だ．Jerome Wodinsky, “Hormonal Inhibition of Feeding and Death in Octopus: Control by Optic Gland Secretion,” *Science* 198 (1977): 948-51を参照．この論文によれば，カリビアン・ツースポット・オクトパス（*Octopus hummelincki*）の仲間は，視柄腺から分泌されるある種の物質が原因で死ぬという．この視柄腺を取り除くと，タコは雄，雌ともに長生きになり，行動が変化する．ワディンスキーは「このタコは，ある種の『自己破壊』システムを持っているようだ」と解釈している．なぜ，そのようなものを持っているのか．ワディンスキーは，脚注にこういう仮説を提示している．「雄，雌ともに，このメカニズムにより，古く，大きな捕食性の個体は確実に排除されることになる．これは個体数のコントロールには非常に効果的な手段となるだろう」

死を引き起こすメカニズムは個体数のコントロールのためにあるというこの主張が，このメカニズムの存在理由を説明しようと意図しているのであれば，私がこの章で書いた進化の一般原則とは矛盾することになる．少しでも寿命が長くなる突然変異が起きれば，その分，交尾のチャンスが増えて有利になるはずだからだ．個体数が減少するという弊害があったとしても，その突然変異を持った個体が繁殖する妨げにはならない．個体数統制策がフリーライダーによって覆されるのを防ぐのは非常に困難である．

一つのモデルを示したのは，ジャスティン・ワーフェル，ドナルド・イングバー，ヤニア・バー＝ヤムの論文である．この論文では，よくタコに関して言われるようなプログラム死が進化することは，確かにあり得ると主張される: Justin Werfel, Donald E. Ingber, and Yaneer Bar-Yam, “Programmed Death Is Favored by Natural Selection in Spatial Systems,” *Physical Review Letters* 114 (2015): 238103を参照．しかしこの論文で使用されたモデルでは，生殖と分散が局地的な現象となっている．つまり，ある親から生まれた子が，親の近くに棲みつき，そこで成長するということだ．その場合には，家族内での競合が問題となる（子，そしておそらくまたその子が，同じ場所の資源をめぐって競合するということ）．1980年代以後，この種のモデルにより，このような「リンゴの実が木と遠く離れたところからは落ちない」という状況では，進化によってもたらされる結果が特殊なものになることが示されてきた．ただし，タコの繁殖は，そのようなものではない．卵が孵化すると，タコの幼生はプランクトンとともに漂って行ってしまう．そして，生き延びることができれば，どこか別の場所の海底に定住することになるのだ．ベンジャミン・カーと私は，このような状況での協調的行動のモデルをまとめた．Godfrey-Smith and Kerr, “Selection in Ephemeral Networks,” *American Naturalist* 174, no. 6 (2009): 906-11を参照．知られている限りでは，タコの幼生が母親のそばに定住することはないし，そのための手段がない．もし，（何らかの化学物質の追跡などにより）そうできたとすれば，多数の興味深い結果がもた

らされることになるだろう．その中には，協調や，繁殖の“抑制”なども含まれる可能性がある．

タコの死は表面的にそう見えるほど「プログラムされた」ものではないだろうと私は思う．この死もやはり，極端なかたちになっているだけで，メダワー＝ウィリアムズ理論に適った現象だと考えている（この方向でのより深い議論については，先にあげたカークウッドの論文を参照．ただし，この論文はタコを対象にしたものではない）．ワディンスキーの論文にいくつかヒントがある．視柄腺を取り除くと，いくつかの行動の変化が見られ，同時に老化が遅らせられる（「卵を産んだあとの雌から視柄腺を除去すると，その雌は卵を抱くことをしなくなり，ふたたび餌を取り始め，体重を増やす．そして，長い間，生き続ける」）．視柄腺は，存在しても老化自体を直接，引き起こすわけではない．しかし，視柄腺が引き起こす行動や生理学的状態の変化が，副産物として老化をもたらす．

ある意味で，頭足類は，老化の進化論の正しさを証明する好例であると言える．頭足類は被食リスクが高く，相応に寿命が非常に短い．しかし，見方を変えれば，進化論的証明を阻む厄介な例でもある．その衰えがあまりに秩序立っていて，あらかじめ「プログラム」されているように見えるからだ．私がここに書いた話には，きっと何か欠落していることがあるのだろう——特に，卵を抱くこともしない雄が，突然衰えてしまうという奇妙な現象については説明が足りない．だが，人口統制のためである可能性は低いと私は考えている．結局は，メダワー＝ウィリアムズ＝ハミルトン理論で説明がつくことになるだろうと思う．

8　オクトポリス

1）この場所の稀有な特徴については，研究初期の段階で，Godfrey-Smith and Lawrence, “Long-Term High-Density Occupation of a Site by *Octopus tetricus* and Possible Site Modification Due to Foraging Behavior,” *Marine and Freshwater Behaviour and Physiology* 45（2012）: 1–8にまとめた．オクトポリスは今も変化を続けている．最新情報は，ウェブサイト Metazoan.net で得られる．

2）私たちの論文の一つには，タコの群れや社会的交流についての過去の報告を分類した表を載せた．Table 1 in Scheel, Godfrey-Smith, and Lawrence, “Signal Use by Octopuses in Agonistic Interactions,” *Current Biology* 26, no. 3（2016）: 377–82を参照．

3）これに関しては，完全に確信があるわけではない．カメラ自体，本来その環境にないもので，一時的に加わったものに違いないからだ．カメラは三脚で固定し，タコの非常に近いところに設置することも多かった．時には，カメラがタコに攻撃されることもあった．私たちの印象では，ダイバーがいない時にカメラがとらえたタコの行動は，ダイバーがそばにいる時と大きな違いはなかった．カメラが特にタコの注意を引いていたような場面はほとんどなかったと思われる．しかし，

断定するのは難しい．

4）たとえば，Scheel and Packer, "Group Hunting Behavior of Lions: A Search for Cooperation," *Animal Behaviour* 41, no. 4（1991）: 697–709を参照．

5）これについては私には確信がない．というのも，視界の外に別のタコがいる可能性もあるからだ（カメラの後ろかもしれない）．また，カメラ自体が，こうしたふるまいを引き起こす原因になっていることもあり得る．

6）背景に見えるのは，私たちのビデオカメラのうちの一台で，三脚で固定している．この三脚は背の高いもので，最近，一箇所にはこの三脚を使うようになった．他の三脚は皆，もっと背が低く，目立たない．

7）Scheel, Godfrey-Smith, and Lawrence, "Signal Use by Octopuses in Agonistic Interactions" を参照．

8）イラストを描いてくれたのはエリザ・ジュエットだ．この絵の別バージョンが，Scheel, Godfrey-Smith, and Lawrence, "Signal Use by Octopuses in Agonistic Interactions" にも載っている．

9）このことは，第 5 章でも取りあげた論文，"The Behavior and Natural History of the Caribbean Reef Squid（*Sepioteuthis sepioidea*）. With a Consideration of Social, Signal and Defensive Patterns for Difficult and Dangerous Environments," *Advances in Ethology* 25（1982）: 1–151に書かれている．

10）Caldwell et al., "Behavior and Body Patterns of the Larger Pacific Striped Octopus," *PLoS One* 10（2015）: e0134152を参照．

11）Scheel, Godfrey-Smith, and Lawrence, "*Octopus tetricus*（Mollusca: Cephalopoda）as an Ecosystem Engineer," *Scientia Marina* 78, no. 4（2014）: 521–28.

12）Elena Tricarico et al., "I Know My Neighbour: Individual Recognition in *Octopus vulgaris*," *PLoS One* 6, no. 4（2011）: e18710を参照．

13）Graziano Fiorito and Pietro Scotto, "Observational Learning in *Octopus vulgaris*," *Science* 256（1992）: 545–47

14）Dawkins, *The Ancestor's Tale*（New York: Houghton Mifflin, 2004）〔『祖先の物語――ドーキンスの生命史』垂水雄二訳，小学館，2006年〕を参照．

15）"Cephalopods and Fish: The Limits of Convergence," *Biological Reviews* 47, no. 2（1972）: 241–307を参照．Frank Grasso and Jennifer Basil, "The Evolution of Flexible Behavioral Repertoires in Cephalopod Molluscs," *Brain, Behavior and Evolution* 74, no. 3（2009）: 231–45も参照．

16）ここで私はふたたび，Kröger, Vinther, and Fuchs, "Cephalopod Origin and Evolution: A Congruent Picture Emerging from Fossils, Development and Molecules," *Bioessays* 33（2011）: 602–13を使った．コウモリダコは別名「ヴァンパイアのイカ」と呼ばれ，タコとイカのどちらに属するのか実は定かではない．「十腕目」という言葉が，頭足類の一グループ以外に，甲殻類の一グループを指すこともあ

るという点に注意.

17) パッカードの時代以降, 変わったのは, 頭足類の誕生時期についての考え方だけではない. 魚類についても同じことが起きた. パッカードが頭足類の競争相手と見た魚類は, 現在では, 彼が考えていたよりも早い時期, おそらくペルム紀から進化をしていたと考えられている. 現在の考え方では, 鞘形亜綱の共通祖先がその頃には存在したとされる. Thomas Near et al., "Resolution of Ray-Finned Fish Phylogeny and Timing of Diversification," *Proceedings of the National Academy of Sciences* 109, no.34 (2012): 13698-703を参照.

18) Caroline Albertin et al., "The Octopus Genome and the Evolution of Cephalopod Neural and Morphological Novelties," *Nature* 524 (2015): 220-24を参照.

19) Christelle Jozet-Alves, Marion Bertin, and Nicola Clayton, "Evidence of Episodic-like Memory in Cuttlefish," *Current Biology* 23, no. 23 (2013): R1033-35を参照. 彼らが参考にし, この論文でも引用した鳥類を対象とした研究については, Clayton and Dickinson, "Episodic-like Memory During Cache Recovery by Scrub Jays," *Nature* 395 (2001): 272-74に書かれている.

20) これは, シドニーの北の, キャベッジ・ツリー湾にある.

21) ここで私が特に参考にしたのは, チャールズ・クローヴァーの書著, *The End of the Line: How Overfishing Is Changing the World and What We Eat* (New York: New Press, 2006)〔『飽食の海』脇山真木訳, 岩波書店, 2006年〕である. アラナ・ミッチェルの著書, *Sea Sick: The Global Ocean in Crisis* (Toronto: McClelland and Stewart, 2009) も同様に警告の書だ. 短いが非常に優れている (そしてやはり警告の報になっている) のは, エリザベス・コルバートの記事, "The Scales Fall," *The New Yorker*, August 2, 2010だ. ハクスリーの発言は, 1883年, ロンドンで開かれた漁業博覧会でのもの. クローバーは「病気療養中だったハクスリーもメンバーの一人だった国会の調査会議は, それから10年もしないうちに, 結論を覆した」と言っている.

22) タラに関しては, ハクスリーが発言をした1883年の頃にはすでに減少が始まっていたようだ. 減少はその後さらに加速したが, 第一次世界大戦の間はいったん止まった. 戦争の後, タラの数は多少の上下はしながらも長期的には減少を続け, そして1992年, カナダ側の漁場は壊滅状態となった. 2015年のデータによれば, 漁獲量の減少のおかげでタラの数はかなり改善したようである ("Cod Make a Comeback...," *New Scientist*, July 8, 2015を参照).

23) 頭足類と海水の酸性化の関係についての研究は私にはあまり多くは見つけられなかった. いくつかのかなり心配なデータに関しては, *Ocean Acidification*, J.-P. Gattuso and L. Hansson eds., (Oxford: Oxford University Press, 2011) に所収の H. O. Pörtner et al., "Effects of Ocean Acidification on Nektonic Organisms," で論じられている. キャサリン・ハーモン・コウレッジの引用によると, ロジャー・ハンロン

は，「頭足類はさまざまな種類の『汚い』水に対応できるが，酸性度（pH）には非常に敏感だ．血液の特異な化学組成からすれば，酸性化は深刻な脅威になる」と発言している．Katherine Harmon Courage, *Octopus! The Most Mysterious Creature in the Sea*（New York: Current/ Penguin, 2013), 70, 213を参照．

24）ここにあげた原因は考えられているものの一部だが，さらに詳しくは，Andrew Barron, "Death of the Bee Hive: Understanding the Failure of an Insect Society," *Current Opinion in Insect Science* 10（2015): 45–50に書かれている．

25）前掲のアラナ・ミッチェルの著書，*Sea Sick: The Global Ocean in Crisis*，または要旨を早く知りたい場合は，"What Causes Ocean 'Dead Zones'?" *Scientific American*, September 25, 2102（www.scientificamerican.com/article/ocean-dead-zones）を参照．ミッチェルの著書によれば，そうした海域の数は，1960年以降，10年ごとに倍になっているという．

著者略歴

（Peter Godfrey-Smith）

1965年シドニー生まれ．シドニー大学科学史・科学哲学スクール教授，およびニューヨーク市立大学大学院センター兼任教授．スタンフォード大学准教授（1998-2003），ハーバード大学教授（2006-2011），ニューヨーク市立大学大学院センター教授（2011-2017）などを経て2017年より現職．専門は生物哲学，心の哲学，プラグマティズム（特にジョン・デューイ），科学哲学．著書に，*Theory and Reality: An Introduction to the Philosophy of Science*（Chicago, 2003），*Darwinian Populations and Natural Selection*（Oxford, 2009, 2010年のLakatos Award受賞），*Complexity and the Function of Mind in Nature*（Cambridge, 1998），ほか．練達のダイバーであり，海中撮影した写真やビデオは*National Geographic, New Scientist*などにも採り上げられている．

訳者略歴

夏目大〈なつめ・だい〉 1966年，大阪府生まれ．翻訳家．主な訳書に，ブルックス『あなたの人生の科学』（上下），『あなたの人生の意味』（上下）（以上ハヤカワNF文庫），リンデン『脳はいいかげんにできている――その場しのぎの進化が生んだ人間らしさ』（河出文庫），スタッフォード／ウェッブ『Mind Hacks ――実験で知る脳と心のシステム』（オライリージャパン），など多数．翻訳学校「フェロー・アカデミー」講師．

ピーター・ゴドフリー＝スミス

タコの心身問題

頭足類から考える意識の起源

夏目大 訳

2018 年 11 月 16 日　第 1 刷発行
2019 年 1 月 9 日　第 4 刷発行

発行所 株式会社 みすず書房
〒113-0033 東京都文京区本郷 2 丁目 20-7
電話 03-3814-0131（営業） 03-3815-9181（編集）
www.msz.co.jp

本文・口絵印刷所 精文堂印刷
扉・表紙・カバー印刷所 リヒトプランニング
製本所 松岳社
装丁 細野綾子

ISBN 978-4-622-08757-1
［タコのしんしんもんだい］
落丁・乱丁本はお取替えいたします